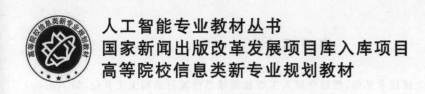

人工智能专业教材丛书
国家新闻出版改革发展项目库入库项目
高等院校信息类新专业规划教材

人工智能入门实践

肖 波 梁孔明 编著

内容简介

本书首先介绍人工智能关键技术基础,然后介绍人工智能领域当前流行的相关工具包,如Numpy、Pandas、Matplotlib等,使读者快速掌握各种数据的生成、加载、处理和展示等操作;其次系统地讲述机器学习工具包Sklearn的特点和使用方法;最后重点介绍PyTorch等深度学习框架的使用方法,及其在计算机视觉、自然语言处理等领域的应用。

本书既可作为人工智能相关专业研究生、本科生、高职生的入门实践教材,也可作为人工智能初学者学习和实践的参考书籍,还可供该领域的工程技术人员参阅。

图书在版编目(CIP)数据

人工智能入门实践 / 肖波,梁孔明编著. -- 北京:北京邮电大学出版社,2023.4(2025.2重印)
ISBN 978-7-5635-6890-1

Ⅰ.①人… Ⅱ.①肖… ②梁… Ⅲ.①人工智能—高等学校—教材 Ⅳ.①TP18

中国国家版本馆CIP数据核字(2023)第027406号

策划编辑:姚 顺 刘纳新　　责任编辑:刘 颖　　责任校对:张会良　　封面设计:七星博纳

出版发行:北京邮电大学出版社
社　　址:北京市海淀区西土城路10号
邮政编码:100876
发 行 部:电话:010-62282185　传真:010-62283578
E-mail:publish@bupt.edu.cn
经　　销:各地新华书店
印　　刷:保定市中画美凯印刷有限公司
开　　本:787 mm×1 092 mm　1/16
印　　张:15.25
字　　数:396千字
版　　次:2023年4月第1版
印　　次:2025年2月第3次印刷

ISBN 978-7-5635-6890-1　　　　　　　　　　　　　　　　　　　　　　定价:48.00元

· 如有印装质量问题,请与北京邮电大学出版社发行部联系 ·

人工智能专业教材丛书

编委会

总 主 编：郭　军

副总主编：杨　洁　苏　菲　刘　亮

编　　委：张　闯　邓伟洪　尹建芹　李树荣

　　　　　杨　阳　朱孔林　张　斌　刘瑞芳

　　　　　周修庄　陈　斌　蔡　宁　徐蔚然

　　　　　肖　波　梁孔明

总 策 划：姚　顺

秘 书 长：刘纳新

前言

人工智能技术的快速发展和行业应用已成为当前人们关注的热点之一,人工智能第三次浪潮加速了全球生产、生活方式的转变,催生了诸如智慧城市、智慧农业、智慧医疗、智慧教育、智慧工厂、智能交通、智力游戏等新兴行业的蓬勃发展。

随着人工智能热度的不断增长,大量的初学者和相关技术人员希望尽快进入该领域进行理论学习、实践演练和行业应用。然而,目前讲述人工智能入门实践的书籍较少,针对大学低年级学生的人工智能实践类教材更是稀缺。为此,本着着力服务国家人工智能高等教育的大战略,本书依托"国家新闻出版改革发展项目库入库项目"进行编著。

本书面向人工智能相关领域的初学者,系统介绍人工智能领域的基本概念,以及当前流行的相关工具包和深度学习框架,使读者在简单了解人工智能技术的基础上,就可以借助软件工具包自行动手编写代码,解决基本的模式识别问题,并通过不断拓展,由点到面,由易到难,逐步学会分析和解决实际行业问题,为踏入人工智能领域打好基础,增强学生应用人工智能技术服务国家的责任感和使命感。

本书具有如下几个特点。

(1) 突出入门,面向人工智能初学者

本书主要面向人工智能相关领域的初学者,如人工智能相关专业研究生、本科生、高职生。读者无须具备非常深入的专业知识,只要具备基础的 Python 编程能力和基本的数学基础,就可以学习本书。

(2) 突出实践,兼顾必要的理论和概念

作为人工智能入门实践教材,本书重点介绍了人工智能相关算法的使用方法,使读者了解常用算法的接口、应用场景和效果等内容。同时,本书还介绍了人工智能的基本概念和基本原理。本书对算法的深层次的理论内容点到为止,以激励读者进行后续更加深入的学习。

(3) 突出应用,以解决实际问题为目标

本书首先讲授 Numpy、Pandas、Matplotlib 等人工智能工具包的特点和使用方法,使读者系统掌握数据的生成、载入、处理和展示等操作,然后在此基础上系统介绍机器学习工具包 Sklearn 的特点和使用方法,最后重点介绍 PyTorch 等深度学习框架的使用方法,以及在计算机视觉、自然语言处理以及语音处理等实际问题中的应用。

(4) 突出开源,提倡互动

本书的所有代码均已开源(https://gitee.com/flycity/ai_tutorial_book/),有兴趣的读者可自行下载学习,也鼓励在示例代码的基础上进一步修改完善来解决实际应用问题。学习过程中有任何问题均可在开源平台中与作者互动。

本书共有7章,主要内容如下。

第1章绪论。简要介绍了人工智能的发展及当前人工智能第三次浪潮对当代社会的影响,介绍了模式识别与机器学习的基本概念和常用机器学习工具包。

第2章数据处理。介绍了基于Python的常见数据处理方法,Numpy和Pandas工具包的基础知识和基本数据操作方法,以及Matplotlib工具包的基础绘图方法。

第3章机器学习工具包Sklearn实战。首先论述了机器学习基本概念和原理,其次介绍了Sklearn工具包以及基于Sklearn的数据预处理方法和示例数据集等,最后给出了有监督学习、无监督学习和半监督学习等多个实战示例。

第4章深度学习基础。重点介绍了人工神经网络的起源和发展,深度学习基本原理和概念,以及常见深度学习框架和平台。

第5章PyTorch基础。介绍了PyTorch基本概念,如张量、自动求导等,重点论述了PyTorch神经网络工具箱和常用工具,并通过回归实战示例总结了基于PyTorch进行数据处理和模型设计、训练及测试的一般方法。

第6章PyTorch实战——计算机视觉。首先介绍了计算机视觉常见的处理任务,然后介绍了手写数字识别、目标检测、实例分割和图像生成等任务的若干实战示例。

第7章PyTorch实战——自然语言处理。首先介绍了自然语言处理的常见任务和重要的词嵌入技术,然后介绍了中文文本分类、命名实体识别、诗词生成等任务的若干实战示例。

本书由肖波和梁孔明编著,肖波完成了第1章到第5章及第7章内容,梁孔明完成了第6章内容并对全书进行了校对。本书的写作得到了同事及学生们的大力支持和帮助。特别感谢郭军教授、杨洁教授对本书内容的总体指导,感谢徐蔚然副教授、张洪刚副教授、胡佳妮副教授对书中各章节提出的重要修改意见,感谢研究生樊常林、方能、李琦、邵琦、周通、谷桐等提供了大量的实践案例和素材。

由于作者水平有限,书中难免存在错误和疏漏。在此欢迎广大读者多提宝贵意见和建议,可直接将意见发送至作者邮箱 xiaobo@bupt.edu.cn,作者将非常感谢。

作 者
于北京邮电大学

目 录

第1章 绪论 ··· 1

1.1 人工智能概述 ·· 1
1.2 模式识别与机器学习 ·· 3
1.3 机器学习工具包及深度学习框架 ·· 4
习题 ·· 9

第2章 数据处理 ··· 10

2.1 概述 ·· 10
2.2 基于 Python 的常见数据处理 ·· 11
    2.2.1 列表索引 ·· 12
    2.2.2 列表切片 ·· 12
    2.2.3 列表推导式 ··· 13
    2.2.4 列表与字典、字符串的转换 ·· 14
    2.2.5 列表的其他常见操作 ·· 15
2.3 Numpy 基础 ·· 16
    2.3.1 基础概念 ·· 16
    2.3.2 创建数组 ·· 17
    2.3.3 基本运算 ·· 21
    2.3.4 索引、切片和迭代 ··· 25
    2.3.5 数组合并 ·· 27
    2.3.6 数组分割 ·· 30
    2.3.7 复制数组 ·· 30
2.4 Pandas 基础 ·· 32
    2.4.1 Pandas 的主要数据结构 ·· 32
    2.4.2 索引与切片 ··· 36
    2.4.3 数据扩充和合并 ·· 39

2.4.4　分组统计 ·· 43
　　2.4.5　文件的读取与导出 ·· 44
2.5　Matplotlib 基础 ··· 45
　　2.5.1　基础概念 ··· 45
　　2.5.2　在不同环境下的图形显示 ·· 48
　　2.5.3　Matplotlib 绘图样式 ·· 49
　　2.5.4　散点图绘制 ·· 52
　　2.5.5　可视化误差 ·· 54
　　2.5.6　二维平面常见绘图形式 ··· 54
　　2.5.7　绘制三维图形 ··· 55
本章小结 ·· 58
习题 ·· 59

第 3 章　机器学习工具包 Sklearn 实战 ··· 60

3.1　概述 ··· 60
3.2　数据预处理 ·· 61
　　3.2.1　缺失值补全 ·· 62
　　3.2.2　数据无量纲化 ··· 64
　　3.2.3　类别特征编码 ··· 66
　　3.2.4　数据离散化 ·· 68
3.3　示例数据集 ·· 70
　　3.3.1　小型标准数据集 ·· 70
　　3.3.2　真实世界数据集 ·· 73
　　3.3.3　算法生成数据集 ·· 75
3.4　有监督学习 ·· 76
　　3.4.1　多元线性回归实战 ··· 76
　　3.4.2　逻辑回归实战 ··· 81
3.5　无监督学习 ·· 84
　　3.5.1　数据降维实战 ··· 84
　　3.5.2　聚类分析实战 ··· 86
　　3.5.3　盲源信号分离实战 ··· 89
3.6　半监督学习实战 ·· 92
本章小结 ·· 95
习题 ·· 96

第 4 章　深度学习基础 ·· 97

4.1　人工神经网络起源 ··· 97

4.1.1 MP 模型 …………………………………………………… 97
4.1.2 感知器模型 …………………………………………………… 98
4.1.3 误差反向传播算法 …………………………………………………… 100
4.2 深度学习基本原理 …………………………………………………… 102
4.2.1 卷积神经网络基本原理 …………………………………………………… 102
4.2.2 常见卷积神经网络模型 …………………………………………………… 105
4.2.3 循环神经网络基本原理 …………………………………………………… 111
4.3 了解深度学习框架与开放平台 …………………………………………………… 112
4.3.1 深度学习框架的作用 …………………………………………………… 112
4.3.2 静态计算图与动态计算图 …………………………………………………… 113
4.3.3 深度学习开放平台 …………………………………………………… 113
本章小结 …………………………………………………… 115
习题 …………………………………………………… 115

第 5 章 PyTorch 基础 …………………………………………………… 116

5.1 PyTorch 概述 …………………………………………………… 116
5.2 张量与自动求导 …………………………………………………… 117
5.2.1 张量 …………………………………………………… 117
5.2.2 Autograd 自动求导 …………………………………………………… 124
5.3 PyTorch 神经网络工具箱 …………………………………………………… 125
5.3.1 一维卷积类 nn.Conv1d …………………………………………………… 125
5.3.2 二维卷积类 nn.Conv2d …………………………………………………… 126
5.3.3 全连接类 nn.Linear …………………………………………………… 127
5.3.4 平坦化类 nn.Flatten …………………………………………………… 128
5.3.5 非线性激活函数 …………………………………………………… 128
5.3.6 顺序化容器 nn.Sequential …………………………………………………… 129
5.3.7 损失函数 …………………………………………………… 131
5.4 PyTorch 常用工具介绍 …………………………………………………… 132
5.4.1 优化器 …………………………………………………… 132
5.4.2 dataset 和 dataLoader …………………………………………………… 133
5.4.3 torchvision …………………………………………………… 135
5.4.4 torchaudio …………………………………………………… 140
5.4.5 模型持久化方法 …………………………………………………… 142
5.4.6 可视化工具包 Visdom …………………………………………………… 142
5.5 PyTorch 回归实战 …………………………………………………… 145
5.5.1 数据处理 …………………………………………………… 145

5.5.2　构建模型 …………………………………………………………… 148
　　5.5.3　模型训练 …………………………………………………………… 149
　　5.5.4　模型测试 …………………………………………………………… 149
本章小结 ……………………………………………………………………………… 150
习题 …………………………………………………………………………………… 150

第6章　PyTorch 实践——计算机视觉 …………………………………………… 151

6.1　概述 …………………………………………………………………………… 151
6.2　MNIST 手写数字分类 ……………………………………………………… 152
　　6.2.1　数据集介绍 …………………………………………………………… 153
　　6.2.2　训练代码设计流程 …………………………………………………… 153
　　6.2.3　使用预训练模型进行分类 …………………………………………… 156
　　6.2.4　本例小结 ……………………………………………………………… 159
6.3　目标检测 ……………………………………………………………………… 159
6.4　实例分割 ……………………………………………………………………… 163
　　6.4.1　应用预训练模型进行实例分割 ……………………………………… 163
　　6.4.2　使用自己的数据集进行目标检测 …………………………………… 164
6.5　基于 GAN 的图像生成 ……………………………………………………… 172
　　6.5.1　生成对抗网络 GAN …………………………………………………… 172
　　6.5.2　应用 GAN 生成手写数字 …………………………………………… 173
　　6.5.3　GAN 网络改进 ………………………………………………………… 177
本章小结 ……………………………………………………………………………… 179
习题 …………………………………………………………………………………… 180

第7章　PyTorch 实践——自然语言处理 ………………………………………… 181

7.1　概述 …………………………………………………………………………… 181
7.2　词嵌入技术 …………………………………………………………………… 183
7.3　中文文本分类 ………………………………………………………………… 187
　　7.3.1　数据集描述 …………………………………………………………… 187
　　7.3.2　构建训练集词向量 …………………………………………………… 189
　　7.3.3　使用 TextCNN 进行新闻标题文本分类 …………………………… 190
　　7.3.4　使用预训练模型进行新闻标题文本分类 …………………………… 200
　　7.3.5　模型部署与测试 ……………………………………………………… 202
　　7.3.6　小结 …………………………………………………………………… 204
7.4　命名实体识别 ………………………………………………………………… 204
　　7.4.1　数据集描述 …………………………………………………………… 205

7.4.2 导入必要的包 …… 206
7.4.3 构建数据集对象 …… 206
7.4.4 模型设计 …… 208
7.4.5 定义命名实体识别类 …… 210
7.4.6 模型训练 …… 215
7.4.7 模型部署与测试 …… 217
7.4.8 小结 …… 219
7.5 基于RNN模型的诗词生成 …… 219
7.5.1 构建数据集 …… 219
7.5.2 导入必要的包 …… 222
7.5.3 模型设计 …… 222
7.5.4 模型训练 …… 223
7.5.5 模型部署与测试 …… 225
7.5.6 小结 …… 228
习题 …… 229

参考文献 …… 230

7.4.2	令人惊叹的应用	206
7.4.3	自编码器演对决	206
7.4.4	模型设计	208
7.4.5	使文本多样化而规范	210
7.4.6	模型训练	216
7.4.7	模型部署与测试	217
7.4.8	小结	218
7.5	基于RNN模型的诗词创作	219
7.5.1	构建数据集	220
7.5.2	令人惊叹的应用	222
7.5.3	模型设计	222
7.5.4	模型训练	225
7.5.5	模型部署与测试	227
7.5.6	小结	228
习题		229
参考文献		230

第 1 章

绪　　论

1.1　人工智能概述

1956 年夏天，在美国新罕布什尔州的达特茅斯学院(Dartmouth College)，一群年轻科学家召开了为期 2 个月的学术研讨会，讨论的主题是如何用机器来模仿人类学习以及其他方面的智能。虽然大家没有达成普遍的共识，但是却为会议讨论的内容起了一个名字：人工智能(Artificial Intelligence)。这次会议对于人工智能的发展产生了意义深远的影响，因此被后人称为达特茅斯会议(Dartmouth Conference)，而这一年也被人们认为是人工智能元年。

图 1-1　达特茅斯会议部分科学家合影

参会的各位科学家也因后来取得令人瞩目的成就而被后人所铭记，如人工智能语言 Lisp 和分时概念的创始人约翰·麦卡锡(也是会议的发起者之一)，创立信息论的克劳德·香农，人工智能符号主义创始人艾伦·纽厄尔等。图 1-1 给出了部分参会科学家的合影。

达特茅斯会议之后，越来越多的具有一定智能的计算机程序被开发出来，令人感到不可思议。例如，1961 年世界第一款工业机器人 Unimate 在美国新泽西的通用电气工厂上岗试用；

1966年第一台能移动的机器人Shakey问世;1966年问世的机器人对话程序伊莉莎(Eliza)可通过人工编写的脚本跟人类进行类似心理咨询的交谈。当时的科学家们乐观地认为具有完全智能的机器将在20年内出现。

然而20世纪70年代初,人工智能开始受到批评,人们发现即使是最杰出的人工智能程序也只能解决非常简单的问题,离人们想要的真正智能相去甚远。研究者们对其承担的很多人工智能项目过于乐观和自信,最后却无法兑现承诺,因此众多资助机构缩减或取消了对人工智能项目的资助。人工智能的第一个寒冬到来。

20世纪80年代,一类名为"专家系统"的人工智能程序开始被众多商业公司所采纳,专家系统能够依据一组从专门知识中推演出的逻辑规则在某一特定领域回答或解决问题。在这一阶段,面向对象、神经网络和模糊技术等新技术成功地运用到了专家系统之中,使得专家系统得到更广泛的运用,催生了人工智能发展的第二次热潮。1981年,日本雄心勃勃地拨款8.5亿美元支持第五代计算机项目,其目标是造出能够与人对话,翻译语言,解释图像,并且像人一样推理的机器。然而好景不长,20世纪80年代末到90年代初,人工智能再次遭遇寒冬,人们对专家系统从狂热追捧转向了失望。

21世纪初,随着计算设备性能的不断提升、大规模数据的不断产生、深度神经网络等新模型的不断涌现,人工智能技术得到蓬勃发展。人们开发出了基于深度学习等新技术,在众多特定应用场景新提出的模型得到了接近人类甚至超过人类的性能,人工智能进入了第三次热潮。许多标志性事件引起大众对人工智能的关注和追捧。2012年,基于深度学习技术,计算机学会了识别猫。2015年,微软亚洲研究院的何恺明提出了深度残差网络(Deep Residual Networks),在ImageNet的分类比赛中深度残差网络的图片分类错误率为3.57%,首次超过了接受过训练的人员的图片分类错误率(5.1%)。2015年,阿里巴巴在CeBIT 2015德国汉诺威计算机展上发布了支付宝的人脸识别技术"Smile to Pay"。2016年年初,AlphaGo在围棋比赛中战胜李世石,超越人类认知的极限。2018年,谷歌自动驾驶汽车上路行驶。

而今,人工智能已广泛应用于图像识别、语音识别、自然语言处理、艺术创作、智力游戏、医疗诊断等众多领域,人们对人工智能再次寄予厚望。但相对于大众,人工智能领域的研究者们依然对人工智能保持非常谨慎的态度。研究者们普遍认为,当前的人工智能技术虽然可以非常好地解决很多特定的任务,但是让计算机具备人类一样的智能,还有很长的路要走。

即便如此,基于人工智能的相关技术,解决当前人们遇到的各种实际问题,也已经可以很好地解放生产力,提高生产效率,促进社会的进步。因此,社会各界对人工智能人才的需求日益增长。随着各种人工智能工具和框架的不断涌现,对于想进入人工智能领域的初学者来说,门槛不再难以逾越。虽然很多人工智能的理论和问题仍然需要具有丰富理论和经验的研究者去不断深耕,但是只要具备基本的人工智能知识,初学者就可以利用各种人工智能软件工具和框架,解决一些简单的人工智能问题。

人们发现,当前有很多问题都可以应用人工智能技术加以解决。人们把这些问题抽象成赛题形式,发布到人工智能比赛平台,以吸引人工智能爱好者或研究者编程实现,然后选取性能最优者进行奖励。有很多组织和机构构建了人工智能大赛平台,如国外的Kaggle网站,国内的阿里天池大数据平台、Biendata、百度点石、datafountain.cn、和鲸社区、DClab等。国内外众多知名的人工智能会议每年也会在会前举行相关竞赛,以吸引世界各地的人工智能研究者参加,并在会议期间公布比赛结果,邀请获奖者参会分享赛题的解决思路和方案。

本书的写作目的就是面向具有人工智能基础知识的初学者,介绍当前人工智能领域最常用的软件工具和框架,使读者在阅读完本书后,就可以应用这些工具和框架,设计相关模型,编写人工智能程序,解决实际的人工智能问题,如图像分类、智能创作等,当然也可以直接针对当前流行的各种人工智能大赛和平台,面向具体赛题设计模型,编写程序实现相关任务。

具体来说,本书将介绍 Numpy、Pandas、Matplotlib、Sklearn 等人工智能基础软件包及人工智能主流框架之一 PyTorch 的安装和基本使用方法,重点论述使用相关软件包解决无监督学习、有监督学习等人工智能基本问题的处理流程和方法,以及基于深度学习框架解决自然语言处理、计算机视觉等方面的基本应用,为初学者解决实际人工智能相关问题奠定实践基础。

1.2 模式识别与机器学习

人们在观察事物或现象的时候,常常要寻找其与其他事物或现象的不同之处,并根据一定的目的把各个相似的但又不完全相同的事物或现象组成一类,正所谓"物以类聚,人以群分"。例如,中华文化源远流长,汉字经历了"甲骨文""金文""大篆""小篆""隶书""草书""楷书""行书"等多种书写形式,当我们学习了楷书形式的汉字,对于其他书写形式的汉字,如隶书、行书等,虽然以前可能未见过,但基本也是认识的,如图 1-2 所示。

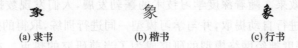

(a) 隶书　　　　　(b) 楷书　　　　　(c) 行书

图 1-2　汉字不同书写形式举例

广义上,模式是指存在于时间和空间中的可观察的事物。模式识别是指把某一个具体的事物正确地归入某一个类别。模式识别可以认为是人类最基本的智能,通过潜意识或有意识地发现或分析事物的特征,将其归入某个抽象出来的类别。早期的模式识别问题主要采用数学方法进行研究。随着计算机技术的发展,人们开始研究如何用程序算法来实现模式识别问题,一般采取的步骤是首先采用人工方式抽取特征,然后设计模型,利用已知的标注样本估计模型参数,从而达到识别的目的。显然,这种用机器进行模式识别的研究是最为基础的一种人工智能技术。

1980 年后,机器学习作为一个独立的研究方向吸引了越来越多的学者,大量的机器学习算法被提出。机器学习的目的是让计算机模拟或实现人的学习行为,从数据中自动分析获得规律,并利用规律对未知数据进行预测,从而帮助人们解决某些特定任务。其实在这之前,也有很多重要概念、理论和算法被提出并成为当今机器学习领域的关键知识。这些概念、理论和算法对机器学习的发展产生了重要的影响。例如,1950 年图灵在关于图灵测试的文章中,提到了机器学习的概念。1954 年萨维奇在总结整理前人研究成果的基础上提出了贝叶斯决策理论。1959 年康奈尔大学心理学教授弗兰克·罗森布拉特提出了简化的模拟人脑神经元进行识别的感知器模型,该模型可被认为是神经网络的雏形。显然,机器学习也是更为广泛的人工智能技术。

虽然模式识别和机器学习在概念、目的和研究内容等方面存在很多差异性,但随着两者当前主流研究内容的交叉和融合,在很多场合下人们不再对模式识别和机器学习的概念特意区分。

通常,机器学习按照学习方式分类主要分为如下几种。

- 有监督学习(Supervised Learning)。有监督学习是指通过训练有标签数据,得到学习模型,从而对测试数据进行标注。具体任务包括回归分析、统计分类等,包含的算法包括 k 近邻分类器(KNN)、贝叶斯分类器、支持向量机(SVM)、决策树、随机森林等。
- 无监督学习(Unsupervised Learning)。无监督学习是指针对无标签数据进行学习,得到数据的某种结构。具体任务包括主成分分析(PCA)、聚类、生成对抗网络(GAN)等。
- 半监督学习(Semi-supervised Learning)。半监督学习介于监督式与无监督式之间,训练数据集中只有部分数据有标签,还有大量数据无标签。通过对这类数据进行模型训练,使其具有类似于有监督学习进行训练的效果。
- 强化学习(Reinforcement Learning)。强化学习是指智能体不断与环境进行交互,通过试错的方式来获得最佳策略。

此外,机器学习领域还有其他一些学习方式也是当前的研究热点,如表示学习、自监督学习、弱监督学习等,在此不再阐述。

本书将在第 3 章重点论述基于机器学习开源软件包 Sklearn 在线性回归、逻辑回归、无监督学习、半监督学习等任务上的实战。

传统的机器学习往往需要以人工方式提取特征,然后进行模型学习,而特征质量的好坏会直接影响模型学习的效果。随着深度学习技术的蓬勃发展,人们发现数据样本的特征可以通过深度神经网络模型进行自动提取,并与学习模型一同进行训练,取得的效果往往优于传统机器学习。因此,基于深度神经网络模型的研究成为了当前研究的热点。本书在第 4 章将论述深度神经网络基本概念和常见深度学习框架,在第 5 章将重点介绍 PyTorch 深度学习框架,第 6 到 8 章将分别介绍 PyTorch 在计算机视觉、自然语言处理及语音信号处理方面的实战。

1.3 机器学习工具包及深度学习框架

当前研究人工智能算法,本质上就是通过编程语言编写程序,使机器可以模拟人的智能行为,如判别某个样本属于哪种类别,在实时视频中自动跟踪某个目标等。而如今各种计算机编程语言层出不穷,早在 20 世纪 50 年代就有 Lisp、FORTRAN 等编程语言诞生,60 年代 BASIC 等语言被发明,70 年代 Pascal、Prolog、C 等语言出现,80 到 90 年代诞生了 C++、Java、Python、Ruby、JavaScript 等面向对象编程语言。2000 年以后,又有很多新语言被发明,如 C♯、Scala、Go、Rust 等。

虽然目前各种编程语言种类繁多,但它们各具特点,适用于不同的应用场景。而目前就人工智能应用来说,由于无论是训练过程还是推理过程,往往都需要大量的计算,甚至要和诸如 GPU、AI 芯片等硬件进行直接交互,因此通常都需要使用 C 语言或 C++ 语言编写相应的处理模块。使用 C/C++ 语言编写人工智能程序对于从事人工智能领域的研究者和应用者具有较高的编程能力要求,并且大多数使用 C/C++ 语言编写的底层模块都可以进行封装,供其他编程语言进行调用,而 Python 语言因其具有良好的 C/C++ 跨语言接口、丰富的科学计算库、简单高效的程序编写方式等特点,已成为人工智能上层应用进行训练、测试和开发的首选语言。

目前,人工智能领域的很多开发者已不需要使用 C/C++ 语言编写代码来开发底层模块,只需简单了解底层模块的功能或处理原理,就可以直接使用 Python 语言调用他人已经构建好的模块或框架,来开发相应的应用程序,显然这降低了人工智能程序开发的门槛。这些构建好的模块或框架进行封装后,被称为相应的软件工具包,如基础的科学计算和数据处理工具包 Numpy、Pandas、Scipy 等,绘图工具包 Matplotlib,机器学习的工具包 Sklearn 等。这些工具包都可以通过 Python 语言非常方便地调用,给人工智能领域的开发人员带来了巨大的便利,即使是人工智能的初学者,也可以通过简单的学习,很快掌握使用 Python 语言设计和编写人工智能程序的方法和技巧。

下面针对一些常用的工具包进行简要介绍。

(1) 数值计算库 Numpy

Numpy(Numerical Python)是 Python 语言的一个扩展程序库,支持高维数组与矩阵快速运算,此外也针对数组运算提供大量的数学函数库。Numpy 诞生于 2005 年,由 Travis Oliphant 在 Numeric 程序库基础上结合程序库 Numarray 的特色,并加入其他扩展开发而来。Numpy 内置了并行运算功能,在做某些计算时可以利用系统多核进行自动并行计算。其底层使用 C 语言编写,数组中直接存储对象,而不是存储对象指针,所以其运算效率远高于纯 Python 代码。

(2) 数据分析和处理库 Pandas

Pandas 的名称来自于面板数据(Panel Data)和数据分析(Data Analysis),是基于 Numpy 的 Python 数据分析工具包,于 2009 年年底开源发布。Pandas 最初被作为金融数据分析工具而开发,因此可很好地支持时间序列分析。Pandas 集成了很多底层库和一些标准的数据模型,提供了大量快速便捷处理数据的函数和方法,从而可以高效地操作大型数据集。

(3) 科学计算库 Scipy

Scipy 是基于 Numpy 的科学计算库,其所包含的模块有最优化、线性代数、积分、插值、特殊函数、快速傅里叶变换、信号处理和图像处理、常微分方程求解和其他科学与工程中常用的计算等,支持很多高阶抽象和物理模型,被广泛应用于数学、科学、工程学等领域。Scipy 最早于 2001 年首次发布,早期主要支持底层数组包、绘图、并行处理、加速/包装和用户界面,自 2004 年开始聚焦科学计算,随着 2005 年 Numpy 的出现,Scipy 底层处理转向 Numpy 实现。

(4) 数据可视化库 Matplotlib

Matplotlib 是非常强大的 Python 画图工具,于 2007 年发布,支持创建静态、动画及交互式可视化,以各种硬拷贝格式和跨平台的交互式环境生成出版质量级别的图形,如绘制线图、散点图、等高线图、条形图、柱状图、3D 图形,甚至是图形动画等。Matplotlib 本身是一个 Python 2D 绘图库,但它附带了支持 3D 绘图的附加工具包 Mplot3d。当对数据进行可视化以观察某些特性时,Matplotlib 是非常好的 Matlab 开源替代工具。

(5) 机器学习工具包 Sklearn

Sklearn(scikit-learn)是基于 Numpy、Scipy 和 Matplotlib 构建的机器学习工具包,最早始于 2007 年的谷歌编程之夏项目(Google Summer of Code Project),并于 2010 年公开发布。Sklearn 集成了各种最先进的机器学习算法,用于中等规模的有监督和无监督问题。具体来说,Sklearn 提供了包括分类、回归任务等有监督学习的各种模型,如线性模型、支撑向量机、贝叶斯模型、决策树、集成学习、半监督学习、神经网络等,以及无监督学习的各种模型,如高斯混合模型、流形学习、聚类、协方差估计、新颖性和异常值检测、密度估计等。除此之外,Sklearn 还提供了诸如模型选择和评估、检验、可视化、数据集转换和预处理、模型持久化等相关类库。

Sklearn 简单易用，针对所有的算法，提供了一致的接口调用规则，甚至只需要修改几行代码，就可以对不同的算法模型进行实验，因此 Sklearn 更侧重于面向机器学习入门者或非专业人士。

深度学习是当前人工智能研究的热点，因此各种深度学习框架层出不穷，基于这些框架，可以非常便捷地设计、训练和测试新模型。大家熟知的深度学习框架包括 FaceBook 的 PyTorch、Google 的 TensorFlow、百度的 PaddlePaddle、Amazon 的 MXNet、华为的 MindSpore 等。

本书主要面向人工智能入门者，主要讲述相关基础工具包 Numpy、Pandas 和 Matplotlib，机器学习工具包 Sklearn 的使用方法，因此学习本书的读者需具备 Python 编程基础。

下面简要介绍目前常见的深度学习框架。

(1) Theano

Theano 诞生于 2007 年，被认为是深度学习框架的鼻祖。其设计初衷是执行深度学习中大规模神经网络算法的运算，早期的开发者有 Yoshua Bengio 和 Ian GoodFellow 等人，最初是为学术研究而设计。严格来说 Theano 是一个擅长处理多维数组的 Python 库，可理解为一个数学表达式的编译器，用符号式语言定义用户想要的结果。2016 年后，Theno 全面支持了 nVIDIA 专门针对深度神经网络的基础操作而设计的基于 GPU 的加速库 cuDNN(NVIDIA CUDA® Deep Neural Network library)，为深度神经网络中的标准流程提供了高度优化的实现方式，如卷积、池化、激活函数以及前向和后向处理过程。

由于 Theano 主要面向学术研究，比较适合实验室的小规模的短期实验，不太适合当前工业界的需求。随着同时面向工业界和学术界的各种深度学习框架的诞生和发展，Theano 基本完成了其使命，目前不再更新。但 Theano 自身的很多创新性思想影响了当前的各种主流深度学习框架。例如，将模型表达为数学表达式，重写计算图以获得更优性能和内存使用，在 GPU 上的透明执行，更高阶的自动微分等。而这些已成为当前各种主流框架的必备功能。Theano 的很多开发人员也参与到其他框架的研发中，如 TensorFlow 框架。

(2) Caffe

2012 年 12 月，深度学习框架 Caffe 由伯克利人工智能研究小组和伯克利视觉和学习中心发布。该框架起源于加州大学伯克利分校博士贾扬清在攻读博士期间创建的 Caffe 项目，使用 C++语言编写，带有 Python 接口。Caffe 应用于学术研究项目、初创原型，甚至视觉、语音和多媒体领域的大规模工业应用。雅虎还将 Caffe 与 Apache Spark 集成在一起，创建了一个分布式深度学习框架 CaffeOnSpark。Caffe 完全开源，具有模块性、表示和实现分离、GPU 加速等特性，同时提供用于训练、测试等的完整工具包，可以帮助使用者快速上手。

2017 年 4 月，FaceBook 发布 Caffe2，加入了递归神经网络等新功能。2018 年 3 月，Caffe2 并入 PyTorch。由于 Caffe 是基于 C++语言编写的，因此在一些特定的应用部署场景下还会使用。

(3) 谷歌深度学习框架 TensorFlow

TensorFlow 是当今深度学习领域最流行的框架之一，2015 年由谷歌(Google)推出。TensorFlow 拥有完整的数据流向与处理机制，同时还封装了大量高效可用的算法及神经网络搭建方面的函数，因此主要用于进行机器学习与深度神经网络研究。

TensorFlow 基于计算图进行运算，具有高度的灵活性，支持在 Mac、Linux、Windows 系统上开发，可以在 CPU 和 GPU 上运行，其编译好的模型可以部署在各种服务器和移动设备上,而无须执行单独的模型解码器或 Python 解释器,其编程接口支持 Python、C++、Java、Go、Haskell、R 等。

Google 同时也发布了 TensorFlow Mobile 版本,适用于 Android 和 iOS 等移动平台和嵌入式设备。2017 年 11 月,Google 再次发布了 TensorFlow Mobile 的升级版本 TensorFlow Lite,可以更好地支持移动端应用。

(4) 微软深度学习框架 CNTK

2016 年 1 月,微软公司正式开源了由微软研究院开发的计算网络工具集 CNTK。CNTK 同样支持 CPU 和 GPU 模式,和 TensorFlow 一样,把神经网络描述成一个计算图的结构,叶子节点代表输入或者网络参数,其他节点代表计算步骤。

CNTK 最初在 Microsoft 内部使用,导致现在用户比较少。但就框架本身的质量而言,CNTK 性能突出,擅长语音方面的处理。CNTK 提供命令行操作,允许用户定义自己的深度神经网络,并且已经集成了很多经典的算法。使用 CNTK 可以解决类别分析、语音识别、图像识别等问题。

CNTK 支持各种神经网络模型,使用简单的配置文件即可配置特定网络,具有较强的可扩展性。CNTK 支持 CPU 和 GPU,支持 CUDA 编程,可自动计算所需的导数。

(5) Keras

Keras 发布于 2015 年,是一个用 Python 编写的高级神经网络 API。它将 TensorFlow、CNTK 或 Theano 作为后端。Keras 的开发目的是支持快速的实验算法,能够以最小的时延把设计的模型转换为实验结果。由于它具有用户友好、高度模块化、可扩展等特点,可以进行简单而快速的原型设计。同时,Keras 支持卷积神经网络和循环神经网络,以及两者的组合,可以在 CPU 和 GPU 上无缝运行。

(6) 亚马逊深度学习框架 MXNet

MXNet 最早来源于 Cxxnet、Minerva 和 Purine2 等开源库的各位作者的合作,在 2016 年 11 月,亚马逊宣布将 MXNet 作为 Amazon Web Services(AWS)的深度学习框架。MXNet 允许混合符号和命令式编程,其核心是一个动态依赖调度程序,可以动态地自动并行化符号和命令操作。MXNet 便携轻巧,可有效扩展到多个 GPU 和多台机器。

MXNet 提供 Numpy 类编程接口,Numpy 用户可以轻松地采用 MXNet 开始深度学习。同时具有灵活的编程模型,支持命令式和符号式编程模型以最大化效率和性能。MXNet 具有良好的可移植性,可运行于多 CPU、多 GPU、集群、服务器、工作站甚至移动智能设备,同时支持多种主流编程语言,包括 Python、Java、C++、R、Scala、Clojure、Go、JavaScript、Perl 和 Julia 等。

(7) FaceBook 深度学习框架 PyTorch

2017 年 1 月,FaceBook 人工智能研究院(FAIR)团队在 GitHub 上开源了 PyTorch,并迅速占领了 GitHub 热度榜榜首,而其历史可追溯到 2002 年诞生于纽约大学的 Torch。Torch 使用简洁高效的 Lua 语言作为接口,但由于该语言过于小众,因此 Torch 的流行度不高。2017 年,Torch 的幕后团队推出了 PyTorch。PyTorch 不是简单地封装 Lua Torch 提供 Python 接口,而是对 Tensor 之上的所有模块进行了重构,并且新增加了最先进的自动求导系统,成为当时最流行的动态计算图框架。

PyTorch 动态计算图的思想简洁直观,更符合人的思考过程,其源码也十分易于阅读。开发人员可以任意地修改前向传播,随时查看变量的值,从而使调试更加容易。PyTorch 在当前开源的框架中,在灵活性、易用性、速度这三个方面都能达到非常高的性能。其设计追求最少的封装,尽量避免代码重复。

PyTorch 的灵活性不以速度为代价,在许多评测中,PyTorch 的速度表现十分优越。框架的运行速度和程序员的编码水平有很大的关系,但是同样的算法,使用 PyTorch 实现更有可能达到最快的性能。PyTorch 让用户尽可能地专注于实现自己的想法,所思即所得,不需要考虑太多框架本身的束缚。

(8) 百度深度学习框架飞桨

2018 年 7 月,百度开源了其深度学习框架飞桨(PaddlePaddle)。飞桨是中国首个开源开放、技术领先、功能完备的产业级深度学习平台,具有易用、快速、模型丰富等特点,其模型库更新完善得非常快,几乎覆盖了各行业各种主流算法模型。

飞桨分为飞桨开源平台和飞桨企业版。飞桨开源平台包含核心框架、基础模型库、端到端开发套件与工具组件,持续开源核心能力,为产业、学术、科研创新提供基础底座。飞桨企业版基于飞桨开源平台,针对企业级需求增强了相应特性,包含零门槛 AI 开发平台 EasyDL 和全功能 AI 开发平台 BML。EasyDL 主要面向中小企业,提供零门槛、预置丰富网络和模型、便捷高效的开发平台;BML 是为大型企业提供的功能全面、可灵活定制和被深度集成的开发平台。

(9) 计图

计图(Jittor)是清华大学计算机图形学组发布的自研深度学习框架,于 2020 年 3 月正式对外开源,这也是首个来自中国高校科研机构的开源深度学习框架。

Jittor 是一个完全基于动态编译(Just-in-time),内部使用元算子和统一计算图的深度学习框架,元算子和 Numpy 一样易于使用,并且相对于 Numpy 能够实现更复杂、更高效的操作。而统一计算图则是融合了静态计算图和动态计算图的诸多优点,在易于使用的同时,提供高性能的优化。基于元算子开发的深度学习模型,可以被计图实时地自动优化并且运行在指定的硬件上,如 CPU 或 GPU。

Jittor 的所有代码都是即时编译并且运行的,包括 Jittor 本身。用户可以随时对 Jittor 的所有代码进行修改,并且动态运行。

(10) 华为 MindSpore 框架

2018 年,华为发布了其 AI 发展战略,并同时发布了华为全栈全场景 AI 解决方案,其中最主要的就是华为的基于昇腾基础软硬件平台,包括昇腾处理器、Atlas 系列硬件、异构计算架构 CANN、AI 框架 MindSpore 及 AI 应用使能 ModelArts 平台等,已初步构建了一个完整的人工智能产业生态。

其中,MindSpore 作为华为新一代全场景 AI 计算框架于 2019 年 8 月被正式推出,于 2020 年 3 月被开源。MindSpore 是一种适用于端、边、云场景的新型开源深度学习训练、推理框架,为华为研发的昇腾(Ascend)AI 处理器提供原生支持,以及软硬件协同优化。

(11) 腾讯深度学习框架 TNN

2020 年 6 月,腾讯优图实验室提出移动端高性能轻量级推理框架 TNN。该框架同时拥有跨平台、高性能、模型压缩、代码裁剪等众多突出优势。TNN 框架在原有 Rapidnet、Ncnn 框架的基础上进一步加强了移动端设备的支持以及性能优化,同时也借鉴了业界主流开源框架高性能和良好拓展性的优点。

TNN 通过 ONNX(Open Neural Network Exchange,开放神经网络交换)支持

TensorFlow、PyTorch、MXNet、Caffe 等多种训练框架，充分利用和融入不断完善的 ONNX 开源生态。ONNX 是一个用于表示深度学习模型的标准，可使模型在不同框架之间进行转移。TNN 设计了与平台无关的模型表示，为开发人员提供统一的模型描述文件和调用接口，支持主流安卓、iOS 等操作系统，适配 CPU、GPU、NPU 硬件平台。

图 1-3 给出了 2021 年 10 月各种深度学习开源框架在 Github 上的关注度，在一定程度上反映了各种深度学习开源框架的流行程度。

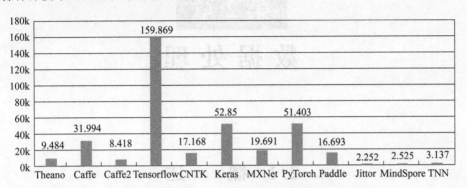

图 1-3 深度学习开源框架在 Github 上的关注度

考虑到当前 PyTorch 是最为简单、易用、高效的深度学习框架之一，本书主要讲述深度框架框架 PyTorch 的使用方法，以及 PyTorch 在多种应用中的实战案例。

习　题

(1) 人们普遍认为人工智能有哪几次浪潮？
(2) 列举近几年人工智能领域发生的你有深刻印象的重大事件。
(3) 分别列举当前人们常用的国内和国外的深度学习框架。
(4) 模式识别与机器学习的关系是怎样的？
(5) 按照学习方式机器学习主要分为哪几大类？

第 2 章 数据处理

2.1 概 述

我们借助人工智能技术解决实际问题时，对与问题相关的各种数据进行处理是必不可少的。数据不一定都是数值（如整数、浮点数），也可能是字符串、数组、结构数据，甚至是符号、图像、声音、视频等。数据往往是杂乱无章、难以理解的，从大量的实际数据中抽取并推导出有价值、有意义的数据，是数据处理的基本目的，因此数据处理是数据科学中至关重要的一个部分。

当前的数据处理过程一般借助于计算机进行，计算机对收集、记录的数据进行加工形成新的信息形式。数据处理涉及的各种操作往往比一般的算术运算要广泛得多。通常认为，计算机数据处理主要包括以下几个方面的内容。

- 数据采集：采集所需的信息。
- 数据转换：把信息转换成机器能够接收的形式。
- 数据分组：指定编码，按有关信息进行有效地分组。
- 数据组织：整理数据或用某些方法安排数据，以便进行处理。
- 数据计算：进行各种算术和逻辑运算，以便得到进一步的信息。
- 数据存储：将原始数据或计算的结果保存起来，供以后使用。
- 数据检索：按人们的要求找出有用的信息。
- 数据排序：把数据按一定要求排成次序。
- 数据可视化：把数据直观地展示处理，便于人们观察数据的特点和规律。

Anaconda 官网网址

Anaconda 清华大学开源软件镜像网址

后续几节将分别介绍基于 Python、Numpy 和 Pandas 的常见数据处理方法，以及应用 Matplotlib 进行数据展示的方法。这些操作是日后进行人工智能算法设计、实现和应用的基础，读者应熟练掌握。对于这些工具包的安装，在此不做过多介绍，建议初学者直接安装 Anaconda，其中已包含了这些常用的工具包以及常用的 Python 开发环境，如 IPython、Jupyter Notebook 等。

可以直接从 Anaconda 的官方网站（https://www.anaconda.com）下载 Anaconda 个人开源版，或者直接从国内的镜像网站下载，如从清华大学开源软件镜像网站（https://mirrors.tuna.tsinghua.edu.cn/anaconda/archive/）下载，建议下载最新版本。下载时可根据自己使用的操作系统,如 Linux、MacOS 或 Windows,下载对应的安装程序。安装完成后,直接运行 conda list 即可查看已安装的各种工具包及其版本号等信息,如图 2-1 所示。

```
C:\Users\ylp>conda list
# packages in environment at C:\Users\ylp\anaconda3:
#
# Name                    Version              Build        Channel
_ipyw_jlab_nb_ext_conf    0.1.0                py38_0       defaults
_pytorch_select           0.1                  cpu_0        defaults
addict                    2.4.0                pypi_0       pypi
alabaster                 0.7.12               py_0         defaults
anaconda                  2020.07              py38_0       defaults
anaconda-client           1.7.2                py38_0       defaults
anaconda-navigator        1.9.12               py38_0       defaults
anaconda-project          0.8.4                py_0         defaults
argh                      0.26.2               py38_0       defaults
asn1crypto                1.3.0                py38_0       defaults
astroid                   2.4.2                py38_0       defaults
astropy                   4.0.1.post1          py38he774522_1  defaults
atomicwrites              1.4.0                py_0         defaults
attrs                     19.3.0               py_0         defaults
autopep8                  1.5.3                py_0         defaults
babel                     2.8.0                py_0         defaults
backcall                  0.2.0                py_0         defaults
backports                 1.0                  py_2         defaults
backports.functools_lru_cache 1.6.1                 py_0         defaults
backports.shutil_get_terminal_size 1.0.0                      py38_2   defaults
backports.tempfile        1.0                  py_1         defaults
backports.weakref         1.0.post1            py_1         defaults
bcrypt                    3.1.7                py38he774522_1  defaults
```

图 2-1 查看 Conda 环境中已安装的 Python 工具包

Anaconda 可以生成和管理各种 Python 环境,默认使用 Base 环境,可在命令行下执行命令 conda activate 或 conda activate base 进入 Conda 的 Base 环境,如下所示:

```
C:\Users\ylp> conda activate
(base) C:\Users\ylp> Python
Python 3.8.3(default, Jul  2 2020, 17:30:36)[MSC v.1916 64 bit(AMD64)]::Anaconda, Inc.
on win32
Type "help", "copyright", "credits" or "license" for more information.
>>>
```

关于 Conda 的各种操作,本书中不作过多介绍,后续的章节中基本涉及不到有关 Conda 的操作。

2.2 基于 Python 的常见数据处理

Python 内置的常用数据类型有数字、字符串、bytes、列表(list)、元组(tuple)、字典(dict)、集合(set)、布尔等。这些类型可分为不可变类型和可变类型两类,对于不可变类型,其值是不可以被修改的,因此一般的操作只有查找,如数字、字符串、bytes、元组等;对于可变类型来说,其值是可以被修改的,涉及的操作一般包括增、删、改、查,如列表、字典、集合类型等。

通常,人们要处理的数据有很多,可使用 Python 中的列表、元组、字典、集合等不同数据类型进行存储。例如:

```
>>> type([1,2,1])
< class ' list ' >
>>> type((1,2,1))
< class ' tuple ' >
>>> type({'a':1,'b':2,'c';1})
< class ' dict ' >
>>> type(set([1,2,1]))
< class ' set ' >
```

在本节中,将以最基本的列表为例,介绍其常见的数据处理操作方法。

列表的元素不需要具有相同的类型,创建一个列表,只要把逗号分隔的不同的数据项使用方括号括起来即可。列表也可以作为另一个列表的数据项。列表举例如下:

```
list1 = [' physics ', ' chemistry ', 1997, 2000]
list2 = [1, 2, 3, 4, 5]
list3 = ["a", "b", "c", "d"]
list4 = [[1, 2, 3],[4, 5, 6]]    # 相当于2行3列的二维数组
```

列表可以进行索引、切片、加、乘、检查成员、组合等操作。

2.2.1 列表索引

列表中的每个元素都有一个位置,或称为索引,第一个索引是0,第二个索引是1,依此类推,这种索引方法称为正向索引。例如:

```
>>> list1 = [' physics ', ' chemistry ', 1997, 2000]
>>> list1[0],list1[3]    # 分别取第1个和第4个元素
(' physics ', 2000)
```

除了正向索引外,列表还有负向索引(有时称为反向索引)。其索引方式为:最后一个元素的索引为-1,倒数第二个元素的索引为-2,依此类推。例如:

```
>>> list1 = [' physics ', ' chemistry ', 1997, 2000]
>>> list1[-1],list1[-3]    # 分别取第4个和第2个的元素
(2000, ' chemistry ')
```

在实际应用中,两种索引可以混合使用,非常方便地对数据进行截取或切片等操作。

2.2.2 列表切片

列表切片是指选取列表的一部分元素,得到一个新的列表。需要注意的是,Python 中的有序序列都支持切片操作,如字符串、元组。

切片操作的完整格式如下:

$$list[start:end:step]$$

其中,list 为列表对象,start 是切片起点索引,end 是切片终点索引,但切片结果不包括终点索引的值,step 是步长。

```
>>> list1 = ['physics', 'chemistry', 1997, 2000]
>>> list1[0:-1:1]
['physics', 'chemistry', 1997]
>>> list1[0:-1:3]
['physics']
>>> list1[0:100:2]    # 切片终点索引的值超出索引最大值,则按索引最大值+1 处理
['physics', 1997]
```

若 step 为负数,表示从后往前选取元素生成新列表对象,此时起始索引应在终点索引之后,否则返回空列表。例如:

```
>>> list1 = ['physics', 'chemistry', 1997, 2000]
>>> list1[-1:0:-1]    # 从最后 1 个元素到第二个元素
[2000, 1997, 'chemistry']
>>> list1[0:-1:-1]    # step 为-1,但起始索引在终点索引前
[]
```

切片中的三个参数 start、end 和 step 均可省略。若 step 省略,默认是 1,此时前面的冒号也可以省略。当 step 为正数时,若 start 省略,默认为 0,若 end 省略,默认为索引最大值为+1。当 step 为负数时,若 start 省略,默认为-1,若 end 省略,默认为初始元素的前一个位置。以下给出一些操作举例:

```
>>> list2 = [1, 2, 3, 4, 5, 6, 7, 8, 9]
>>> list2[::]    # 就是原来的列表
[1, 2, 3, 4, 5, 6, 7, 8, 9]
>>> list2[1:]    # 从第二个元素到最后元素
[2, 3, 4, 5, 6, 7, 8, 9]
>>> list2[:-1]    # 从第 1 个元素到倒数第 2 个元素
[1, 2, 3, 4, 5, 6, 7, 8]
>>> list2[:-1:2]    # 从第 1 个元素到倒数第 2 个元素,隔一个取一个元素
[1, 3, 5, 7]
>>> list2[::2]    # 从第 1 个元素到最后 1 个元素,隔一个取一个元素
[1, 3, 5, 7, 9]
>>> list2[::-1]    # 所有元素反序
[9, 8, 7, 6, 5, 4, 3, 2, 1]
```

2.2.3 列表推导式

列表推导式是 Python 构建列表的一种快捷方式,可以使用简洁的代码创建出一个列表。例如:

```
>>> list1 = [i for i in range(10)]    # 生成含有10个元素的列表
>>> list1
[0, 1, 2, 3, 4, 5, 6, 7, 8, 9]
>>> [i for i in range(10) if i%2==0]    # 生成仅有值为偶数的元素列表
>>> list2
[0, 2, 4, 6, 8]
>>> [i if i%2==0 else i*100 for i in list1]    # 所有的奇数元素都乘以100
[0, 100, 2, 300, 4, 500, 6, 700, 8, 900]
>>> [i*10 if i%2==0 else -1 for i in list1]    # 所有的偶数元素都乘以10,所有的奇数元素都置为-1
[0, -1, 20, -1, 40, -1, 60, -1, 80, -1]
```

2.2.4 列表与字典、字符串的转换

(1) 列表与字典的转换

字典每个元素是一个键(key)值(value)对。在实际应用中,往往有两个分别含有key集合和value集合的列表,如何将这两个列表转换为字典类型呢？操作如下：

```
>>> list1 = ['key1','key2','key3']
>>> list2 = ['1','2','3']
>>> dict(zip(list1,list2))
{'key1':'1','key2':'2','key3':'3'}
```

字典的所有键集合和值集合也可以分别转换为列表。例如：

```
>>> d = dict(zip(list1,list2))
>>> d
{'key1': '1', 'key2': '2', 'key3': '3'}
>>> list(d)    # 得到键集合列表
['key1', 'key2', 'key3']
>>> d.keys()    # 查看键集合,注意返回的不是list对象
dict_keys(['key1', 'key2', 'key3'])
>>> list(d.keys())    # 得到键集合列表,与list(d)等价
['key1', 'key2', 'key3']
>>> list(d.values())    # 得到值集合列表
['1', '2', '3']
```

(2) 列表与字符串的转换

若列表中的每个元素都是字符串,有时需要将这些字符串连起来构成一个字符串,具体操作示例如下：

```
>>> list1 = ['key1','key2','key3']
>>> ','.join(list1)    # 引号内的字符串为连接各个元素时用的符号
'key1,key2,key3'
```

将字符串进行切分也是常见的操作,例如:

```
>>> d = 'key1,key2,key3'
>>> d.split(',')    # 使用 split 函数对 d 进行分割,将',' 作为分隔符,返回列表
['key1', 'key2', 'key3']
>>> a = 'ABCD'
>>> list(a)    # 将字符串每个字符进行分隔,返回列表
['A', 'B', 'C', 'D']
```

2.2.5　列表的其他常见操作

(1) 求列表长度

```
>>> list1 = [[1,2],[3,4],7,8,9]
>>> print(len(list1))
5
```

(2) 列表连接(+运算符)

```
>>> list1 = [1, 2, 3, 4]
>>> list2 = [7, 8, 9]
>>> list1 + list2
[1, 2, 3, 4, 7, 8, 9]
>>> list1 += [5, 6]    # list1 后面追加了 2 个元素
>>> list1
[1, 2, 3, 4, 5, 6]
```

(3) 列表重复(*运算符)

```
>>> list1 = [1,"hi"]
>>> list1 * 3    # list1 所有元素重复 3 次
[1, 'hi', 1, 'hi', 1, 'hi']
>>> 3 * list1    # 与 list1 * 3 等价
[1, 'hi', 1, 'hi', 1, 'hi']
```

(4) 判断元素是否在列表中(成员运算符 in、not in)

```
>>> list1 = ['a','b','c']
>>> print('a' in list1)
True
>>> print('d' in list1)
False
>>> print('a' not in list1)
False
>>> print('d' not in list1)
True
```

(5) 用作可迭代对象

```
>>> list1 = [1,'hi']
>>> for i in list1:    # 每次循环,i 表示 lst 的一个元素
...     print(i, end='')
...
1 hi
```

除了以上操作,列表也提供了大量的内置函数,如 append、max、index、sort 等,在此不再一一举例,读者可参考 Python 相关学习资料。

2.3 Numpy 基础

Numpy 是 Python 进行科学计算的工具包,提供多维数组对象、各种派生对象(如掩码数组和矩阵)以及各种用于高性能矩阵运算的函数,包括数学、逻辑、形状操纵、排序、选择、I/O、离散傅里叶变换、基本线性代数、基本统计运算、随机模拟等。Numpy 的许多操作都是在已编译的代码中执行,从而提高了计算性能,能够以接近 C 语言的速度进行数据处理操作,并同时保持代码的简洁性与易读性。

使用 Numpy 前,需要首先导入相应的包:

```
>>> import numpy as np
>>> np.__version__    # 显示 Numpy 版本号
'1.19.2'
```

2.3.1 基础概念

Numpy 的核心对象是 ndarray 对象,它本质上是一个多维数组,数组的维度(dimension)又称为轴(axis)。例如,三维空间中的点[1,2,1]有一个轴,该轴具有三个元素,长度为3。又如数组[[1.,0.,0.],[0.,1.,2.]],为 2 行 3 列,则该数组有两个轴,第一个轴的长度为 2,第二个轴的长度为 3。

ndarray 对象具有如下属性,在编写代码时可直接使用。

- ndarray.ndim:数组的轴(维度)数。
- ndarray.shape:数组的维度,是一个整数元组,指示每个维度中数组的大小。对于具有 n 行 m 列的矩阵,shape 为(n,m)。shape 元组的长度即为数组的轴数。
- ndarray.size:数组的元素总数,等于 shape 元组的元素乘积。
- ndarray.dtype:描述数组中元素类型的对象,可以使用标准 Python 类型创建或指定数据类型。此外,Numpy 还提供自己的类型,如 numpy.int32、numpy.int16 和 numpy.float64 等。
- ndarray.itemsize:数组中每个元素的大小(以字节为单位)。
- ndarray.data:包含数组实际元素的缓冲区。通常不需要使用此属性,直接使用索引工具访问数组中的元素。
- ndarray.T:直接对数组进行转置操作。

2.3.2 创建数组

Numpy 可以采用多种方法创建数组,下面列举一些常见的创建方法。

(1) np.array( )

array 函数通过常规 Python 列表或元组创建 ndarray 对象数组,数据类型默认是根据序列中的元素类型推导得到的,也可通过参数 dtype 指定数据类型。例如:

```
>>> np.array([1,2,3])    # 从 Python 列表创建一维矩阵
array([1, 2, 3])
>>> np.array([1,2,3],dtype=np.int32)    # 指定数据类型为 np.int32
array([1, 2, 3], dtype=int32)
>>> d = np.array([[1,2,3],[3,2,1]])    # 从 Python 列表创建二维矩阵,2行3列
>>> d
array([[1, 2, 3],
       [3, 2, 1]])
>>> d.shape
(2, 3)
```

(2) np.zeros( )

zeros 函数用于创建一个全 0 的数组。在默认情况下,所创建的数组元素类型为 float64,也可以通过参数 dtype 指定。例如:

```
>>> np.zeros((3,4))    # 数据全为 0,3 行 4 列
array([[ 0.,  0.,  0.,  0.],
       [ 0.,  0.,  0.,  0.],
       [ 0.,  0.,  0.,  0.]])
```

(3) np.ones( )

ones 函数用于创建一个全 1 的数组。在默认情况下,所创建的数组 dtype 为 float64。例如:

```
>>> np.ones((3,4),dtype = np.int32)    # 数据为 1,3 行 4 列
array([[1, 1, 1, 1],
       [1, 1, 1, 1],
       [1, 1, 1, 1]])
```

(4) np.arange( )

arange 函数用于创建元素值为连续整数的数组。例如:

```
>>> np.arange(10)
array([0, 1, 2, 3, 4, 5, 6, 7, 8, 9])
>>> np.arange(10,20,2)    # 10-19 的数据,2 步长
array([10, 12, 14, 16, 18])
```

(5) np.linspace( )

linspace 函数用于创建在指定区间内均匀分布的数据,默认 dtype 为 float64。例如:

```
>>> d=np.linspace(1,10,5) #区间为[1-10],均匀取5个点
>>> d
array([1., 3.25, 5.5, 7.75, 10.])
>>> d.dtype
dtype('float64')
```

(6) 生成随机数据

Numpy 中的 random 模块提供多种函数,可以生成各种随机数据。表 2-1 给出了几个常用函数的功能对比,在使用中要注意它们的不同。

表 2-1 Numpy 随机数据生成函数的功能对比

函数名	参数形式	功能	参数说明	举例
rand( )	$d_0, d_1, \cdots, d_n$	生成随机浮点或随机浮点数组,生成的数据均是[0,1)区间的float类型	无参数时得到一个随机数,多个参数时得到随机数组	random.rand(2,3,4),得到 shape 为(2,3,4)的三维数组
random( )	size=None	同 rand( )函数,只是参数形式不同	无参数时只生成一个随机数,有参数时指定要生成数组的 shape	random.random(size=(2,3,4))表示生成 shape 为(2,3,4)的三维数组
randn( )	$d_0, d_1, \cdots, d_n$	生成随机浮点或随机浮点数组,生成的数据满足均值为1,方差为1的正态分布	同 rand( )函数	random.randn(2,3,4),得到 shape 为(2,3,4)的三维数组。注意元素值有正有负,服从正态分布
normal( )	loc=0.0, scale=1.0, size=None	生成随机浮点或随机浮点数组,生成的数据满足均值为 loc,方差为 scale 的正态分布	loc 和 scale 分别指定均值和方差,size 参数指定数组的 shape,为 None 时返回一个浮点数	random.normal(3, 2.5, size=(2,4)),得到 shape 为(2,4)的二维数组。所有元素满足均值为3,方差为2.5的正态分布
randint( )	low, high=None, size=None, dtype=int	生成随机整数或随机整数数组,生成数据的区间由参数指定	只有 low 参数表示得到的随机整数区间为[0, low)。同时指定 low 和 high 参数时,随机整数区间为[low, high)。不指定 size 时得到一个随机数,指定 size 时得到对应 shape 的数组	randint(10),得到[0,10)之间的随机值。randint(10, 100),得到[10, 100)之间的随机值。randint(10, 100, (2,3)),得到2行3列的二维数组,所有元组值为[10, 100)之间的随机值

下面给出以上函数的一些示例。

```
>>> from numpy import random
-0.1707964402223355
>>> random.rand()    # 生成[0,1)区间的float类型随机数
0.2779130624002617
>>> random.rand(2,3)    # 生成2行3列的随机浮点数二维数组,注意参数的写法
array([[0.31997892, 0.56122062, 0.02330545],
       [0.86188873, 0.00813633, 0.41269993]])
>>> random.random((2,3))    # 生成2行3列的随机浮点数二维数组,注意参数的写法
array([[0.52686345, 0.92578695, 0.95486598],
       [0.02929869, 0.65481107, 0.06564195]])
>>> random.randn(2,3)    # 生成2行3列的随机浮点数二维数组,注意元素值的分布
array([[-0.14990561,  0.54478818,  1.22013495],
       [ 0.7795398 , -0.28145717,  0.49259526]])
>>> random.normal(10,3.5,size=(2,3))    # 生成2行3列的二维数组,注意元素值的分布
array([[ 7.3509113 ,  9.21375232, 10.8433555 ],
       [11.13656401, 12.22192137, 14.08481123]])
>>> random.randint(13)    # 生成一个值在[0,13)区间的随机整数
10
>>> random.randint(2,13)    # 生成一个值在[2,13)区间的随机整数
12
>>> random.randint(10, size=10)    # 生成一个含有10个元素值在[0,10)区间的一维数组
array([0, 9, 6, 5, 0, 5, 7, 8, 0, 8])
>>> random.randint(10, size=(2,3))    # 生成2行3列的随机整数二维数组
array([[4, 6, 3],
       [7, 9, 0]])
```

我们知道,所谓的随机数也是通过伪随机序列来生成的,通常使用随机数种子控制伪随机序列的值,Numpy 中使用 np.random.seed()函数设置随机数的种子,对于同一代码,若设置随机数种子相同,则无论在什么环境下何时执行,得到的随机序列都是相同的。例如:

```
>>> np.random.seed(0)    # 设置随机数种子为0
```

以上只是 random 提供的一些常用函数,读者可以使用 Python 提供的 dir 和 help 函数,查看 Python 包、模块或类中所有的成员属性和函数,以及相应的官方提供的使用帮助。例如:

```
>>> dir(random)    # 查看random提供的所有属性和函数
>>> help(random)    # 查看random包的帮助说明
>>> help(random.random_integers)    # 查看random.random_integets函数的帮助说明
```

使用 help 查看使用帮助时,可能相关的说明文字有很多页,可使用空格向下进行翻页,使用字符 q 退出查看,返回 Python 环境。

(7) np.reshape( )

reshape函数可以将原数组的shape进行调整生成新的数组,但元素总数和各元素先后顺序保持不变。例如:

```
>>> A = np.arange(12)
>>> A
array([ 0, 1, 2, 3, 4, 5, 6, 7, 8, 9, 10, 11])
>>> A.shape
(12,)
>>> B=np.reshape(A,(3,4))
>>> B
array([[ 0, 1, 2, 3],
       [ 4, 5, 6, 7],
       [ 8, 9, 10, 11]])
>>> C=B.reshape(2,1,6)    # 第二种reshape的方法,数组可以直接调用reshape函数
>>> C
array([[[ 0, 1, 2, 3, 4, 5]],
       [[ 6, 7, 8, 9, 10, 11]]])
>>> D=B.reshape(2,1,2,3)  # 各个维度值乘积必须等于元素个数
>>> D
array([[[[ 0, 1, 2],
         [ 3, 4, 5]]],
       [[[ 6, 7, 8],
         [ 9, 10, 11]]]])
```

(8) np.tile( )

tile函数可以将原数组在各个维度上进行重复,对数组进行扩展,得到改变shape的新数组。扩展规则如下:

设原数组shape为$(a_n,\cdots,a_0)$,扩展参数为$(b_m,\cdots,b_0)$,若$n<m$,则扩展后的数组shape为$(b_m,\cdots,b_{n+1},a_n*b_n,\cdots,a_0*b_0)$,否则,为$(a_n,\cdots,a_{m+1},a_m*b_m,\cdots,a_0*b_0)$。

例如:

```
>>> a = np.array([1,2,3])    # a是shape为(3,)的一维数组
>>> a
array([1, 2, 3])
>>> b = np.tile(a,(4))       # 所有元素重复4次,得到shape为(12,)的一维数组
>>> b
array([1, 2, 3, 1, 2, 3, 1, 2, 3, 1, 2, 3])
>>> c = np.tile(a,(4,1))     # 每行重复4次,得到shape为(4,3)的二维数组
>>> c
array([[1, 2, 3],
       [1, 2, 3],
       [1, 2, 3],
       [1, 2, 3]])
```

```
>>> d = np.tile(a,(4,2))    # 每行重复4次,每列重复2次,得到shape为(4,6)的二维数组
>>> d
array([[1, 2, 3, 1, 2, 3],
       [1, 2, 3, 1, 2, 3],
       [1, 2, 3, 1, 2, 3],
       [1, 2, 3, 1, 2, 3]])
>>> e = np.tile(a,(4,2,1))    # 在三个维度上重复4,2,1次,新数组shape为(4,2,3)
>>> e
array([[[1, 2, 3],
        [1, 2, 3]],

       [[1, 2, 3],
        [1, 2, 3]],

       [[1, 2, 3],
        [1, 2, 3]],

       [[1, 2, 3],
        [1, 2, 3]]])
```

2.3.3 基本运算

ndarray对象常见的算术运算符包括 ＋ 、－、＊、／、＊＊等。下面给出一些基本运算实例:

```
>>> a = np.array([20, 30, 40, 50])
>>> b = np.arange(4)
>>> b
array([0, 1, 2, 3])
>>> c = a - b    # 对应元素相减,生成新对象
>>> c
array([20, 29, 38, 47])
>>> b ** 2    # 每个元素平方,生成新对象
array([0, 1, 4, 9])
>>> 10 * np.sin(a)    # 每个元素取正弦后乘以10,生成新对象
array([ 9.12945251, -9.88031624,  7.4511316 , -2.62374854])
>>> a < 35    # 每个元素与35比较大小,生成新的布尔值对象
array([ True,  True, False, False])
```

在Numpy中,乘积运算符＊是对同位置元素进行乘积运算,即点乘。如果需要进行矩阵运算,可以使用@运算符,或者使用dot函数进行操作。

```
>>> A = np.array([[1, 1], [0, 1]])
>>> B = np.array([[2, 0], [3, 4]])
>>> A * B   # 矩阵点乘
array([[2, 0],
       [0, 4]])
>>> A @ B   # 矩阵相乘
array([[5, 4],
       [3, 4]])
>>> A.dot(B)   # 矩阵相乘的另一种形式
array([[5, 4],
       [3, 4]])
```

需要注意的是,对不同形状(shape)的数组进行数值计算时,Numpy 会采用广播(Broadcast)方式,尽可能自动调整相应的数组,以满足计算的条件。例如:

```
>>> a = np.array([[ 0, 0, 0], [10, 10, 10]])
>>> b = np.array([1, 2, 3])
>>> a + b   # 自动触发广播机制,相当于b变为含有2行相同行元素的二维数组
array([[ 1,  2,  3],
       [11, 12, 13]])
```

通常,ndarray 的一元运算都是作为 ndarrary 类的方法实现的。例如:

```
>>> a = np.array([[1,3,2],[4,1,1],[2,2,3]])
>>> a.sum()   # 计算所有元素的求和
19
>>> a.min()   # 取得最小元素的值
1
>>> a.max()   # 取得最大元素的值
4
>>> a.mean()   # 计算所有元素的平均值
2.111111111111111
```

ndarray 类的一元运算默认是对整个数组进行操作。此外,还可以通过指定轴参数 axis,沿着指定轴进行操作。当 axis 值为 1 时,将会以行作为查找单元;当 axis 值为 0 时,将会以列作为查找单元。例如:

```
>>> b = np.arange(12).reshape(3, 4)
>>> b
array([[ 0,  1,  2,  3],
       [ 4,  5,  6,  7],
       [ 8,  9, 10, 11]])
>>> b.sum(axis=0)   # 得到每列的求和
array([12, 15, 18, 21])
>>> b.min(axis=1)   # 得到每行的最小值
```

```
array([0, 4, 8])
>>> b.cumsum(axis=1)  # 每行进行累加
array([[ 0,  1,  3,  6],
       [ 4,  9, 15, 22],
       [ 8, 17, 27, 38]])
```

对于更高维数组,依然可以通过设置 axis 进行不同维度上的计算。例如:

```
>>> b = np.arange(24).reshape(2,3,4)   # 构建三维数组
>>> b
array([[[ 0,  1,  2,  3],
        [ 4,  5,  6,  7],
        [ 8,  9, 10, 11]],

       [[12, 13, 14, 15],
        [16, 17, 18, 19],
        [20, 21, 22, 23]]])
>>> b.sum(axis=0)  # 按第1个维度求和,该维度上有2个元素进行求和,结果对象 shape 为(3,4)
array([[12, 14, 16, 18],
       [20, 22, 24, 26],
       [28, 30, 32, 34]])
>>> b.sum(axis=1)  # 按第2个维度求和,该维度上有3个元素进行求和,结果对象 shape 为(2,4)
array([[12, 15, 18, 21],
       [48, 51, 54, 57]])
>>> b.sum(axis=2)  # 按第3个维度求和,该维度上有4个元素进行求和,结果对象 shape 为(2,3)
array([[ 6, 22, 38],
       [54, 70, 86]])
```

ndarray 类的 argmin( )和 argmax( )函数表示返回最大值或最小值的索引。例如:

```
>>> a = np.arange(12).reshape(3,4)
>>> a
array([[ 0,  1,  2,  3],
       [ 4,  5,  6,  7],
       [ 8,  9, 10, 11]])
>>> np.argmin(a)  # 最小值的全局索引为0
0
>>> np.argmax(a)  # 最大值的全局索引为11
11
>>> np.argmin(a,axis=1)  # 每行最小值的行索引
array([0, 0, 0])
>>> np.argmin(a,axis=0)  # 每列最小值的列索引
array([0, 0, 0, 0])
```

ndarray 类的 sort( )函数能够对数组进行排序,默认按行进行排序。可以指定轴参数,沿

着指定轴进行操作。当 axis 值为 1 时,将会对每一行进行排序;当 axis 值为 0 时,将会对每一列进行排序。

```
>>> a = np.arange(12,0,-1).reshape(3,4)
>>> a
array([[12, 11, 10,  9],
       [ 8,  7,  6,  5],
       [ 4,  3,  2,  1]])
>>> np.sort(a)    # 按行排序
array([[ 9, 10, 11, 12],
       [ 5,  6,  7,  8],
       [ 1,  2,  3,  4]])
>>> np.sort(a,axis=1)    # 按行排序
array([[ 9, 10, 11, 12],
       [ 5,  6,  7,  8],
       [ 1,  2,  3,  4]])
>>> np.sort(a,axis=0)    # 按列排序
array([[ 4,  3,  2,  1],
       [ 8,  7,  6,  5],
       [12, 11, 10,  9]])
```

ndarrary 类具有一个特殊的 T 属性,能直接对数组进行转置操作。

```
>>> a = np.arange(12,0,-1).reshape(3,4)
>>> a
array([[12, 11, 10,  9],
       [ 8,  7,  6,  5],
       [ 4,  3,  2,  1]])
>>> a.T
array([[12,  8,  4],
       [11,  7,  3],
       [10,  6,  2],
       [ 9,  5,  1]])
>>> b = np.arange(24,0,-1).reshape(2,3,4) #生成三维数组
>>> b
array([[[24, 23, 22, 21],
        [20, 19, 18, 17],
        [16, 15, 14, 13]],

       [[12, 11, 10,  9],
        [ 8,  7,  6,  5],
        [ 4,  3,  2,  1]]])
>>> b.T    # shape 由原来的(2,3,4)变为(4,3,2)
```

```
array([[[24, 12],
        [20,  8],
        [16,  4]],

       [[23, 11],
        [19,  7],
        [15,  3]],

       [[22, 10],
        [18,  6],
        [14,  2]],

       [[21,  9],
        [17,  5],
        [13,  1]]])
```

需要注意的是,对于一维数组,T 属性的结果和原数组是一样的。例如:

```
>>> a = np.arange(1,5,1)
>>> a
array([1, 2, 3, 4])
>>> a.T
array([1, 2, 3, 4])
>>> a == a.T
array([ True,  True,  True,  True])
```

2.3.4 索引、切片和迭代

Numpy 对于一维数组的索引、切片与 Python 中对列表的操作类似。

(1) 索引操作

Numpy 一维数组的索引示例如下:

```
>>> a = np.arange(10)
>>> a
array([0, 1, 2, 3, 4, 5, 6, 7, 8, 9])
>>> a[2]
2
```

Numpy 多维数组的每一个维度都可以有索引。例如:

```
>>> b = np.arange(12).reshape(3,4)
>>> b
array([[ 0,  1,  2,  3],
```

```
        [ 4, 5, 6, 7],
        [ 8, 9, 10, 11]])
>>> b[2][2]    # 第一种索引方法
10
>>> b[2,2]    # 第二种索引方法
10
>>> b[[0,0,1,1],[0,1,2,3]]    # 第三种索引方法,取(0,0),(0,1)(1,2)(1,3)四个位置的元素
array([0, 1, 6, 7])
```

(2) 切片操作

Numpy 一维数组的切片操作示例如下:

```
>>> a[2:6]
array([2, 3, 4, 5])
>>> a[2:6:2]   # 设置步长为2
array([2, 4])
```

Numpy 多维数组也可以针对各个维度进行组合切片。如果提供的索引少于数组的维度数,那么缺少的索引将被视为完整切片。例如:

```
>>> b
array([[ 0, 1, 2, 3],
        [ 4, 5, 6, 7],
        [ 8, 9, 10, 11]])
>>> b[0:2,0:2]    # 先取两行,再取两列,注意不同于b[0:2][0:2]
array([[0, 1],
        [4, 5]])
>>> b[0:2]    # 如果提供的索引少于数组的维度数,那么缺少的索引将被视为完整切片。
array([[0, 1, 2, 3],
        [4, 5, 6, 7]])
>>> b[0:2, :]    # 与b[0:2]等价
array([[0, 1, 2, 3],
        [4, 5, 6, 7]])
>>> b[:,-1,-1::-1]    # 类似于Python中的切片,参数可以为负值或省略
array([[3, 2, 1, 0],
        [7, 6, 5, 4]])
```

Numpy 数组既支持布尔方式切片,也支持调整行或列顺序的切片方式。例如:

```
>>> a=np.arange(6).reshape(2,3)
>>> a
array([[0, 1, 2],
        [3, 4, 5]])
>>> a[:,[True,False,True]]    # 去掉列表中对应列索引为False的列,即第二列被删掉
array([[0, 2],
```

```
          [3, 5]])
>>> a[:,a[1]>3]   # 第二行只有第2列和第3列的值大于3,对应的列被保留,第一列被删除
array([[1, 2],
       [4, 5]])
>>> a[[1,0,1],:]   # 按列表中的行索引对数组调整,得到shape为(3,3)的数组
array([[3, 4, 5],
       [0, 1, 2],
       [3, 4, 5]])
>>> a[:,[1,0,1,0,2]]   # 按列表中的列索引顺序对数组调整,得到shape为(2,5)的数组
array([[1, 0, 1, 0, 2],
       [4, 3, 4, 3, 5]])
```

2.3.5 数组合并

Numpy 可将多个数组进行合并,生成一个新的数组。例如,对于两个一维数组,可以将其中的所有元素合并成一个新的一维数组,这种合并方法称为横向合并;若数组元素个数相同,也可以合并成一个含有两行的二维数组,原来的每个一维数组是一行,这种合并方法称为纵向合并。对于满足条件的多个高维数组,也可以按此原理在某个维度上进行合并。

数组的纵向合并可以通过 vstack() 函数进行合并。参加合并的数组要求除第一个维度外,其他维度的值需保持一致。对一维数组,相当于先转为行数为 1 的二维数组再进行合并。例如:

```
>>> a = np.array([[1,1,1],[1,1,1]])   # shape为(2,3)
>>> b = np.array([2,2,2])   # shape为(3,)
>>> c = np.array([3,3,3])   # shape为(3,)
>>> np.vstack((a,b,c))   # 合并三个数组,shape变为(4,3)
array([[1, 1, 1],
[1, 1, 1],
       [2, 2, 2],
       [3, 3, 3]])
>>> b,c = b.reshape(1,3),c.reshape(1,3)   #将两个一维数组转换为二维数组,shape为(1,3)
>>> np.vstack((a,b,c))   # 结果与直接用一维数组合并是一样的
array([[1, 1, 1],
[1, 1, 1],
       [2, 2, 2],
       [3, 3, 3]])
>>> a = np.arange(12).reshape(2,3,2)   #三维数组,shape为(2,3,2)
array([[[ 0,  1],
        [ 2,  3],
        [ 4,  5]],
```

```
            [[ 6, 7],
             [ 8, 9],
             [10,11]]])
>>> b = np.arange(6).reshape(1,3,2)    # 三维数组,shape 为(1,3,2)
array([[[0, 1],
        [2, 3],
        [4, 5]]])
>>> np.vstack((a,b))    # shape 变为(3,3,2)
array([[[ 0,  1],
        [ 2,  3],
        [ 4,  5]],

       [[ 6,  7],
        [ 8,  9],
        [10, 11]],

       [[ 0,  1],
        [ 2,  3],
        [ 4,  5]]])
```

通过以上例子不难发现,对于纵向合并,vstack 生成的新数组的维度数量与原数组保持一致(一维数组当作是含有一行的二维数组),第一个维度的值为所有参加合并数组的第一维度值之和。

数组的横向合并可以通过 hstack( )来实现。对于一维数组可直接进行合并,而对于二维或更高维数组,要求进行合并的数组除第二个维度外,其他维度值应保持一致。例如:

```
>>> a = np.array([1,1,1,1,1,1])    # shape 为(6,)
>>> b = np.array([2,2,2,2])    # shape 为(4,)
>>> np.hstack((a,b))    # 合并两个一维数组,新数组 shape 为(10,)
array([1, 1, 1, 1, 1, 1, 2, 2, 2, 2])
>>> a = a.reshape((2,3)) # 2 行 3 列的二维数组
>>> b = b.reshape((2,2)) # 2 行 2 列的二维数组
>>> a# shape 为(2,3)
array([[1, 1, 1],
       [1, 1, 1]])
>>> b# shape 为(2,2)
array([[2, 2],
       [2, 2]])
>>> np.hstack((a,b))    # 合并两个二维数组,新数组 shape 为(2,5)
array([[1, 1, 1, 2, 2],
       [1, 1, 1, 2, 2]])
>>> a = a.reshape((2,3,1)) # 三维数组,shape 为(2,3,1)
>>> b = b.reshape((2,2,1)) # 三维数组,shape 为(2,2,1)
```

```
>>> a
array([[[1],
        [1],
        [1]],

       [[1],
        [1],
        [1]]])
>>> b
array([[[2],
        [2]],

       [[2],
        [2]]])
>>> np.hstack((a,b))   # 合并两个三维数组,新数组 shape 为(2,5,1)
array([[[1],
        [1],
        [1],
        [2],
        [2]],

       [[1],
        [1],
        [1],
        [2],
        [2]]])
```

通过以上例子不难发现,hstack 生成的新数组的维度数量与原数组保持一致,对于二维或更高维数组,第二个维度的值为所有参加合并数组的第二维度值之和。

除横向合并和纵向合并外,也可以在第三个维度上使用 dstack 函数进行深度合并,在此不再举例。实际上,Numpy 还提供了 concatenate 函数,可以更加方便地通过 axis 参数指定合并方向,对任意维度的数组进行合并。例如:

```
>>> A = np.array([[1,1,1],[2,2,2]]) # shape 为(2,3)
>>> B = np.array([[3,3,3],[4,4,4]]) # shape 为(2,3)
>>> C = np.array([[5,5,5],[6,6,6]]) # shape 为(2,3)
>>> np.concatenate((A,B,C),axis=0)  # 相当于 np.vshape(A,B,C),新数组 shape 为(6,3)
array([[1, 1, 1],
       [2, 2, 2],
       [3, 3, 3],
       [4, 4, 4],
       [5, 5, 5],
       [6, 6, 6]])
```

```
>>> np.concatenate((A,B,C),axis=1)    # 相当于 np.hshape(A,B,C),新数组 shape 为(2,9)
array([[1, 1, 1, 3, 3, 3, 5, 5, 5],
       [2, 2, 2, 4, 4, 4, 6, 6, 6]])
```

2.3.6　数组分割

可以利用 split( )函数分割数组，可选择将数组均匀分成几份，并通过 axis 参数指定从哪个维度进行切分。分割的结果存放到列表中。举例如下：

```
>>> A = np.arange(24).reshape((4,6))
>>> a = np.split(A, 2, axis=0)    # 横向分割成2份，结果为 list 类型，长度为2
>>> a[0]
array([[0, 1, 2, 3, 4, 5],
       [6, 7, 8, 9, 10, 11]])
>>> b = np.split(A, 3, axis=1)    # 纵向分割成3份，结果为 list 类型，长度为3
>>> b[2]
array([[ 4,  5],
       [10, 11],
       [16, 17],
       [22, 23]])
```

2.3.7　复制数组

在操作数组时，数据有时候会被复制到新数组中，有时候不会，可分为三种情况。

（1）数据完全不复制

简单指定分配不会复制数组对象或其数据。例如：

```
>>> a = np.arange(12)
>>> b = a    # 没有新对象生成,b相当于a的别名
>>> b is a    # a和b是同一个 ndarray 对象的两个名字而已
True
>>> b.shape = 3,4    # 即也修改了 a 的 shape
>>> a.shape
(3, 4)
```

（2）视图或浅拷贝

浅拷贝是指不同的数组对象可以共享相同的数据。使用 view( )函数可创建一个查看相同数据的新数组对象。例如：

```
>>> c = a.view()    # c是一个新对象,而非a的别名
>>> c is a
False
```

```
>>> c.base is a    # c是a对象数据的一个视图对象
True
>>> c.flags.owndata    # c的数据来自于a对象,而非自己
False
>>> c.shape = 2,6    # c的shape改变并不会影响a
>>> a.shape
(3, 4)
>>> c[0,4] = 1234    # 通过c修改数据会影响a
>>> a
array([[   0,    1,    2,    3],
       [1234,    5,    6,    7],
       [   8,    9,   10,   11]])
```

切片数组默认也会返回一个视图,例如:

```
>>> s = a[:, 1:3]    # s数组是a数组的切片
>>> s[:] = 10    # 通过s修改数据,s中的所有元素全部设置为10
>>> a
array([[   0,   10,   10,    3],
       [1234,   10,   10,    7],
       [   8,   10,   10,   11]])
```

(3) 深拷贝

深拷贝是指得到从原数组中得到完整的数据并生成新数组对象,新数组的变化不再影响原数组。通过使用copy( )函数生成新数组,并保存原数组数据的完整副本。

```
>>> d = a.copy()    # d是一个新数组,数据来源于a数组
>>> d is a
False
>>> d.base is a    # d不再与a有任何共享信息
False
>>> d[0,0] = 9999    # d的变化不会影响a
>>> a
array([[   0,   10,   10,    3],
       [1234,   10,   10,    7],
       [   8,   10,   10,   11]])
```

有时如果不再需要原始数组,则应该在切片后调用copy( )。例如,假设a是一个很大的中间结果,最终结果b只包含a的一部分,那么在用切片构造b时应该做一个深拷贝,并删除a从而释放内存。

```
>>> a = np.arange(int(1e8))    # a数组有100000000个元素
>>> b = a[:100]    # b是a的切片视图
>>> del a    # a数组不能再使用,但不会被释放,因为b还存在,避免后续使用b出现错误
```

```
>>> a = np.arange(int(1e8))    # a 数组有 100000000 个元素
>>> b = a[:100].copy()    # b 复制了 a 的前 100 个元素,进行了深拷贝
>>> del a    # a 数组被释放
```

2.4 Pandas 基础

Numpy 的数据处理功能虽然强大,但比较基础。基于 Numpy,人们又开发了专门进行结构化数据分析的工具包——Pandas。其名字衍生自术语"panel data"(面板数据)和"Python data analysis"(Python 数据分析)。

在我们解决实际问题时,数据往往都已提前存储在文件中。Pandas 可以直接从各种文件格式(如 CSV、JSON、SQL、Microsoft Excel 等)导入数据,并对各种数据进行运算操作,比如归并、再成形、选择,还有数据清洗和数据加工。如果说 Numpy 类似于 Python 中的列表 list,不带数值标签,那么 Pandas 则类似于 Python 中的字典 dict。

在使用 Pandas 前,需要先导入相应的包:

```
>>> import pandas as pd
>>> pd.__version__    # 显示 Pandas 版本号
'1.2.3'
```

2.4.1 Pandas 的主要数据结构

Pandas 的主要数据结构有两个,分别是 Series 和 DataFrame。

Series 可以看作类似于一维数组的结构,或者是二维数组中的列结构,它由一组数据以及一组与之相关的索引组成。数据可以是各种 Numpy 数据类型,索引也被称为数据标签。

DataFrame 是一种表格型的数据结构,它含有一组有序的列,每列可以是不同的值类型,如数值、字符串、布尔型值等。DataFrame 既有行索引,也有列索引,可以看作是由若干 Series 对象组成的字典。从纵向看,DataFrame 的 key 为列索引,每个 Series 对象为一列,即 value。从横向看,所有的 Series 对象具有相同的行索引,如图 2-2 所示。

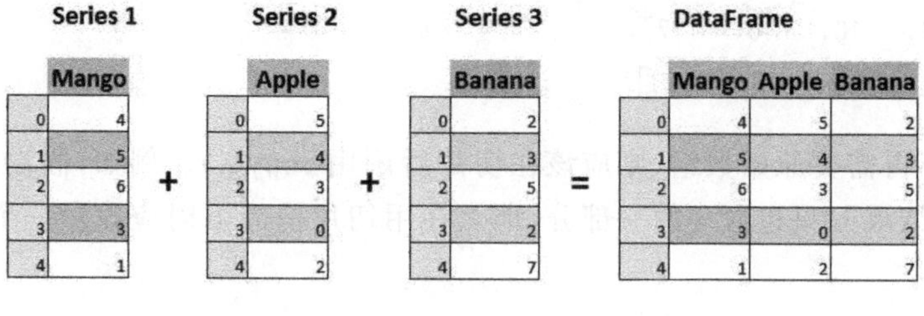

图 2-2 DataFrame 结构示意图

下面分别介绍两种数据结构的基本定义方法。

(1) Series

构建 Series 对象的函数如下：

$$pandas.Series(data, index, dtype, name, copy)$$

其中：参数 data 是一组数据，如列表数据、词典数据或 ndarray 类型的对象等；index 是数据索引标签，如果不指定，默认从 0 开始；dtype 是指定的数据类型，默认会自己判断；name 是设置名称；copy 参数表示是否复制数据，默认为 False。

下面给出一些生成 Series 对象的示例。

```
>>> a = pd.Series([1, 3, 5, 6, 8])  # a 是由 Python 列表生成的 Series 对象
>>> a   # 结果中的第一列为索引，从 0 开始。第二列为实际的数据
0    1.0
1    3.0
2    5.0
3    6.0
4    8.0
dtype: float64
>>> b = pd.Series({1:'a', 3:'b', 5:'c', 6:'d', 8:'e'})   # b 是由词典生成的 Series 对象
>>> b   # 结果中的索引就是词典中的索引 key，第二列是词典中的 value 数据
1    a
3    b
5    c
6    d
8    e
dtype: object
>>> c = list("abcde")
>>> d = [1, 3, 4, 6, 8]
>>> e = pd.Series(data=c, index=d)   # 分别指定数据和索引，生成 Series 对象
>>> e
1    a
3    b
4    c
6    d
8    e
dtype: object
>>> import numpy as np
>>> g = pd.Series(1, np.arange(5))   # Series 对象含有 5 个值均为 1 的元素
>>> g
0    1
1    1
2    1
3    1
4    1
dtype: int64
```

```
>>> import numpy as np    # 导入 Numpy 包
>>> f=pd.Series(np.random.rand(5),index=np.arange(10,15),name='test_S')
>>> f    # f是由 Numpy 随机数据生成的 Series 对象
10    0.348975
11    0.101811
12    0.085682
13    0.100432
14    0.570286
Name：test_S, dtype：float64
>>> f[12]    # 返回索引值为 12 的元素，即第 3 个元素的值
0.08568206127587208
```

(2) DataFrame

Pandas 创建 DataFrame 类型的对象基本函数如下：

$$pandas.DataFrame(data, index, columns, dtype, copy)$$

其中：data 表示实际的数据，可以是 Numpy 的 ndarray 类型、Pandas 的 series 类型、或 Python 的类别 list、字典 dict 等类型；index 为行标签，默认从 0 开始；columns 为列标签，默认从 0 开始；dtype 指定数据类型；copy 表示是否复制数据，默认为 False。

以下是使用列表生成 DataFrame 对象的示例，这里的列表相当于二维数组。

```
>>> data = [['BUPT',1955],['Tsinghua',1911],['PKU',1898]]
>>> df = pd.DataFrame(data,columns=['University','Year'])    # 行索引默认从 0 开始
>>> df
   University  Year
0        BUPT  1955
1    Tsinghua  1911
2         PKU  1898
```

需要注意的是，若列表中的每个元素为一个字典，则每个元素代表一行，字典中的 key 为列索引。例如：

```
>>> data = [{'U':'BUPT','Y':1955,'N':15655},{'U':'PKU','Y':1911}]
>>> df = pd.DataFrame(data)
>>> df    # 最后一个元素在 data 中未给出，则用 Numpy 中的 NaN 表示
      U     Y        N
0  BUPT  1955  15655.0
1   PKU  1911      NaN
```

以下是直接使用词典生成 DataFrame 对象的示例。需要注意的是，词典中的每个 key 对应列索引，每个 value 为一个列表对象，代表一列。

```
>>> data = {'University':['BUPT','Tsinghua','PKU'],'Age':[1955,1911,1898]}
>>> df = pd.DataFrame(data,index=list('BTP'))    # 指定了行索引
>>> df
```

```
        University   Age
B       BUPT        1955
T       Tsinghua    1911
P       PKU         1898
```

使用 Numpy 中的 ndarray 对象也可以生成 DataFrame 对象,例如:

```
>>> df = pd.DataFrame(np.random.rand(6).reshape(2,3))
>>> df
          0         1         2
0  0.939842  0.051563  0.568685
1  0.745958  0.655118  0.974954
>>> dates = pd.date_range("20130101", periods=6)  # 得到 6 个日期索引
>>> dates
DatetimeIndex(['2013-01-01', '2013-01-02', '2013-01-03', '2013-01-04',
               '2013-01-05', '2013-01-06'],
              dtype='datetime64[ns]', freq='D')
>>> df = pd.DataFrame(np.random.randn(6, 4), index=dates, columns=list("ABCD"))
>>> df  # 数据为 6 行 4 列,每行的索引为 dates 中的元素,每列的索引为 list 对象中的每个元素
                   A         B         C         D
2013-01-01   1.243871  1.003795 -1.377233  0.716665
2013-01-02  -0.518670  1.110433  0.313810 -0.685123
2013-01-03   0.164839 -0.184647  1.073287  1.146447
2013-01-04   0.510140  0.303102 -1.335883  1.833867
2013-01-05  -0.328585  1.694494 -0.982596  1.328448
2013-01-06  -0.453226  0.999738  0.607787  1.375840
```

以下示例给出了每列具有不同数据类型的数据来构建 DataFrame 对象。

```
>>> df2 = pd.DataFrame({'A': 1.,
...                    'C': pd.Series(1, index=list(range(4)), dtype='float32'),
...                    'D': np.array([3] * 4, dtype='int32'),
...                    'E': pd.Categorical(["test","train","test","train"]),
...                    'F': 'foo'})
>>> df2
     A    C  D      E    F
0  1.0  1.0  3   test  foo
1  1.0  1.0  3  train  foo
2  1.0  1.0  3   test  foo
3  1.0  1.0  3  train  foo
```

DataFrame 具有行索引 index、列索引 columns、元素类型 dtypes、转置 T 等属性。举例如下:

```
>>> df2.index
Int64Index([0, 1, 2, 3], dtype='int64')
>>> df2.columns
Index(['A', 'C', 'D', 'E', 'F'], dtype='object')
>>> df2.dtypes
A      float64
C      float32
D      int32
E      category
F      object
dtype: object
>>> df2.T
          0      1      2      3
A       1.0    1.0    1.0    1.0
C       1.0    1.0    1.0    1.0
D         3      3      3      3
E      test  train   test  train
F       foo    foo    foo    foo
```

DataFrame 还有一些内置函数也会经常用到，如 head()、tail()、to_numpy()、describe()、sort_index()、sort_values()等，在此不再一一介绍，读者可使用 Python 的 help 函数查看各个函数的使用帮助。

2.4.2 索引与切片

类似于 list 和 ndarray 对象，DataFrame 对象也可以进行索引和切片。设数组定义如下：

```
>>> dates = pd.date_range("20130101", periods=6)
>>> df = pd.DataFrame(np.arange(24).reshape(6,4), dates, columns=list("ABCD"))
>>> df  # 6行4列，行索引从"20130101"到"20130106"，列索引从"A"到"D"
             A    B    C    D
2013-01-01   0    1    2    3
2013-01-02   4    5    6    7
2013-01-03   8    9   10   11
2013-01-04  12   13   14   15
2013-01-05  16   17   18   19
2013-01-06  20   21   22   23
```

（1）列索引

选择 DataFrame 对象 df 其中的某一列，格式为 df[列索引名]，生成结果为一个 Series 对象。示例如下：

```
>>> df['A']    # 在列名给出的情况下，也可以使用 df.A，但不能使用 df[0]
2013-01-01    0
```

```
2013-01-02    4
2013-01-03    8
2013-01-04   12
2013-01-05   16
2013-01-06   20
Freq：D，Name：A，dtype：int32
```

(2) 行索引

选择 DataFrame 对象 df 其中的某一行，可使用 df 的属性 loc 对象或 iloc 对象。

使用 loc 对象的格式为 df.loc[行索引名]，使用 iloc 对象的格式为 df.iloc[行索引序号]，生成结果均为一个 Series 对象。示例如下：

```
>>> df.loc['2013-01-02']    # 注意,需要用实际的索引名称,而不能用索引序号
A    4
B    5
C    6
D    7
Name：2013-01-02 00:00:00，dtype：int32
>>> type(df.loc['2013-01-02'])    # 查看返回对象类型
<class 'pandas.core.series.Series'>
>>> df.iloc[1]    # 注意,需要用索引序号,而不能用实际的索引名称
A    4
B    5
C    6
D    7
Name：2013-01-02 00:00:00，dtype：int32
>>> type(df.iloc[1])    # 查看返回对象类型
<class 'pandas.core.series.Series'>
```

实际上，loc 和 iloc 对象也可以按行或列进行切片操作，不过返回的可能是 DataFrame 类型对象、Series 类型对象或某个元素的值，后面将进行介绍。

(3) 按行切片，得到新的 DataFrame 类型的对象

DataFrame 对象可以直接通过 [ ] 进行按行切片，此时 [ ] 内必须有冒号。冒号前后可以是行索引序号或行索引名称，也可以省略，但切片范围有所区别。例如：

```
>>> df[0:3]    # 取前3行数据,也可以写成 df[:3]
            A  B  C  D
2013-01-01  0  1  2  3
2013-01-02  4  5  6  7
2013-01-03  8  9 10 11
>>> df['2013-01-02':'2013-01-05']    # 取两个索引之间的各行数据,注意含最后一个索引行
            A  B  C  D
2013-01-02  4  5  6  7
```

```
2013-01-03    8    9   10   11
2013-01-04   12   13   14   15
2013-01-05   16   17   18   19
```

(4) 按行进行布尔索引

布尔索引用于筛选出 DataFrame 中满足相应条件的若干行。例如：

```
>>> df[df.B > 10]   # 筛选出 B 列中值>10 的元素所在的行
             A    B    C    D
2013-01-04  12   13   14   15
2013-01-05  16   17   18   19
2013-01-06  20   21   22   23
>>> df[df.B.isin([0,1,2,3,4,5])]   # 筛选出 B 列中值在给定列表中的元素所在的行
             A    B    C    D
2013-01-01   0    1    2    3
2013-01-02   4    5    6    7
>>> df[df%2 == 0]   # 对所有元素筛选,保留所有为偶数的元素,不满足条件的元素置为 Nan
             A     B     C     D
2013-01-01   0   NaN    2   NaN
2013-01-02   4   NaN    6   NaN
2013-01-03   8   NaN   10   NaN
2013-01-04  12   NaN   14   NaN
2013-01-05  16   NaN   18   NaN
2013-01-06  20   NaN   22   NaN
```

(5) 任意切片

使用 loc 对象或 iloc 对象可同时对行和列进行任意切片,此时[]内必须有逗号,逗号前的参数表示对行的切片,逗号后的参数表示对类的切片。若参数为冒号,则选择所有的行或列。例如：

```
>>> df.loc[:, ["A", "B"]]
             A    B
2013-01-01   0    1
2013-01-02   4    5
2013-01-03   8    9
2013-01-04  12   13
2013-01-05  16   17
2013-01-06  20   21
>>> df.loc["20130102":"20130104", ["A", "B"]]
             A    B
2013-01-02   4    5
2013-01-03   8    9
2013-01-04  12   13
>>> df.loc["20130102", ["A", "B"]]   # 注意返回的是 Series 对象
```

```
A    4
B    5
Name：2013-01-02 00：00：00，dtype：int32
```

需要获取到某一位置的标量值时，同样可以使用 loc 属性来进行选择，还可以使用更快的 at 属性来进行选择，两者的效果相同。

```
>>> df.loc["20130102"，"A"]   # 注意返回的是元素值
4
>>> df.at["20130102"，"A"]
4
```

同样，也可以使用 iloc 属性根据索引序号位置进行切片来选择多行或多列数据。

```
>>> df.iloc[3：5，0：2]    # 注意冒号后对应的位置不会被选择
             A    B
2013-01-04   12   13
2013-01-05   16   17
>>> df.iloc[[1，2，4]，[0，2]]   # 通过整数列表来选择多行或多列数据
             A    C
2013-01-02   4    6
2013-01-03   8    10
2013-01-05   16   18

>>> df.iloc[1：3，：]    # 可以通过单独的冒号表示选择所有行或列
             A   B   C    D
2013-01-02   4   5   6    7
2013-01-03   8   9   10   11
>>> df.iloc[1，1]    # 选择(1,1)位置的元素值
5
>>> df.iat[1，1]    # 获取某一位置的标量值时，也可以使用 iat 属性
5
```

2.4.3 数据扩充和合并

（1）索引更改

Pandas 允许更改 DataFrame 对象的行索引或列索引。例如：

```
>>> df = pd.DataFrame(np.arange(24).reshape(6,4))
>>> df # 6行4列，行索引从0到5，列索引从0到3
     0   1   2   3
0    0   1   2   3
1    4   5   6   7
```

```
2   8   9  10  11
3  12  13  14  15
4  16  17  18  19
5  20  21  22  23
>>> dates = pd.date_range("20130101", periods=6)
>>> df.index = dates    # 修改行索引
>>> df
             0   1   2   3
2013-01-01   0   1   2   3
2013-01-02   4   5   6   7
2013-01-03   8   9  10  11
2013-01-04  12  13  14  15
2013-01-05  16  17  18  19
2013-01-06  20  21  22  23
>>> df.columns = list("ABCD")    # 修改列索引,变为从"A"到"D"
>>> df
             A   B   C   D
2013-01-01   0   1   2   3
2013-01-02   4   5   6   7
2013-01-03   8   9  10  11
2013-01-04  12  13  14  15
2013-01-05  16  17  18  19
2013-01-06  20  21  22  23
```

可以使用 reindex 函数,对索引进行扩充或删除,生成新的对象,原对象未改变。需要注意的是,新增索引对应的行或列的数据是缺失的,此时使用 NaN(即 np.nan)来表示。

```
>>> df1 = df.reindex(index=df.index, columns=list(df.columns) + ["E"])
>>> df1 # 6行5列,行索引未变,增加了一列,对应列索引为"E",
             A   B   C   D   E
2013-01-01   0   1   2   3 NaN
2013-01-02   4   5   6   7 NaN
2013-01-03   8   9  10  11 NaN
2013-01-04  12  13  14  15 NaN
2013-01-05  16  17  18  19 NaN
2013-01-06  20  21  22  23 NaN
>>> df2 = df.reindex(index=df.index[1:-1], columns=list(df.columns) + ["E"])
>>> df2
              A     B     C     D   E
2013-01-02  4.0   5.0   6.0   7.0 NaN
2013-01-03  8.0   9.0  10.0  11.0 NaN
2013-01-04 12.0  13.0  14.0  15.0 NaN
2013-01-05 16.0  17.0  18.0  19.0 NaN
```

（2）缺失数据的处理

在默认情况下，缺失数据并不参与计算。我们可以将具有缺失数据的任何行或列进行删除，或将缺失数据填充为某个值。例如：

```
>>> df1.iloc[3,4] = 1
>>> df1.dropna(axis=0, how="any")    # 删除含有缺失数据的行，返回新的对象，原对象未改变。axis
默认为 0，表示删除行，因此 axis=0 可省略，等价于 df1.dropna(how="any")
             A   B   C   D   F
2013-01-04  12  13  14  15  1.0
>>> df1.dropna(axis=1, how="any")    # 删除含有缺失数据的列，axis=1，表示删除列
             A   B   C   D
2013-01-01   0   1   2   3
2013-01-02   4   5   6   7
2013-01-03   8   9  10  11
2013-01-04  12  13  14  15
2013-01-05  16  17  18  19
2013-01-06  20  21  22  23
>>> df1.fillna(value=5)    # 将所有缺失数据填充为 5，返回新的对象，原对象未改变
             A   B   C   D   F
2013-01-01   0   1   2   3  5.0
2013-01-02   4   5   6   7  5.0
2013-01-03   8   9  10  11  5.0
2013-01-04  12  13  14  15  1.0
2013-01-05  16  17  18  19  5.0
2013-01-06  20  21  22  23  5.0
```

（3）合并

可通过 pd.concat() 函数进行横向或纵向连接对象，得到新的 DataFrame 对象。函数参数 axis 默认值为 0，表示纵向合并，合并时只有列索引相同的进行合并，不同的列会自动扩充。例如：

```
>>> df3 = pd.DataFrame(np.random.randn(6, 4))
>>> df3
          0          1          2          3
0  0.918291   1.534618   0.292609  -0.626925
1  0.080452  -1.123731   1.058915  -0.165419
2 -1.181528  -0.479608  -0.968753   1.630046
3  1.156175   0.023083   0.811197   0.196777
4  0.607197   2.731297  -0.599202   1.668155
5  0.605667  -0.172254   0.386778  -2.894934
>>> pd.concat([df, df3])    # 合并，变为 12 行 8 列
                        A     B     C     D    0    1    2    3
2013-01-01 00:00:00   0.0   1.0   2.0   3.0  NaN  NaN  NaN  NaN
2013-01-02 00:00:00   4.0   5.0   6.0   7.0  NaN  NaN  NaN  NaN
2013-01-03 00:00:00   8.0   9.0  10.0  11.0  NaN  NaN  NaN  NaN
2013-01-04 00:00:00  12.0  13.0  14.0  15.0  NaN  NaN  NaN  NaN
2013-01-05 00:00:00  16.0  17.0  18.0  19.0  NaN  NaN  NaN  NaN
2013-01-06 00:00:00  20.0  21.0  22.0  23.0  NaN  NaN  NaN  NaN
```

```
                              NaN    NaN    NaN    NaN   0.918291   1.534618   0.292609  -0.626925
0
1                             NaN    NaN    NaN    NaN   0.080452  -1.123731   1.058915  -0.165419
2                             NaN    NaN    NaN    NaN  -1.181528  -0.479608  -0.968753   1.630046
3                             NaN    NaN    NaN    NaN   1.156175   0.023083   0.811197   0.196777
4                             NaN    NaN    NaN    NaN   0.607197   2.731297  -0.599202   1.668155
5                             NaN    NaN    NaN    NaN   0.605667  -0.172254   0.386778  -2.894934
```

```
>>> df3.columns = df.columns    # 变更 df3 的列索引
>>> pd.concat([df, df3])    # 再次纵向合并,相同列索引的数据合并为一列,变为 12 行 4 列
                          A            B            C            D
2013-01-01 00:00:00   0.000000     1.000000     2.000000     3.000000
2013-01-02 00:00:00   4.000000     5.000000     6.000000     7.000000
2013-01-03 00:00:00   8.000000     9.000000    10.000000    11.000000
2013-01-04 00:00:00  12.000000    13.000000    14.000000    15.000000
2013-01-05 00:00:00  16.000000    17.000000    18.000000    19.000000
2013-01-06 00:00:00  20.000000    21.000000    22.000000    23.000000
0                     0.918291     1.534618     0.292609    -0.626925
1                     0.080452    -1.123731     1.058915    -0.165419
2                    -1.181528    -0.479608    -0.968753     1.630046
3                     1.156175     0.023083     0.811197     0.196777
4                     0.607197     2.731297    -0.599202     1.668155
5                     0.605667    -0.172254     0.386778    -2.894934
>>> df.index = range(len(df.index))    # 修改 df 的行索引为从 0 到 5
>>> df
    A   B   C   D
0   0   1   2   3
1   4   5   6   7
2   8   9  10  11
3  12  13  14  15
4  16  17  18  19
5  20  21  22  23
>>> pd.concat([df,df3], axis=1)    # 横向合并,变为 6 行 8 列,注意列索引名称
    A   B   C   D       A            B            C            D
0   0   1   2   3   0.918291     1.534618     0.292609    -0.626925
1   4   5   6   7   0.080452    -1.123731     1.058915    -0.165419
2   8   9  10  11  -1.181528    -0.479608    -0.968753     1.630046
3  12  13  14  15   1.156175     0.023083     0.811197     0.196777
4  16  17  18  19   0.607197     2.731297    -0.599202     1.668155
5  20  21  22  23   0.605667    -0.172254     0.386778    -2.894934
>>> pd.concat([df,df3],axis=1,ignore_index=True)    # 增加 ignore_index 参数,忽略原索引
    0   1   2   3       4            5            6            7
0   0   1   2   3   0.918291     1.534618     0.292609    -0.626925
1   4   5   6   7   0.080452    -1.123731     1.058915    -0.165419
2   8   9  10  11  -1.181528    -0.479608    -0.968753     1.630046
3  12  13  14  15   1.156175     0.023083     0.811197     0.196777
4  16  17  18  19   0.607197     2.731297    -0.599202     1.668155
5  20  21  22  23   0.605667    -0.172254     0.386778    -2.894934
```

2.4.4 分组统计

Pandas 支持按照某一标准对数据进行分组,对每一组都单独应用某一操作,将最后的结果合并在一个新的 DataFrame 对象中。

```
>>> list1 = ["foo", "bar", "foo", "bar", "foo", "bar"]
>>> list2 = ["one", "one", "two", "three", "two", "one"]
>>> list3 = np.random.randint(6,size=(6))
>>> list4 = np.random.randint(6,size=(6))
>>> df = pd.DataFrame({"A": list1, "B": list2, "C": list3, "D": list4})
>>> df
     A     B    C  D
0  foo   one   2  4
1  bar   one   4  3
2  foo   two   3  4
3  bar   three 4  2
4  foo   two   2  5
5  bar   one   3  4
```

根据某一列对数据分组,并对每一组单独进行求和、求平均等统计操作。

```
>>> df.groupby('A').sum()    # 求和
      C   D
A
bar  11   9
foo   7  13
```

根据多列对数据分组,并对每一组单独进行统计操作。

```
>>> r = df.groupby(['A','B']).mean()   # 求平均,注意返回的对象有'A'和'B'共2列行索引
>>> r
             C    D
A   B
bar one    3.5  3.5
    three  4.0  2.0
foo one    2.0  4.0
    two    2.5  4.5
>>> r.loc[('bar','three')]   # 得到第二行数据,返回的是 Series 对象
C   4.0
D   2.0
Name: (bar, three), dtype: float64
```

2.4.5 文件的读取与导出

Pandas 可以将 DataFrame 对象写入 CSV、HDF5、Excel 文件中,也能从 CSV、HDF5、Excel 文件中读取数据得到 DataFrame 对象。

（1）写入文件

DataFrame 对象写入文件时,行索引和列索引也会保存到文件中。

```
>>> df
     A    B  C  D
0  foo    one  2  4
1  bar    one  4  3
2  foo    two  5  3
3  bar  three  1  0
4  foo    two  5  5
5  bar    one  3  4
>>> df.to_csv("test.csv")    # 写入 cvs 文件
>>> df.to_hdf("test.h5", key="df")    # 写入 hdf5 文件,key 指定存入的 group 名称
>>> df.to_excel("test.xlsx", sheet_name="Sheet1")    # 写入 excel 文件
```

图 2-3 给出了生成的文件内容截图。

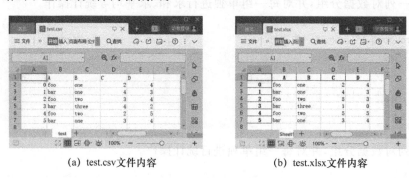

(a) test.csv 文件内容　　　　　　(b) test.xlsx 文件内容

图 2-3　文件内容截图

对于多个 DateFrame 对象,可以保存到同一文件的多个 sheet 表单中,此时需要用到 ExcelWriter 对象,示例如下：

```
>>> df1 = df.copy()
>>> with pd.ExcelWriter('output.xlsx') as writer:
...     df.to_excel(writer, sheet_name='Sheet_name_1')
...     df1.to_excel(writer, sheet_name='Sheet_name_2')
...
>>> with pd.ExcelWriter('output.xlsx', mode='a', engine='openpyxl') as writer:
...     df.to_excel(writer, sheet_name='Sheet_name_3')
```

上述代码最终在"output.xlsx"文件中生成 3 个 sheet 表单,如图 2-4 所示。

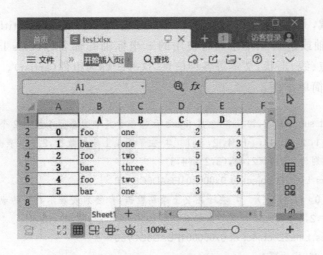

图 2-4 含有多个 sheet 表单的结果文件内容

（2）读取文件

读取文件是同写入文件相反的操作，从文件中读取信息生成新的 DataFrame 对象。示例如下：

```
>>> pd.read_csv("test.csv")   # 读取 csv 文件，参数为文件名
>>> pd.read_hdf("test.h5","df")   # 从 hdf5 文件读取
>>> pd.read_excel("test.xlsx","Sheet1", index_col=0, na_values=["NA"])   # 从 test.xlsx 文件中的 Sheet1 表单中读取数据，行索引在第 0 列（若没有设置为 None），若有默认值，则使用 NA 表示
```

2.5 Matplotlib 基础

Matplotlib 基础

Matplotlib 是 Python 常用的绘图工具包，能让使用者轻松地将数据图形化，以便于观察数据的特点，并且提供多样化的输出格式。

Matplotlib 最常用的绘图模块是 pyplot 模块，它提供了一种类似于 MATLAB 的绘图方法。pyplot 中的绘图函数通常需要以 Numpy 的 ndarray 或 numpy.ma.masked_array 类型的数据作为输入。因此在绘图前，通常需要导入相应的模块或包：

```
>>> import matplotlib
>>> matplotlib.__version__   # 显示 Matplotlib 版本号
'3.3.4'
>>> import matplotlib.pyplot as plt
>>> import numpy as np
```

2.5.1 基础概念

Matplotlib 有两个基本的概念：图形（figure）和轴（axes）。figure 相当于进行画图的窗口或画板，所有要绘制的对象都要放置其中，一个 figure 可以包含一个或多个 axes。而 axes 也

被称为子图或轴域,是绘制一组数据的区域,可包含子图的标题(title),图形图例名称(legend),xy坐标轴或进行三维绘图时使用的z坐标轴的轴名称(axis label)、刻度、最大刻度,以及要绘制的点、线、形状、文本等各种信息,这些统称为组件(artist)。

以下是绘图的简单举例:

```
>>> fig, ax = plt.subplots(2,1)   # 生成 figure 及包含于其中的 2 行 1 列共 2 个 axes 子图
>>> ax[0].plot([1,2,3,4],[1,4,2,3])   # 在子图 1 上绘制数据,2 个列表分别表示数据的横纵坐标,即 4 个点的坐标分别为(1,1),(2,4),(3,2),(4,3)
[<matplotlib.lines.Line2D object at 0x000001FBAD6CC130>]
>>> ax[1].plot([0,1,4,9])   # 在子图 2 上绘制数据,参数列表表示数据的纵坐标,横坐标默认从 0 开始的整数值,即[0,1,2,3],因此 4 个点的坐标分别为(0,0),(1,1),(2,4),(3,9)
[<matplotlib.lines.Line2D object at 0x000001FBAD6CC790>]
>>> fig.show()   # 显示窗口
```

得到的图形如图 2-5 所示。

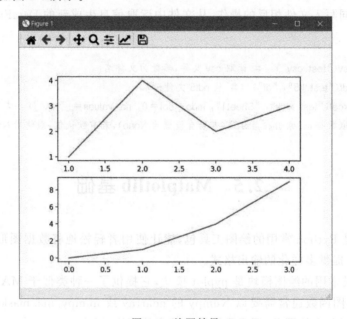

图 2-5 绘图结果

在本例中,fig, ax = plt.subplots(2,1)语句生成了 figure 对象和 2 个 axes 对象。2 个 axes 对象 ax[0]、ax[1]的排列是 2 行 1 列。若语句为 fig, ax = plt.subplots(3,2),则表示生成 3 行 2 列共计 6 个 axes 对象,分别表示为 ax[0][0]或 ax[0,0]、ax[0][1]或 ax[0,1]、ax[1][0]或 ax[1,0]、…、ax[2][1]或 ax[2,1]。若参数为空,即 fig, ax = plt.subplots(),则只生成 1 个 axes 对象,对象名为 ax。

生成 figure 对象和 axes 对象的方法有很多,例如如下语句也可以分别生成相关对象:

```
>>> fig = plt.figure()   # 生成不包含 axes 的 figure 对象,为当前图形对象
>>> fig   # 当前图形对象没有子图
<Figure size 1280x960 with 0 Axes>
```

```
>>> ax = plt.axes()    # 在当前图形下,生成 axes 轴对象
>>> fig                # 当前图形对象含有了 1 个子图
<Figure size 1280x960 with 1 Axes>
```

Matplotlib 支持面向对象方式(object-oriented-style)和 pyplot 方式(pyplot-style)两种类型的绘图方法。前面的绘图简单举例就是面向对象方式进行绘图,面向对象方式显式地创建图形 figure 和轴 axes 对象,并用这些对象直接调用自己的方法进行绘制图形。而 pyplot 方式类似于 MATLAB 形式的绘图方法,依靠 pyplot 自动创建和管理图形 figure 和轴 axes,并使用 pyplot 自己的函数进行绘图。因此,这种方法会跟踪当前要操作的图形 figure 和坐标轴 axes,在绘制比较简单的图形时比较方便,但难以进行比较复杂的绘图操作,如在不同的子图间切换。以下是采用 pyplot 方式的绘图示例:

```
>>> X = np.linspace(-np.pi, np.pi, 256, endpoint=True)    # 从 -π 到 π 均匀取 256 个点
>>> C,S = np.cos(X), np.sin(X)    # 分别得到这些点的余弦值和正弦值生成的一维数组
>>> plt.plot(X,C)    # 横坐标为 X,纵坐标为 C,绘制连线
[<matplotlib.lines.Line2D object at 0x000001D49C28C130>]
>>> plt.plot(X,S)    # 横坐标为 X,纵坐标为 S,绘制连线
[<matplotlib.lines.Line2D object at 0x000001D49C28C4F0>]
>>> plt.show()    # 将绘图结果显示出来
```

显示结果如图 2-6 所示。不难发现,本示例采用 pyplot 方式,没有事先生成 figure 对象和 axes 对象,实际上这两个对象默认自动产生了,即操作时已自动确定了当前操作的图形对象和轴对象。

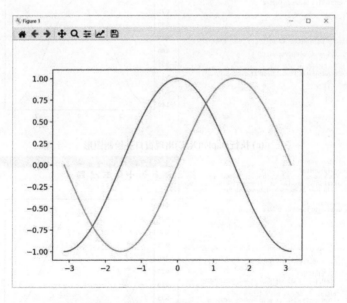

图 2-6 绘图结果

在实际绘图时,可根据具体情况,选择某种较为合适的绘图方式。

2.5.2 在不同环境下的图形显示

Python 的开发环境有多种，如 Python 环境或直接运行脚本、IPython 环境和 Jupyter Notebook 等，不同的环境在绘图的设置和显示上略有不同。

在 Python 脚本中使用 plt.show() 函数进行显示时，该函数会启动一个事件循环（event loop），并找到所有当前可用的 figure 对象，然后打开一个或多个交互式窗口显示图形。值得注意的是，一个 Python 会话中只能使用一次 plt.show()，因此通常都把它放在脚本的最后。多个 plt.show() 命令可能会导致显示异常，所以应该尽量避免。若直接使用 fig.show()，则直接进行绘图显示，不进行事件处理。

在 IPython 环境中使用 Matplotlib 时，需要在启动 IPython 后输入下面的命令：

```
%matplotlib
```

之后，在首次输入 plt 相关绘图语句后就会打开一个新的窗口，后续使用 plt 内的函数修改图形时，一般会在新窗口上自动更新，但有一些修改（例如改变已经画好的线条属性）不会自动及时更新，此时可以使用 plt.draw() 强制更新。IPython 环境下的这种绘图方式称为交互式绘图，即每执行一次绘制语句，都能看到相应的图形变化。由于在 IPython 使用 %matplotlib 后绘图时会自动打开新窗口，就不需要使用 plt.show() 了。图 2-7 表示了操作示例。

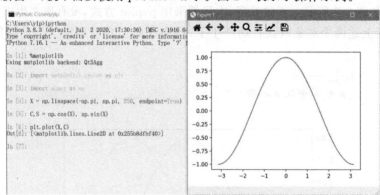

(a) 执行 plt.plot(X, C) 出现窗口并绘制图形

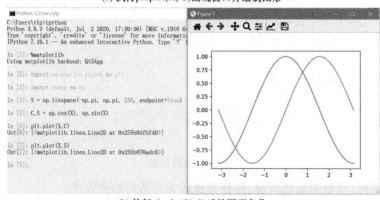

(b) 执行 plt.plot(X, S) 后的图形变化

图 2-7 IPython 环境下的操作示例

Jupyter Notebook 也是我们常用的 Python 开发环境,其图形展示方式与 IPython 类似,也需要使用%matplotlib 命令。在 Jupyter Notebook 中,有两种图形展现形式:

```
%matplotlib notebook    # notebook 模式
%matplotlib inline      # inline 模式
```

采用 Notebook 模式时,Matplotlib 会在 Jupyter Notebook 中绘制交互式的图形,类似于 IPython 中的绘图方式。而 inline 模式绘制的则是静态图形,绘制的图形会以 PNG 格式嵌入在 Jupyter Notebook 单元之中。图 2-8 给出了 inline 模式图形绘制示例。

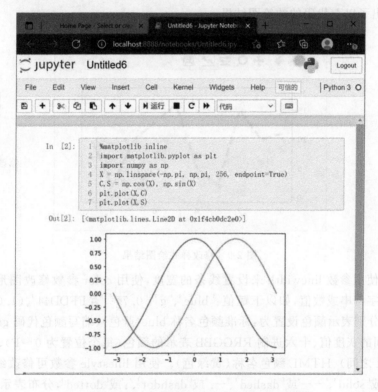

图 2-8　Jupyter Notebook 的 inline 模式绘图示例

若想把绘制的图像保存成图像文件,可直接使用 fig.savefig()函数,函数的参数是文件名,文件的扩展名可以是 Matplotlib 支持的各种文件类型。例如:

```
>>> fig.savefig("a.jpg")
```

2.5.3　Matplotlib 绘图样式

Matplotlib 在绘制图形时,不但可以设置线条和数据点的样式,也可以设置坐标轴信息、图例信息等。

(1) 设置线条样式

前面的例子使用了 plot 函数绘制数据,默认数据点是通过直线顺序连接的。实际上可以设置各种绘制样式,如连线形状、颜色、线宽、标记点(marker)等。

```
>>> fig, ax = plt.subplots(figsize=(5,2.7))
>>> y1, y2 = np.random.randint(20,size=(2,10))
>>> x = np.arange(len(y1))
>>> ax.plot(x, y1, color='blue', linewidth=3, linestyle='--')
[<matplotlib.lines.Line2D object at 0x000001900CCCC100>]
>>> line, = ax.plot(x, y2, color='orange', linewidth=2, marker='o')
>>> line.set_linestyle(':')    # 设置连线形状为点线
>>> fig.show()
```

图 2-9 给出了以上代码的的绘图结果。

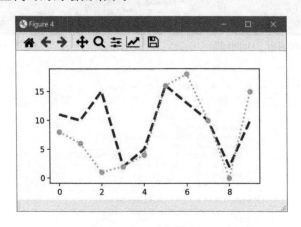

修改样式绘图结果

图 2-9　修改样式绘图结果

Plot 函数使用参数 linewidth 来设置线条的宽度,使用 color 参数修改图形颜色,它支持各种颜色值的字符串或数值,如以下赋值:'blue'、'g'、'0.75'、'#FFDD44'、(1.0,0.2,0.3)、'chartreuse',分别表示颜色设置为:标准颜色名称 blue(蓝色)、缩写颜色代码 green(绿色)、范围在 0～1 之间的灰度值、十六进制 RRGGBB 表示的颜色(每个位置为 0～F)、RGB 元组(每项范围在 0～1 之间)、HTML 颜色名称(黄绿色)。使用 linestyle 参数可修改线条的样式,如以下赋值:'-'或'solid'、'--'或'dashed'、'-.'或'dashdot'、':'或'dotted',分布表示线条样式设置为:实线、虚线、点划线、实点线。使用 marker 参数可修改所有点的形状,如设置为:'o'、'v'、'^'、'*'分别表示将数据点设置为圆圈、下三角、上三角、星号。

需要注意的是,若只设置了 marker 而未设置 linestyle 参数,则只绘制数据线而不进行连线。此外,marker、linestyle 和 color 可以直接用一个字符串来表示,例如:

```
>>> ax.plot(rng.rand(5), rng.rand(5),'o-r')    # 线条为实线,数据点为圆圈,颜色为红色
>>> ax.plot(rng.rand(5), rng.rand(5),'ob')     # 只绘制数据点为圆圈,颜色为蓝色
```

此外,plot 函数返回的 line2D 对象(上例中对象名称为 line)也可以使用各种成员修改函数绘图样式,如使用 set_linewidth 函数修改线条宽度,使用 set_color 修改线条颜色,使用 set_linestyle 修改线条的样式,使用 set_marker 修改数据点形状等。

(2) 设置坐标轴上下限

在绘制图形时,Matplotlib 会自动为图形选择最合适的坐标轴上下限,但是有时为了绘制的图形更美观,也可以自定义坐标轴上下限。调整坐标轴上下限最基础的方法是使用

set_xlim 和 set_ylim 函数，也可以直接使用 axis 函数同时设置。例如：

```
>>> ax.set_xlim(-6, 7)    # 设置 x 坐标轴上下限
>>> ax.set_ylim(-2, 2)    # 设置 y 坐标轴上下限
>>> ax.axis([-6, 7, -2, 2])    # 同时设置两个坐标轴的上下限
```

（3）设置图名和坐标轴名称

图形的图名、坐标轴的名称通常使用 set_title、set_xlabel、set_ylabel 函数设置。例如：

```
>>> ax.set_title('Sine')
>>> ax.set_xlabel('x')
>>> ax.set_ylabel('sin(x)')
```

（4）设置图例

当一个子图中有多条线时，可以使用 legend 函数来创建图例，来明确每条线的含义。在使用 plot 函数绘图时，首先加入 label 参数，设置每条线的名称，然后就可以使用 legend 得到每条线对应的图例。legend 函数也有各种参数可以对图例的显示进行配置。例如，loc 参数指定图例的位置，frameon 参数控制是否显示图例的边框，ncol 参数指定图例显示的列数，fancybos 参数指定圆角图例边框，framealpha 参数改变边框透明度等。例如：

```
>>> fig, ax = plt.subplots()
>>> x = np.linspace(-np.pi, np.pi, 256)
>>> ax.plot(x, np.sin(x), '-g', label='sin(x)')    # '-g'表示线条样式为'-'，颜色为'g'
>>> ax.plot(x, np.cos(x), ':b', label='cos(x)')    # ':b'表示线条样式为':'，颜色为'b'
>>> ax.legend(fancybox=True)
```

显示的图形如图 2-10 所示。

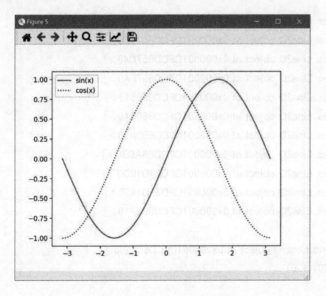

图 2-10　legend 绘图结果

（5）接口函数的使用

上述介绍的接口函数，都是在面向对象方式的绘图中使用，而 pyplot 方式的绘图方法，通常也都有对应的函数，例如：

- plt.plot()→ax.plot()
- plt.legend()→ax.legend()
- plt.xlabel()→ax.set_xlabel()
- plt.ylabel()→ax.set_ylabel()
- plt.xlim()→ax.set_xlim()
- plt.ylim()→ax.set_ylim()
- plt.title()→ax.set_title()

在编写代码时，注意根据不同的绘图方法，选择合适的函数，对于函数及其参数的详细说明可直接使用 help 函数查看。

2.5.4 散点图绘制

Matplotlib 绘制散点图既可以使用前面介绍的 plot 函数，也可以使用 scatter 函数，后者相对前者有更高的灵活性。

以下代码给出了使用 plot 函数绘制散点图的示例。在示例中，plot 函数的 marker 参数设为散点图形对应的字符。

```
>>> fig, ax = plt.subplots()
>>> rng = np.random.RandomState(0)    # 生成伪随机数生成器，随机数种子为 0
>>> for marker in ['o', '.', ',', 'x', '+', 'v', '^', '<', '>', 's', 'd']:
...     ax.plot(rng.rand(5), rng.rand(5), marker, label='marker={}'.format(marker))
...
[<matplotlib.lines.Line2D object at 0x000001CFCD657580>]
[<matplotlib.lines.Line2D object at 0x000001CFCD6578E0>]
[<matplotlib.lines.Line2D object at 0x000001CFCD657C40>]
[<matplotlib.lines.Line2D object at 0x000001CFCD657FA0>]
[<matplotlib.lines.Line2D object at 0x000001CFCD650340>]
[<matplotlib.lines.Line2D object at 0x000001CFCD6506A0>]
[<matplotlib.lines.Line2D object at 0x000001CFCD650A00>]
[<matplotlib.lines.Line2D object at 0x000001CFCD66AD30>]
[<matplotlib.lines.Line2D object at 0x000001CFD29D10D0>]
[<matplotlib.lines.Line2D object at 0x000001CFD29D1430>]
[<matplotlib.lines.Line2D object at 0x000001CFCD5F9F10>]
>>> ax.legend()
<matplotlib.legend.Legend object at 0x000001CFCD657400>
>>> ax.set_xlim(0, 1.6)
(0.0, 1.6)
>>> fig.show()
```

运行结果如图 2-11 所示。

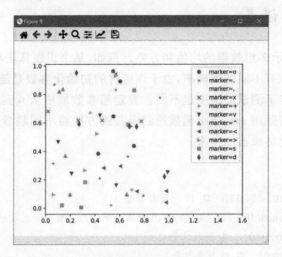

plot 散点绘图结果

图 2-11 plot 散点绘图结果

使用 scatter 函数是更为常见创建散点图的方式,可以设置每个散点具有不同的属性,如大小、表面颜色、边框颜色等。示例如下:

```
>>> fig, ax = plt.subplots()
>>> rng = np.random.RandomState(0)
>>> x = rng.randn(100)
>>> y = rng.randn(100)
>>> colors = rng.rand(100)
>>> sizes = 1000 * rng.rand(100)
>>> axs = ax.scatter(x, y, c=colors, s=sizes, alpha=0.3)
>>> fig.colorbar(axs, ax=ax)   # 设置右侧的颜色条
>>> fig.show()
```

运行结果如图 2-12 所示。

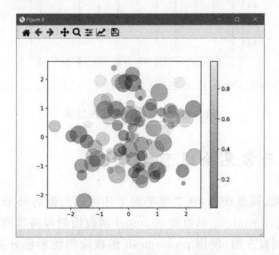

scatter 散点绘图结果

图 2-12 scatter 散点绘图结果

2.5.5 可视化误差

有时,我们需要展示多组数据的均值和方差。例如,某个识别算法在不同的超参数设定下训练后在验证集下测试有不同的准确率,由于训练时的初始化参数是随机设置的,因此每次训练得到的模型在验证集下测试准确率也不同。假定超参数取值从 0 到 10 共 11 个整数值,实验共重复了 10 次,则可采用 errorbar 函数绘制误差线方法将不同超参数下,算法准确率的均值和方差数据的可视化结果显示出来。

具体代码如下:

```
>>> x = np.linspace(0, 10, 11)    # 11个超参数值
>>> y = np.random.rand(10, 11)    # 模拟10次实验不同超参数值下的准确率
>>> mean = y.mean(axis=0)    # 按列求平均
>>> std = y.std(axis=0)    # 按列求方差
>>> fig, ax = plt.subplots()
>>> ax.errorbar(x, mean, yerr=std, fmt='.k', ecolor='r', elinewidth=2, capsize=4)
<ErrorbarContainer object of 3 artists>
>>> fig.show()
```

运行结果如图 2-13 所示。通常,均值较高且方差较小的准确率,对应的算法效果较好。

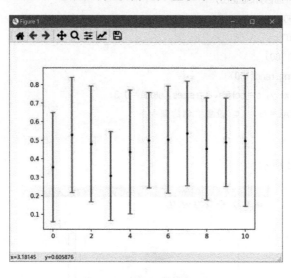

图 2-13 可视化误差绘图结果

2.5.6 二维平面常见绘图形式

除了绘制散点、连线、误差线外,在二维平面上还可以绘制各种形式的图像。例如,使用 bar 函数绘制柱形图,使用 contour 函数或 contourf 函数绘制等高线图,使用 hist 函数、hist2d 函数或 hexbin 函数绘制直方图,使用 pcolormesh 函数绘制伪彩色分类图等。关于这些函数的使用不再详细介绍,以下代码给出了一些简单的示例:

```
>>> fig, ax = plt.subplots(2,2)    # 2 行 2 列 4 个子图
>>> x = np.linspace(0, 5, 50)
>>> y = np.linspace(0, 3, 30)
>>> X, Y = np.meshgrid(x, y)
>>> Z = np.sin(X) ** 10 + np.cos(10 + Y * X) * np.cos(X)
>>> h = ax[0][0].hist(Z)    # 左上子图绘制直方图
>>> axs01 = ax[0,1].pcolormesh(X, Y, Z, vmin=-1, vmax=1, cmap='RdBu_r')    # 右上子图
>>> fig.colorbar(axs01, ax=ax[0,1])    # 子图旁绘制色条
<matplotlib.colorbar.Colorbar object at 0x0000022C9F816D90>
>>> axs10 = ax[1][0].contourf(X,Y,Z,20)    # 左下子图绘制带有填充色的等高线图
>>> fig.colorbar(axs10, ax=ax[1][0])    # 子图旁绘制色条
<matplotlib.colorbar.Colorbar object at 0x0000022C9F8929D0>
>>> ax[1][1].contour(X,Y,Z,colors='k')    # 右下子图绘制等高线
<matplotlib.contour.QuadContourSet object at 0x0000022C9F7B9C10>
>>> fig.show()
```

运行结果如图 2-14 所示。

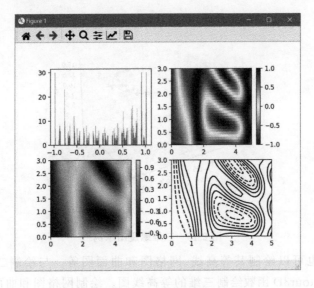

图 2-14　绘图结果

2.5.7　绘制三维图形

Matplotlib 也可以绘制三维图形，在创建坐标轴时需要指明创建三维坐标轴，三维图是由一系列 (x, y, z) 坐标数据构成的图形，绘制方式与二维图形类似，如可使用 Plot3D 和 Scatter3D 分别绘制曲线图和散点图。

创建三维坐标轴的常用方法是在调用 plt.axes 函数、fig.add_subplot 函数或 fig.gca 函数时，加入 projection='3d' 参数。下面是绘制螺旋线的示例，在螺旋线的附近加入了一些随机的点。

```
>>> zline= np.linspace(0,15,1000)
>>> xline= np.sin(zline)
>>> yline= np.cos(zline)
>>> zdata= 15 * np.random.random(100)
>>> xdata= np.sin(zdata) + 0.1 * np.random.randn(100)
>>> ydata= np.cos(zdata) + 0.1 * np.random.randn(100)
>>> fig= plt.figure()
>>> ax = plt.axes(projection='3d', xlabel='x', ylabel='y', zlabel='z')
>>> ax.plot3D(xline, yline, zline, 'gray')
[<mpl_toolkits.mplot3d.art3d.Line3D object at 0x000001565E3E6640>]
>>> ax.scatter3D(xdata, ydata, zdata, c=zdata, cmap='Greens')
<mpl_toolkits.mplot3d.art3d.Path3DCollection object at 0x000001565E441100>
>>> plt.show()
```

执行结果如图 2-15 所示。

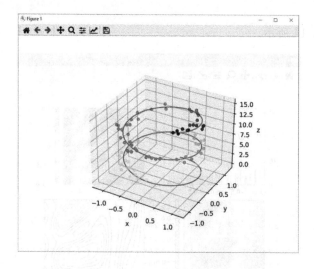

图 2-15　三维螺旋图示例

在三维曲面上也可以绘制其等高线、网格图和曲面图等。与绘制二维等高线相对应，Matplotlib 提供 contour3D 函数绘制三维的等高线图。绘制网格图和曲面图分别使用 plot_wireframe 函数和 plot_surface 函数，下面给出一些简单的绘制示例。

```
>>> x= np.linspace(-6,6,30)
>>> y= np.linspace(-6,6,30)
>>> X, Y = np.meshgrid(x, y)
>>> Z= np.sin(np.sqrt(X ** 2 + Y ** 2))
>>> fig = plt.figure()
>>> ax = fig.add_subplot(221)    # 221 表示当作 2 行 2 列，生成第 1 个二维子图，即左上子图
>>> ax.contourf(X, Y, Z, 50)    # 绘制二维等高线
>>> ax = fig.add_subplot(222, projection='3d')    # 生成第 2 个三维子图，即右上子图
>>> ax.contour3D(X, Y, Z, 50)    # 绘制三维等高线
```

```
>>> ax = fig.add_subplot(223,projection='3d')    # 生成第3个三维子图，即左下子图
>>> ax.plot_wireframe(X, Y, Z, color='black')    # 绘制网格图
>>> ax = fig.add_subplot(224,projection='3d')    # 生成第4个三维子图，即右下子图
>>> ax.plot_surface(X, Y, Z)    # 绘制曲面图
>>> plt.show()
```

执行结果如图 2-16 所示。

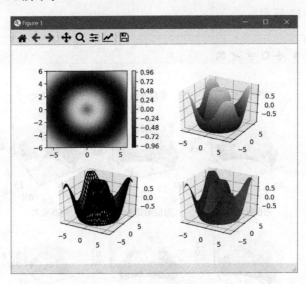

图 2-16　三维图绘制示例

在进行三维展示时，若呈现的效果因视角和遮挡不佳时，可以通过轴对象的 dist 控制观测距离，轴对象的 view_init 函数控制视角的变换。该函数有两个参数 elev 和 azim，分别表示仰角（沿着 y 轴的旋转角度）和方位角（沿着 z 轴的旋转角度）。示例如下：

```
>>> plt.rcParams[u'font.sans-serif'] = 'Microsoft YaHei'    # 设置中文显示字体
>>> plt.rcParams[u'axes.unicode_minus'] = False
>>> fig = plt.figure()
>>> ax = fig.add_subplot(231,projection='3d', xlabel='x', ylabel='y', zlabel='z', title='原始图形')
>>> c = ax.contour3D(X, Y, Z, 50)    # X, Y, Z为前例中的数据
>>> dist, elev, azim = ax.dist, ax.elev, ax.azim    # 得到观测距离、仰角和方位角
>>> ax = fig.add_subplot(232,projection='3d', xlabel='x', ylabel='y', zlabel='z', title='仰角变小')
>>> c = ax.contour3D(X, Y, Z, 50)
>>> ax.view_init(elev=elev-10)    # 图形沿y方向顺时针旋转10度，仰角变小
>>> ax = fig.add_subplot(233,projection='3d', xlabel='x', ylabel='y', zlabel='z', title='仰角变大')
>>> c = ax.contour3D(X, Y, Z, 50)
>>> ax.view_init(elev=elev+10)    # 图形沿y方向逆时针旋转10度，仰角变大
>>> ax = fig.add_subplot(234,projection='3d', xlabel='x', ylabel='y', zlabel='z', title='方位角变小')
>>> c = ax.contour3D(X, Y, Z, 50)
>>> ax.view_init(azim=azim-10)    # 图形沿z方向逆时针旋转10度，方位角变小
>>> ax = fig.add_subplot(235,projection='3d', xlabel='x', ylabel='y', zlabel='z', title='方位角变大')
```

```
>>> c = ax.contour3D(X, Y, Z, 50)
>>> ax.view_init(azim=azim+10)    # 图形沿 z 方向顺时针旋转 10 度,方位角变大
>>> ax = fig.add_subplot(236, projection='3d', xlabel='x', ylabel='y', zlabel='z', title='距离变大')
>>> c = ax.contour3D(X, Y, Z, 50)
>>> ax.dist = dist+5    # 观测距离变大
>>> plt.show()
```

执行结果如图 2-17 所示。

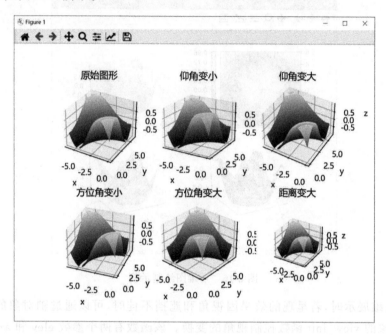

图 2-17 视角变换示例

本 章 小 结

本章分别介绍了 Python 的常见处理数据方法,基于 Numpy 和 Pandas 工具包的常见数据处理方法,以及应用 Matplotlib 工具包进行各种数据可视化的方法。这些方法可以对数据进行基本的处理和展示,便于我们观测数据的规律,便于寻找合适的方法进行数据的进一步挖掘和分析。

本章介绍的各种处理技术用到了大量的函数,示例中仅仅给出了这些函数的基本使用方法,实际上每个函数根据设置的参数可以提供更多更细化的功能。读者在解决实际问题时,可以参考示例举一反三,还可以通过 Python 的 dir 函数和 help 函数,进一步学习相关数据包、模块、类以及各种函数的使用。

本章给出的例子都是直接在原始 Python 环境中运行的,读者也可以使用 Jupyter Notebook 或其他诸如 PyCharm 等的开发环境中直接编写、运行代码。在后续的章节中,将不再使用原始 Python 环境中运行的示例。

习 题

(1) 两个列表 $a=[1,2,3]$ 和 $b=[4,5,6]$，如何操作分别得到如下结果：
[1, 2, 3, 4, 5, 6]
[1, 2, 3, [4,5, 6]]
[[1, 2, 3], [4, 5, 6]]
[1, 4, 2, 5, 3, 6]
{1: 4, 2: 5, 3: 6}

(2) 举例说明 list 对象进行一维数据和二维数据的转换方法。

(3) 举例说明 Numpy 对象进行一维数据和二维数据的转换方法。

(4) 举例分析 Numpy 对象 shape 和 size 接口的区别。

(5) 分别举例说明使用 Pandas 获得一行数据和一列数据的操作方法。

(6) 分别举例说明 list 对象、Numpy 对象、Pandas 对象求均值的操作方法。

(7) 试使用 Pandas 打开含有多个 sheet 的 excel 文件，并将每个 sheet 的内容分别输出为 txt 文件。

(8) 试使用 Matplotlib 在一个子图中使用不同颜色同时绘制一个正弦函数和一个余弦函数。

(9) 使用 Matplotlib 绘制并显示三维图像时，沿 y 轴为正弦函数，沿 z 轴为余弦函数，问绘制的图形是什么形状？

第 3 章
机器学习工具包 Sklearn 实战

3.1 概 述

Scikit-learn（简称 Sklearn）是基于 Python 语言的机器学习工具包，它建立在 Numpy、Scipy 和 Matplotlib 等 Python 第三方库之上，集成了大量的数据挖掘和数据分析的功能类和函数，易于调用，使用简单高效，是目前最为流行的机器学习软件库之一。

我们在安装 Anaconda 时，Sklearn 自动内置默认安装。当然也可以使用 pip 或 conda 命令单独安装，在此不做介绍。需要注意的是，Sklearn 的版本通常需要与 Python、Numpy、Scipy、Joblib 等依赖包的版本相适配。

在使用 Sklearn 时，首先要导入该工具包。例如，在原始 Python 环境中，执行：

```
>>> import sklearn
```

也可以从 Sklearn 包中导入某个模块，或从其某个模块中导入某个类。例如：

```
>>> from sklearn import preprocessing
>>> from sklearn.impute import SimpleImputer
```

后续的示例将不再使用原始 Python 环境，直接给出在实际的开发环境（如 Jupyter Notebook 或 PyCharm 等）中执行代码即可，例如：

```
import sklearn
from sklearn import preprocessing
from sklearn.impute import SimpleImputer
```

Sklearn 的功能非常强大，可进行各种常见的有监督学习（如分类、回归等）、无监督学习（如聚类、降维、矩阵分解、流形学习、高斯混合模型等），也可以进行模型选择与评估、数据预处理、可视化、模型持久化功能等，此外，Sklearn 还提供了部分数据集，可以方便地验证算法的性能。图 3-1 给出了 Sklearn 部分常用模块。

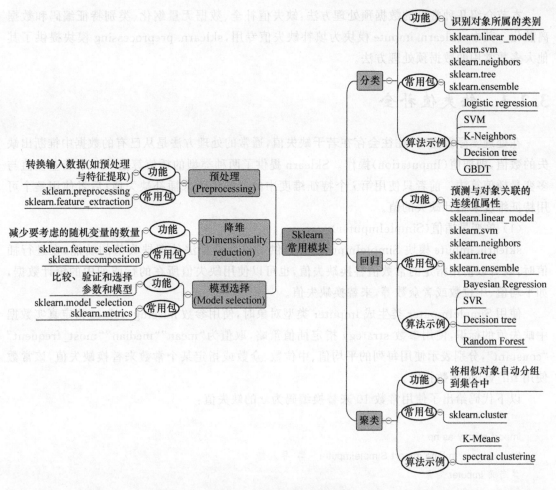

图 3-1 Sklearn 常用模块

Sklearn 继承了大多数常见的有监督、半监督和无监督机器学习算法，在使用这些算法时基本上首先要实例化模型对象，然后使用对象的接口函数对数据进行处理，如数据标准化、特征降维、训练或拟合数据、对数据预测等。通常，各种模型提供了统一的接口，例如：

- fit 函数，计算训练集上固有的属性、拟合模型。
- transform 函数，根据 fit 后的操作或模型对数据进行转换，返回对输入数据变换后的结果。
- fit_transform 函数，将 fit 和 transform 的组合，先拟合、再对输入数据转换。
- predict 函数，有监督学习算法对数据进行预测。

在后续章节的实战练习中，这些函数的使用都会详细介绍。同时，读者通过后续的学习，要加强对 Sklearn 各功能模块的理解，并熟练掌握其使用方法，灵活解决实际问题。

3.2 数据预处理

在第 2 章已经介绍了多种数据预处理方法，Sklearn 也可以进行数据预处理，在对数据进行彻底清洗和处理后，可将原始特征向量变更为适应机器学习模型的形式，提升模型的性能。

本节介绍几种常见的数据预处理方法：缺失值补全、数据无量纲化、类别特征编码和数据离散化。其中，sklearn.impute 模块为填补缺失值专用，sklearn.preprocessing 模块提供了其他大多数常用的数据预处理方法。

3.2.1 缺失值补全

在处理实际数据时，往往会存在若干缺失值，通常的处理方法是从已有的数据中推断出缺失的数值，即插值(Imputation)操作。Sklearn 提供了两种类型的插值算法——单变量插值与多变量插值算法。前者只使用第 i 个特征维度中的非缺失值来插补缺失值；后者使用整个可用特征维度来估计缺失的值。

（1）单变量插值(SimpleImputer)

sklearn.impute 模块 SimpleImputer 类提供了单变量算法处理缺失值的功能，在进行插值时，既可以使用指定的常数值替换缺失值，也可以使用缺失值所在的行或列中的统计数据，如平均值、中位数或者众数等，来替换缺失值。

使用 SimpleImputer 类生成 Imputer 类型对象时，使用参数 missing_values 指定真实数据中缺失值的标识，使用参数 strategy 指定插值策略，取值为"mean""median""most_frequent" "constant"，分别表示使用每列的平均值、中位数、众数或指定某个常数来替换缺失值，该常数使用 fill_value 参数指定。

以下代码给出了使用常数 10 来替换编码为 0 的缺失值：

```
import numpy as np
from sklearn.impute import SimpleImputer    # 导入包
# 定义 Imputer 对象
i = SimpleImputer(missing_values=0, strategy='constant', fill_value=10)
i.fit([[0,1,2]])    # fit()函数让 Imputer 对象适应(拟合)数据，参数为二维数组
X = np.array([[0,1,2],[6,0,5],[7,8,0]])    # 原始数据，列数应与 fit 函数参数列数相同
X1 = i.transform(X)    # 将 X 中的所有缺失值填补，返回填补后的二维数组
print(X1, type(X1))
```

执行结果为：

```
[[10  1  2]
 [ 6 10  5]
 [ 7  8 10]] <class 'numpy.ndarray'>
```

fit 函数通过设置参数指明了要转换的二维数组的列数，SimpleImputer 也提供了 fit_transform 函数，直接进行拟合数据并对缺省值填补，例如：

```
i2 = SimpleImputer(missing_values=0, strategy='constant', fill_value=10)
X = np.array([[0,1,2,0],[6,0,5,0],[7,8,0,0]])    # 原始数据，3 行 4 列
X2 = i2.fit_transform(X)    # 先 fit,后进行 transform 操作，返回填补后的二维数组
print(X2, type(X2))
```

执行结果为：

```
[[10  1  2 10]
 [ 6 10  5 10]
 [ 7  8 10 10]] <class 'numpy.ndarray'>
```

以下代码分别使用列的平均值和众数来填补缺失值：

```
import pandas as pd
i3 = SimpleImputer(missing_values=np.nan, strategy='mean')
print(i3.fit_transform([[np.nan,1,3],[0,np.nan,2],[4,3,1]]))
i4 = SimpleImputer(missing_values='', strategy='most_frequent')
p=pd.DataFrame([['','k','x'],['a','m',''],['b','','y'],['a','m','x']],dtype="category")  # 定义DataFrame对象
print(i4.fit_transform(p))
```

执行结果为：

```
[[2. 1. 3.]
 [0. 2. 2.]
 [4. 3. 1.]]
[['a' 'k' 'x']
 ['a' 'm' 'x']
 ['b' 'm' 'y']
 ['a' 'm' 'x']]
```

(2) 多变量插值(IterativeImputer)

多变量插值 IterativeImputer 类利用各列非缺失值构建函数为每个缺失值进行建模。建模采用迭代循环方式执行，即在每个步骤中，将目标列指定为输出 y，将其他列视为输入 X，使用一个回归模型对 (X, y) 进行拟合，然后使用这个回归模型来预测缺失的 y 值。IterativeImputer 类也是通过参数 missing_values 指定真实数据中缺失值的标识，通过参数 max_iter 控制迭代次数，默认值为 10。

以下代码给出了使用多变量插值方法进行数据插补的示例：

```
from sklearn.experimental import enable_iterative_imputer
from sklearn.impute import IterativeImputer
imp = IterativeImputer(missing_values=np.nan)
imp.fit([[1,3],[2,5],[3,7]])  # 对每一列使用其他列进行回归
X_test = [[np.nan, 11], [6, np.nan], [np.nan, 6],[3,17]]  # 原始数据
print(imp.transform(X_test))  # 打印插值后的数据
```

执行结果为：

```
[[ 4.9999985  11.       ]
 [ 6.         12.999999 ]
```

```
[ 2.49999975  6.         ]
[ 3.         17.        ]]
```

3.2.2 数据无量纲化

许多机器学习算法中的目标函数是假设所有的特征为零均值且具有相同方差。如果数据某维特征的方差比其他维度的特征大几个数量级,那么这个特征可能会在学习算法中占据主导位置,导致模型无法从其他特征中学习到好的分类效果。因此,我们常常需要对数据进行去量纲的操作,提升模型的收敛速度和精度。

sklearn.preprocessing 中提供了多种线性的或非线性的无量纲化相关函数,在这里只介绍几种常见的无量纲化方法。

(1) 最小最大归一化(MinMaxScaler)

归一化方法将每列数据缩放到给定的最小值和最大值之间。转换公式为:

$$X_{scaled} = (X - \min(X)) \frac{\text{Max} - \text{Min}}{\max(X) - \min(X)} + \text{Min}$$

其中,Min 和 Max 是指定的最小值和最大值。通常,使用 MinMaxScaler 类进行归一化操作,其中一个重要的参数 feature_range 用于控制缩放的范围,默认值为(0,1),示例如下:

```
from sklearn.preprocessing import MinMaxScaler
X_train = [[1, -1, 2], [2, 0, 0], [0, 1, -1]]
min_max_scaler = MinMaxScaler(feature_range=(0, 1))
X_train_minmax = min_max_scaler.fit_transform(X_train)
print(X_train_minmax)
```

执行结果为:

```
[[0.5        0.         1.        ]
 [1.         0.5        0.33333333]
 [0.         1.         0.        ]]
```

不难发现,每一列的数据分别被归一化到[0,1]范围内。

(2) 最大绝对值归一化(MaxAbsScaler)

最大绝对值归一化与最小最大归一化类似,只不过它将每列数据按最大绝对值进行归一化。转换公式表达为:

$$X_{scaled} = \frac{X}{\max(\text{abs}(X))}$$

因此,每列数据都会映射在[-1,1]范围内,示例如下:

```
from sklearn.preprocessing import MaxAbsScaler
X_tr = [[1, -1, 2], [2, 0, 0], [0, -2, -1]]
mas = MaxAbsScaler()           # 实例化 MaxAbsScaler 对象
X_re = mas.fit_transform(X_tr) # 注意先进行 fit,后进行 transform
print(X_re)
```

执行结果为：

```
[[ 0.5 -0.5  1. ]
 [ 1.   0.   0. ]
 [ 0.  -1.  -0.5]]
```

不难发现，每列数据都按该列的最大绝对值进行了归一化操作。需要注意的是，一旦进行了训练，即执行了 fit 操作，每列的最大绝对值就确定了，后续进行 transform 操作时，按训练时确定的最大绝对值进行归一化，此时归一化后的数据有可能不在[−1,1]区间。例如，执行了上面的代码后，再执行如下操作，会发现预处理后的数据并不在[−1,1]区间。

```
print(mas.transform([[5,-5,3]]))
```

输出结果如下：

```
[[ 2.5 -2.5  1.5]]
```

通过上面的例子分析可以看到，最大绝对值归一化操作不会影响值为 0 的元素，因此常用于稀疏数据的处理。

(3) Z-score 标准化(StandardScaler)

Z-score 标准化是指将每列数转换为服从均值为 0、方差为 1 的正态分布(即标准正态分布)的数据。设某列原始数据 X 的均值为 μ，标准差为 σ，则转换公式为：

$$X_{std} = \frac{X - \mu}{\sigma}$$

Z-score 标准化是非常常见的归一化方法，示例如下：

```
from sklearn.preprocessing import StandardScaler as ss
scaler = ss()   # 实例化
X_train = [[1,-1,2],[2,0,4],[3,2,-6]]
scaler.fit(X_train)   # 在训练集上训练,得到均值和方差
print('mean', scaler.mean_)   # 查看得到的均值
print('std', scaler.scale_)   # 查看得到的方差
X_train_re = scaler.transform(X_train)   # 在训练集上归一化
print('X_train_re', X_train_re)   # 打印训练集归一化结果
X_test_re = scaler.transform([[1,2,3]])   # 在测试集上归一化
print('X_test_re', X_test_re)   # 打印测试集归一化结果
```

输出结果如下：

```
mean [2.         0.33333333 0.        ]
std [0.81649658 1.24721913 4.3204938 ]
X_train_re [[-1.22474487 -1.06904497  0.46291005]
 [ 0.         -0.26726124  0.9258201 ]
 [ 1.22474487  1.33630621 -1.38873015]]
X_test_re [[-1.22474487  1.33630621  0.69436507]]
```

通过上述示例不难发现，Z-score 标准化通常先用训练数据执行 fit 操作，得到每列的均值和方差，然后就可以对各种数据按列进行归一化操作。

3.2.3 类别特征编码

大多数机器学习算法只能够处理数值型数据，不能处理文字信息，然而实际应用中有很多数据都不是连续型的数值，而是类别型（categorical）的文字，比如性别为"男""女"等。因此，在执行机器学习算法前，必须对类别型文本进行编码，将其转换为数值型。

Sklearn 的 preprocessing 模块提供了多种对数据进行编码的类，下面列举一些常用的类及其使用方法。

(1) 标签编码（LabelEncoder）

对于分类任务，需要根据数据特征，预测对应的类别标签，而类别标签有可能是文本信息。preprocessing 模块中的 LabelEncoder 类针对文本标签进行编码，从训练样本中获取标签，并将 N 个标签中的每一个标签映射到一个从 0 到 $N-1$，从而得到每个标签的整数编码。通常，标签数据都是一维数组，示例如下：

```
from sklearn.preprocessing import LabelEncoder
le = LabelEncoder()
le.fit(["beijing", "shanghai", "beijing", "shenzhen"])
print("labels: ", list(le.classes_))    # 打印所有的标签集合
print(le.transform(["beijing", "shanghai"]))    # 打印给定标签对应的编码
print(list(le.inverse_transform([2, 2, 1])))    # 打印编码对应的原始标签
```

输出结果如下：

```
labels: ['beijing', 'shanghai', 'shenzhen']
[0 1]
['shenzhen', 'shenzhen', 'shanghai']
```

(2) 多标签二值化编码（MultiLabelBinarizer）

对于多标签分类任务，样本的类别可能不止一个。例如，将某个人生活过的城市作为标签，则标签可以有多个。这就需要采外的编码方式，其中最简单的就是多标签二值化编码。所谓多标签二值化编码，就是将各种标签组合统一考虑，设所有可能的标签取值数量为 N，则将编码设置为长度为 N 的二进制向量，每个标签对应二进制的一位。在进行编码时，拥有该标签，对应的位设置位 1，否则设置为 0。

例如，设大城市共有 7 个，分别为：beijing、chengdu、chongqing、guangzhou、shanghai、shenzhen、tianjin，其中某人在 beijing 和 shanghai 居住过，则可编码为[1, 0, 0, 0, 1, 0, 0]。

preprocessing 模块提供了 MultiLabelBinarizer 类进行多标签二值化编码，以下给出了编码示例：

```
from sklearn.preprocessing import MultiLabelBinarizer
import numpy as np
mlb = MultiLabelBinarizer()
```

```
Y = [['beijing','chengdu'],['chengdu','tianjin'],['chongqing'],
     ['guangzhou'],['shanghai'],['shenzhen'],['tianjin']]
mlb.fit(Y)    # 训练标签数据
print('coding:', mlb.transform([['beijing','shanghai']]))    # 打印新标签编码结果
```

输出结果如下：

```
coding: [[1 0 0 0 1 0 0]]
```

(3) 特征按序编码(OrdinalEncoder)

前面介绍的 LabelEncoder 是对标签文本进行按序编码。类似地，preprocessing 模块提供了 OrdinalEncoder 类，可对数据每一列文本特征分别按序编码。

例如，在数据特征中，存在表示性别的列，分别有两个取值"male"和"female"，可分别转换为整数编码 0 和 1。再如，存在表示居住地的列，分别有"shanghai""beijing""shenzhen"三个取值，可编码为 0,1,2。示例如下：

```
from sklearn.preprocessing import OrdinalEncoder
oe = OrdinalEncoder()
X = [['male','beijing'],['female','shenzhen'],['male','shanghai']]
oe.fit(X)    # 进行训练
print("categories:", oe.categories_)    # 打印类别
# 打印对新数据的编码结果
print("encode:", oe.transform([['male','shenzhen'],['female','beijing']]))
```

输出结果如下：

```
categories: [array(['female','male'], dtype=object), array(['beijing','shanghai','shenzhen'], dtype=object)]
encode: [[1. 2.]
 [0. 0.]]
```

(4) 独热编码(OneHotEncoder)

前面介绍的特征按序编码独将文本特征按序号进行编码，例如"shanghai""beijing""shenzhen"三个特征分别被编码为 0,1,2。这种编码有个前后次序和相对距离的隐含关系，可能影响特征的独立性。例如，通过按序编码可以发现，"shanghai"和"shenzhen"的距离为 2，而"beijing"和"shenzhen"距离为 1。实际上，三类取值之间是完全独立的，彼此之间完全没有联系。为了避免上述情况，人们设计了独热编码，对完全独立的数据特征进行编码，而这种数据特征也被称为名义属性。

独热编码在 preprocessing 模块的 OneHotEncoder 类中实现，其原理类似于多标签二值化编码，只不过独热编码只能用于数据特征的编码，不能用于标签编码。设数据的某列特征有 N 个可能的取值，则将该列特征变换为长度为 N 的二进制特征向量，其中只有一个位置上是 1，其余位置都是 0，这也是与多标签二值化编码不同的。例如，表示性别的列有 2 个取值，用长度为 2 的向量来表达，第 0 位代表是否为 female，第 1 位代表是否为 male，那么"female"编

码为[1,0],"male"编码为[0,1]。独热编码在一定程度上可以理解为扩充了特征数量。例如，性别本身是一个特征，经过独热编码后，就变成了是否为男、是否为女两个特征。但当特征属性值较多时，数据经过独热编码可能会变得非常稀疏。

以下示例将数据的性别和出生地用独热编码来实现：

```
from sklearn.preprocessing import OneHotEncoder
ohe = OneHotEncoder()
X = [['male','beijing'], ['female','shanghai'],
     ['male','shenzhen'], ['female','beijing']]
ohe.fit(X)
print("categories：", ohe.categories_)  # 查看特征取值
print("encode:", ohe.transform([['female','shenzhen']]).toarray()) # 输出特征编码
```

输出结果如下：

```
categories： [array(['female','male'], dtype=object), array(['beijing','shanghai','shenzhen'], dtype=object)]
encode：[[1. 0. 0. 0. 1.]]
```

分析编码结果，特征长度由原来的 2 变为了 5，其中前两位表示的是性别，后三位表示的是城市。若需要编码的实际特征中存在之前训练未出现的特征值，则需要在调用 OneHotEncorder() 时设置参数 handle_unknown='ignore'，以避免程序抛出任何错误，此时这类未出现的特征值的 one-hot 编码列将会全部变成 0。

在实际应用中，根据各维特征的特点和任务的不同，以上介绍的几种编码方式也可能会融合使用，因此需要读者灵活使用。

3.2.4 数据离散化

在数据预处理中，常常需要对连续型数值的特征处理为离散型特征。例如，存款金额，可以为 0，也可以是几万或几亿，直接用其数值作为特征往往过于分散，因此可以转换为离散特征，将其分为几个档次。这种转换称为离散化（Discretization），本质上离散化操作实现了连续属性到名义属性的转换。

下面介绍 Processing 包提供的两种最常见的离散化方法。

(1) K-bins 离散化（KBinsDiscretizer）

K-bins 离散化是指将连续数值型特征值排序后通过使用 k 个等宽的区间分箱后编码，使得原来连续型变量划分为分类变量。

KBinsDiscretizer 类包含了 3 个重要的参数：n_bins 参数表示每维特征的分箱个数，默认为 5，会被运用到所有导入的特征上；encode 参数表示编码方式，可取值为"onehot""ordinal""onehot-dense"，默认为"onehot"；strategy 参数表示分箱方式，可取值为"uniform""quantile""kmeans"，分别表示等宽分箱、等频分箱（每箱样本数目尽可能相同）、按聚类分箱，默认为"quantile"。

以下代码给出了 K-bins 离散化示例：

```
from sklearn.preprocessing import KBinsDiscretizer
import numpy as np
X = np.array([[-3,5,15],[0,6,14],[6,3,11]])
kbd = KBinsDiscretizer(n_bins=[3,2,2],encode='ordinal')
kbd.fit(X)
print('Edge:', kbd.bin_edges_)    # 显示分箱边界
print('coding:', kbd.transform(X))    # 对训练数据的离散结果
print('coding:', kbd.transform([[-10,2,0],[-1,5.5,16]]))    # 对新数据的离散结果
```

输出结果如下：

```
Edge: [array([-3., -1., 2., 6.]) array([3., 5., 6.]) array([11., 14., 15.])]
coding: [[0. 1. 1.]
 [1. 1. 1.]
 [2. 0. 0.]]
coding: [[0. 0. 0.]
 [1. 1. 1.]]
```

代码中，n_bins 参数控制各个维度的分箱数目，采用默认的等频分箱方式。KBinsDiscretizer 对象的 bin_edges_ 属性给出了各维特征的分箱边界向量，其中每个向量的首尾元素相当于训练数据的最小值和最大值，其他元素是真实的边界。例如，第一维数据设定的分箱数目是 3，得到的分箱边界为[-3.,-1.,2.,6.]，相当于区间间隔分别为：(-∞,-1)、[-1,2)、[2,+∞)，每个区间刚好只有一个元素。因此，训练数据中该维特征的值-3,0,6，分别被编码为 0,1,2，新数据中该维特征的值-10 和-1，分别被编码为 0 和 1。

(2) 二值化(Binarizer)

特征二值化是指通过设定阈值将连续型数值特征划分得到布尔值(0 或 1)的过程，大于阈值的特征值映射为 1，小于或等于阈值的特征值映射为 0。在计算机视觉中，针对灰度图像的二值化的作用就是将图像变为黑白图像，以便于进行图像分割、目标提取等操作。

Binarizer 类提供了参数 threshold，用于设置各个维度上的阈值。示例如下：

```
from sklearn.preprocessing import Binarizer
X = [[1.,-1.,2.],[2.,0.,0.],[0.,1.2,-1.]]
binarizer = Binarizer(threshold=1.).fit(X)
print(binarizer.transform(X))
```

输出结果如下：

```
[[0. 0. 1.]
 [1. 0. 0.]
 [0. 1. 0.]]
```

3.3 示例数据集

Sklearn自带了各种数据集用于测试和验证算法的性能,要使用这些数据集,首先需要导入datasets模块:

```
from sklearn import datasets
```

这些数据集大致可分为四类,读者可根据需要加载,如表3-1所示。

表 3-1 Sklearn 四类主要数据集

类型	来源	加载方式	规模
小型标准数据集	sklearn自带	datasets.load_*() *表示数据库名称,如 boston、iris 等	数据集较小,主要用于模型的应用示例和验证
真实世界数据集	在线下载	datasets.fetch_*() *表示数据集名称,如 20newsgroups、olivetti_faces 等	数据集较大,需要时会自动下载
算法生成数据集	用户通过设置参数生成	datasets.make_*() *表示生成数据集的分布,如 blobs、circles、moons 等	用户设置参数,规模可大可小,数据集的复杂性可控
其他类型数据集	svmlight/libsvm格式的数据集或从openml.org下载等	load_sample_images()、load_svmlight_files()、fetch_openml()等	规模有大有小。其中openml.org是机器学习公用数据库,包含了各种数据集

下面将对一些常用的数据集进行介绍,便于初学者灵活使用。

3.3.1 小型标准数据集

Sklearn中的小型标准数据集又被称为玩具数据集(Toy Datasets)。顾名思义,这类数据集数据量较少,只是为了演示和验证常见算法的使用方法。利用这些数据集,我们可以非常方便地掌握各种模型、算法或函数的使用。

表 3-2 给出了这类数据集的列表。

表 3-2 示例数据集举例

数据集名称	实例化方法	作用	样本	特征	标签
波士顿房价数据集*	datasets.load_boston()	回归任务	506	13维房屋特征,包括是否是学区房,附近是否有超市、菜场、高铁、机场、地铁等,周边就业情况、犯罪率情况等	房价

续表

数据集名称	实例化方法	作用	样本	特征	标签
鸢尾花数据集	datasets.load_iris()	分类任务	150	4维花朵特征,包括萼片长度和宽度,花瓣长度和宽度	3类鸢尾花亚种
糖尿病数据集	datasets.load_diabetes()	回归任务	442	10维糖尿病患者的特征,包括年龄、性别、体重指数、平均血压等	基于病情进展一年后的定量测量值
手写数字数据集	datasets.load_digits()	分类任务	1797	64维图片特征,即8×8的4bit灰度图片每个像素的值	10类,即0~9共10个数字
威斯康星乳腺癌数据集	datasets.load_breast_cancer()	二分类任务	569	30维乳腺生理指标,包括半径、纹理、面积等	2类,恶性或良性
兰纳胡德体能数据集	datasets.load_linnerud()	多输出回归任务	20	3维青年体测特征,包括引体向上、仰卧起坐和跳跃次数	3类,包括体重、腰围和脉搏
红酒数据集	datasets.load_wine()	多分类任务	178	13维红酒属性,包括酒精含量、苹果酸含量等	3类,即红酒的3个档次

* 注:波士顿房价数据集将在Sklearn1.2版本后删除。

下面将以鸢尾花数据集为例,首先介绍其加载方法,查看数据集对象包含的信息:

```
from sklearn.datasets import load_iris
data = load_iris()
dir(data)    # 查看data对象成员信息
```

输出结果如下:

```
['DESCR',
 'data',
 'feature_names',
 'filename',
 'frame',
 'target',
 'target_names']
```

其中,DESCR为数据集描述文本信息,data为特征数据,target为标签数据,feature_names为各维特征的名称,target_names为标签名称,filename为数据在本地的存储位置。以下代码可打印相关信息:

```
print(data.feature_names,data.target_names)    # 显示各维特征和标签名称
print(data.data.shape,data.target.shape)    # 显示特征数据和标签数据形状
print(data.filename)    # 显示数据在本地的存储位置
print(data.DESCR)    # 显示数据集描述文本信息
```

输出结果如下:

['sepal length (cm)','sepal width (cm)','petal length (cm)','petal width (cm)'] ['setosa' 'versicolor' 'virginica']
(150,4)(150,)
C:\ProgramData\Anaconda3\lib\site-packages\sklearn\datasets\data\iris.csv
.. _iris_dataset:

Iris plants dataset

Data Set Characteristics:

    :Number of Instances: 150 (50 in each of three classes)
    :Number of Attributes: 4 numeric, predictive attributes and the class
    :Attribute Information:
        - sepal length in cm
        - sepal width in cm
        - petal length in cm
        - petal width in cm
        - class:
                - Iris-Setosa
                - Iris-Versicolour
                - Iris-Virginica

    :Summary Statistics:
    ……

通过以上示例不难发现,在使用该数据集对 Sklearn 的各种模型或算法验证时,主要使用 data 和 target 两类数据。对于表 3-2 中的其他各种数据集,也是如此。通常,data 数据都是二维数组,每行代表一个样本,每列表示一维特征,而 target 数据多是一维数组,每个值表示样本的标签。下面再以手写数字数据集为例,介绍其数据展示方法。

```
from sklearn.datasets import load_digits
from matplotlib import pyplot as plt    # 导入绘图模块
digit = load_digits()    # 加载手写数字数据集
plt.subplots(5,10)    # 5 行 10 列子图
for i, data in enumerate(zip(digit.data[:50], digit.target[:50])):
            plt.subplot(5, 10, i + 1, title=str(data[1]))    # 设置子图标题为标签
            plt.xticks([])    # 不显示横坐标
            plt.yticks([])    # 不显示纵坐标
            plt.imshow(data[0].reshape((8,8)), cmap=plt.cm.gray_r)    # 灰度图形显示
```

在上例代码中，zip 函数将特征和标签打包为二元组列表，plt.imshow 函数用于图像显示，cmap 参数用于设置颜色，plt.cm.gray_r 表示按灰度图像反色显示，通常 plt.cm 中提供的各种颜色名称后加"_r"表示对颜色反色。以上代码执行的结果如图 3-2 所示。

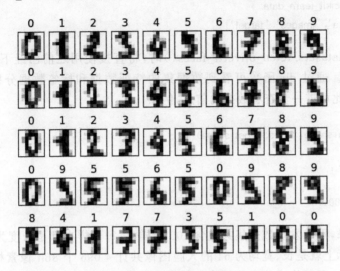

图 3-2 手写数字样例展示

表 3-2 中的其他各种数据集的加载方式都类似，在此不再表述，读者可自行练习。

3.3.2 真实世界数据集

Sklearn 提供了下载多个真实世界数据集的方法，这类数据集规模较大，需要先下载再使用。

类似于小型标准数据集，对于每个真实世界数据集，datasets 模块都提供了相应的加载方法，这类方法都以"fetch_"开头。下面列举一些常用的加载函数：

- fetch_olivetti_faces 函数，用于加载 AT&T 发布的包含 40 位人员的 Olivetti 人脸数据集，进行人脸分类任务，每人有 10 张人脸图像。
- fetch_20newsgroups 函数，用于加载包含 20 类话题的英文新闻文章数据集，进行文本分类任务，平均每类文章数量大约为 940 篇。
- fetch_lfw_people 函数，用于加载无约束自然场景人脸识别数据集，即 LFW（Labeled Faces in the Wild）人脸数据集，进行人脸分类任务。该数据集含有源于互联网的 13 233 张来自 5 749 个人的人脸图片，其中有 1 680 个人至少有 2 张图片。
- fetch_covtype 函数，用于加载森林植被覆盖类型数据集，进行分类任务，样本总数为 581 012，每个样本来自长、宽均为 30 m 的区域采样，有 54 个特征，以判断植被类型。类型共有 7 种，如云杉、黄松等。
- fetch_california_housing 函数，用于加载加利福尼亚房价数据集，进行回归任务。该数据集共有 20 640 个样本，8 维特征。

下面以 Olivetti 人脸数据集为例，介绍数据集下载和打开方法，代码如下：

```
from sklearn import datasets
faces = datasets.fetch_olivetti_faces()
dir(faces)
```

第一次使用该数据集,会自动下载,提示如下信息:

```
downloading Olivetti faces from https://ndownloader.figshare.com/files/5976027 to
C:\Users\ylp\scikit_learn_data
['DESCR', 'data', 'images', 'target']
```

然后再执行 datasets.fetch_olivetti_faces()时,将直接使用之前已经下载到本地的数据集,不再在线下载。通过 dir 函数可看到数据集的特征数据和标签数据分别存储在 data 和 target 对象中,因此可进一步查看数据的信息,例如:

```
print(faces.data.shape, faces.target.shape)
```

执行结果如下:

```
(400, 4096) (400,)
```

通过分析结果,不难发现数据集共包含 400 个样本,每个样本都是长度为 4 096 的一维向量。这个向量实际上就是长、宽均为 64 的人脸图像共计 4 096 个 8bit 像素构成的集合,通过 reshape 到(64,64),可以将这些人脸图像显示处理,例如:

```
%matplotlib notebook
from matplotlib import pyplot as plt
plt.subplots(3, 5)    # 图像包含 3 行 5 列,共 15 个子图,每个子图显示一张人脸图像
for i, comp in enumerate(faces.data[:15]):    # 显示前 15 张人脸,其中前 10 张为同一人
    plt.subplot(3, 5, i + 1)
    plt.xticks([])    # 不显示横坐标
    plt.yticks([])    # 不显示总坐标
    plt.imshow(comp.reshape((64, 64)), cmap=plt.cm.gray)    # 按灰度图显示图像
```

执行结果如图 3-3 所示。

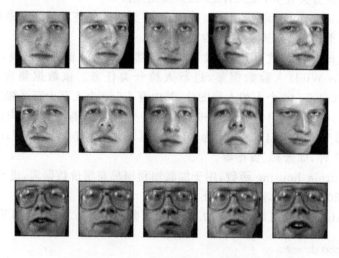

图 3-3　Olivetti 人脸数据集图像显示

对于其他数据集，打开方法类似，在此不再举例，读者可自己练习。

3.3.3 算法生成数据集

有时，我们需要生成一些特定分布或复杂性可控的数据集，如环状数据。Sklearn 允许用户通过设置参数由内置算法生成此类数据集。

datasets 模块提供了数十个相应的生成函数，这类函数都以 "make_" 开头，例如 make_blobs 函数为每个类分配一个或多个正态分布的点簇来创建多类数据集，make_circles 函数为二分类任务生成具有球形决策边界的高斯数据集，make_moons 函数生成两个交错的半圆分布的数据集等。关于这些函数的调用方法，在此不再详细介绍，读者可以自行阅读帮助说明，以下仅给出简单示例：

```
%matplotlib notebook
from sklearn import datasets
from matplotlib import pyplot as plt
fig = plt.figure()
X1, y1 = datasets.make_blobs(n_samples=20, centers=3, n_features=2)
ax = fig.add_subplot(221)   # 左上角子图
ax.scatter(X1[:, 0], X1[:, 1], marker="o", c=y1, s=25, edgecolor="k")
X2, y2 = datasets.make_s_curve(n_samples=1000)   # 生成 S 曲面
ax = fig.add_subplot(222, projection='3d')   # 在右上角三维空间子图中展示
ax.scatter3D(X2[:, 0], X2[:, 1], X2[:, 2], c=y2, cmap=plt.cm.Spectral)
X3, y3 = datasets.make_moons()
ax = fig.add_subplot(223)   # 左下角子图
ax.scatter(X3[:, 0], X3[:, 1], marker=".", c=y3, s=35, edgecolor="b")
X4, y4 = datasets.make_circles()
ax = fig.add_subplot(224)   # 右下角子图
ax.scatter(X4[:, 0], X4[:, 1], marker=".", c=y4, s=35, edgecolor="r")
```

执行结果如图 3-4 所示。

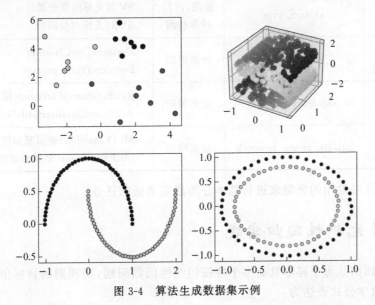

图 3-4　算法生成数据集示例

示例中调用的大多数数据集生成函数都采用的默认参数值，读者可以通过 help 函数或访问 Sklearn 官方网站查看各种参数使用说明，从而产生特定要求的数据集。

3.4 有监督学习

Sklearn 中提供了许多有监督学习算法，可实现线性回归或逻辑回归等任务。在使用时，只需要简单地调用这些算法的接口函数，将训练数据作为输入，便能训练相应模型，得到的模型运用到其他数据上，达到对未知数据进行分类或回归。

无论采用何种有监督学习算法，基本上操作流程是相同的，大致可分为三步：

（1）实例化。即针对采用的算法进行实例化，也就是定义评估模型对象。

（2）训练。即调用模型接口在训练数据上训练模型，也就是进行数据拟合，训练模型，确定对象的内置参数。各种算法都提供了统一的 fit 函数接口进行训练。

（3）测试。训练完成后，模型对象的内置参数就确定了，然后就可以通过这个模型对象对新数据进行预测。通常，算法都提供了统一的 predict 函数接口进行预测。

统一的训练和测试接口，使得我们在应用各种模型解决实际问题时极为方便。在后续的实战中，我们都会按此过程进行模型学习。

表 3-3 给出了一些我们常用的有监督学习算法。

表 3-3 Sklearn 提供的部分常用有监督学习算法

算法	所属模块	任务	接口举例
线性模型 （Linear Model）	sklearn.linear_model	分类回归	LinearRegression（线性回归） LogisticRegression（逻辑回归）
朴素贝叶斯 （Naive Bayes）	sklearn.naive_bayes	分类	GaussianNB（高斯分布朴素贝叶斯算法） BernoulliNB（伯努利分布朴素贝叶斯算法）
近邻算法	sklearn.neighbors	分类回归	KNeighborsClassifier（K 近邻算法）
支持向量机 （SVM）	sklearn.svm	分类、回归 异常检测	SVC（支撑向量分类） SVR（支撑向量回归）
决策树 （Decision Tree）	sklearn.tree	分类回归	DecisionTreeClassifier DecisionTreeRegressor
集成算法	sklearn.ensemble	分类回归	RandomForestClassifier（随机森林分类器） AdaBoostClassifier（AdaBoost 分类器）
神经网络模型 （Neural Network）	sklearn.neural_network	分类回归	MLPClassifier（多层感知机分类器） MLPRegressor（多层感知机回归器）

下面利用几种常用的模型来进行基本分类或完成回归任务。

3.4.1 多元线性回归实战

多元线性回归是每个样本具有多个特征的线性回归问题，要预期的目标值为这些特征的线性组合，用数学公式表达为：

$$\hat{y}(w,x) = w_0 + w_1 x_1 + w_2 x_2 + \cdots + w_n x_n$$

其中，$w_0, w_1, \cdots, w_n$ 是要学习的参数，$X = [x_1, \cdots, x_n]$ 是样本特征，$\hat{y}(w,x)$ 是预测的目标值。线性回归任务就是采用这个函数去拟合数组 X 和真实值 y 之间的数学关系，寻找事物内部特征与目标值之间的联系。

下面以加利福尼亚房价预测任务为例，通过加利福尼亚的房屋特征进行分析，应用线性回归算法进行训练建模，对房价进行预测。这些房屋特征包括收入中位数、房屋年龄、房间数目、居住人口数等。

(1) 加载数据集

Sklearn 的 datasets 模块提供了加利福尼亚的房屋数据集，因此在线性回归分析之前首先要加载该数据集。

```
from sklearn import datasets
house = datasets.fetch_california_housing()    # 加载数据集
# 若数据集加载失败,可使用波士顿房价数据集:house = datasets.load_boston()
dir(house)    # 显示 house 的成员
```

结果显示如下：

```
['DESCR', 'data', 'feature_names', 'frame', 'target', 'target_names']
```

下面可以查看 data 数据和 target 数据：

```
X, y = house.data, house.target
print(X.shape, y.shape)    # 显示特征数组形状和标签数组形状
print(X[:5], y[:5])    # 显示前 5 个样本特征和标签
```

结果显示如下：

```
(20640, 8) (20640,)
[[ 8.32520000e+00  4.10000000e+01  6.98412698e+00  1.02380952e+00
   3.22000000e+02  2.55555556e+00  3.78800000e+01 -1.22230000e+02]
 [ 8.30140000e+00  2.10000000e+01  6.23813708e+00  9.71880492e-01
   2.40100000e+03  2.10984183e+00  3.78600000e+01 -1.22220000e+02]
 [ 7.25740000e+00  5.20000000e+01  8.28813559e+00  1.07344633e+00
   4.96000000e+02  2.80225989e+00  3.78500000e+01 -1.22240000e+02]
 [ 5.64310000e+00  5.20000000e+01  5.81735160e+00  1.07305936e+00
   5.58000000e+02  2.54794521e+00  3.78500000e+01 -1.22250000e+02]
 [ 3.84620000e+00  5.20000000e+01  6.28185328e+00  1.08108108e+00
   5.65000000e+02  2.18146718e+00  3.78500000e+01 -1.22250000e+02]] [4.526 3.585 3.521 3.413 3.422]
```

(2) 数据预处理

通过前面展示数据的特征不难发现，各维特征的数值有大有小，因此我们可以进行归一化操作。此外，为了测试算法的性能，可以将数据集划分为训练集和测试集。训练集用于训练回归模型，测试集用于验证算法的性能。代码如下：

```
from sklearn.preprocessing import StandardScaler   # 用于数据归一化
from sklearn.model_selection import train_test_split   # 用于数据集划分
X_std = StandardScaler().fit_transform(X)   # 数据预处理-标准化操作
# 划分训练集与测试集
X_train, X_test, y_train, y_test = train_test_split(X_std, y, test_size=0.3, random_state=1)
```

(3) 回归建模

如前所述,Sklearn 在进行有监督学习时,无论采用何种算法,其建模过程基本都是按照"实例化、训练、测试"三步进行的。下面我们首先采用线性回归算法进行回归建模。

```
from matplotlib import pyplot as plt
from sklearn.linear_model import LinearRegression
LR_regr = LinearRegression()   # 实例化,定义一个线性回归器
LR_regr.fit(X_train, y_train)   # 应用训练集进行模型训练
y_predict = LR_regr.predict(X_test)   # 对测试集进行预测
# 对比预测结果和真实值(Grand_truth),对前 30 个测试结果可视化
plt.figure(figsize=(16,4))
plt.plot(range(30), y_test[:30], color='black', label="truth")
plt.plot(range(30), y_predict[:30], color='red', label="predict")
plt.legend()
```

上述代码对测试集进行预测的结果存储在 y_predict 中,然后与真实的标签进行了对比,对比结果如图 3-5 所示。

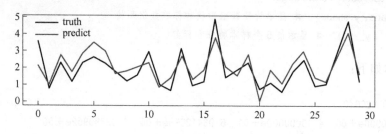

图 3-5 结果对比

从图中可以看到,预测结果和真实值比较接近,但也存在一定误差。

(4) 模型评估

通常,不同的机器学习任务,对算法的评估指标是不同的。Sklearn 的 metrics 模块提供了大量常见的模型评估方法。在这里,我们使用均方误差(MSE)和 R^2 分数(R^2 Score)来评估训练的模型。

均方误差公式如下所示:

$$\mathrm{mse}(y, \hat{y}) = \frac{1}{n} \sum_{i=0}^{n-1} (y_i - \hat{y}_i)^2$$

显然,预测值与真实值误差越大,MSE 值就越大。

R^2 分数公式如下所示:

$$R^2(y, \hat{y}) = 1 - \frac{\sum_{i=0}^{n-1}(y_i - \hat{y}_i)^2}{\sum_{i=0}^{n-1}(y_i - \overline{y})^2}$$

其中，$\overline{y}$ 表示所有真实标签的均值。R^2 分数也被称为决定系数、判定系数或拟合优度，预测值与真实值误差越大，R^2 分数就越小。当预测值与真实值完全相同时，R^2 分数最大，值为 1。需要注意的是，R^2 分数有可能为负值。在相同预测值的条件下，真实值的方差越大，R^2 分数的值越大。

下面给出使用均方误差和 R^2 分数来评估模型的代码。

```
from sklearn.metrics import mean_squared_error, r2_score
mse = mean_squared_error(y_test, y_predict)
r_2 = r2_score(y_test, y_predict)
print('Mean squared error：%.3f'%(mse))
print('Coefficient of determination：%.3f'%(r_2))
```

执行结果如下：

```
Mean squared error：0.530
Coefficient of determination：0.597
```

实际上，Sklearn 中的各种有监督算法也提供了 score 接口。当模型训练好后，模型对象可以直接调用 score 函数，给出评价结果，而无须调用 predict 函数先得到预测值再进行计算。对于线性回归模型，score 函数计算的就是基于测试集给出 R^2 分数。示例如下：

```
score = LR_regr.score(X_test, y_test)    # 测试集的特征和标签作为参数
print('%.3f'%(score))
```

执行结果如下：

```
0.597
```

(5) 模型持久化

有时，我们训练好的模型需要部署到其他环境，直接进行预测任务，而无须再次训练。这就需要对模型进行持久化操作，通常是将其保存到文件中。

最简单的模型持久化方法是使用基于 Python 的 Joblib 工具包，需要注意的是，在使用 Joblib 之前，首先需要安装。示例如下：

```
C:\> pip install joblib
```

安装完成后，就可以导入该工具包进行模型持久化或加载持久化的模型。例如：

```
from joblib import dump
dump(LR_regr, 'house_model.joblib')    # 模型持久化
```

以上代码将前面训练好的模型 LR_regr 存储到当前目录下的 house_model.joblib 文件中，该文件可被复制到其他环境，直接用于预测任务。例如：

```
from joblib import load
model = load('house_model.joblib')  # 加载训练好的模型
y_pred = model.predict(X_test)  # 进行预测
```

上述代码表示直接在新环境中加载训练好的模型文件，然后进行预测。

模型持久化还可以采用其他方法，例如可使用 Pickle 库将模型转换为字符串后进行存储，或使用 Sklearn2pmml 库将模型存储到预测模型标记语言（Predictive Model Markup Language，PMML）格式的文本文件中。若我们的训练模型是神经网络模型，还可以使用 Python 工具 Sklearn-onnx 将模型转换为开放神经网络交换（Open Neural Network Exchange，ONNX）格式的文件。ONNX 格式是当前深度学习应用中常用的模型存储方式，使用当前流行的各种深度学习框架得到的预训练模型都可以转换为 ONNX 格式，或将 ONNX 格式的模型转换为自己的模型格式，从而达到训练框架和推理框架松耦合，便于模型的工程化部署。

以上给出的是多元线性回归模型实战的基本流程。从结果可以看出，模型在大部分数据上都较好地拟合了数据的数值，但仍然在少部分点上存在较大的拟合误差，没有正确拟合数据的分布。下面我们采用拟合能力更强的随机森林算法进行训练，并比较两个模型的性能。

随机森林算法属于集成学习方式，所谓集成学习，是指使用多个学习算法构建的模型进行综合预测，以提高单个模型的泛化性和鲁棒性。基于前例中的数据，在此给出训练、预测和模型评价代码：

```
from sklearn.ensemble import RandomForestRegressor
from sklearn.metrics import mean_squared_error, r2_score
# 定义随机森林回归器
RF_regr = RandomForestRegressor(n_estimators=50, random_state=1)
RF_regr.fit(X_train, y_train)  # 训练模型
RF_y_preds = RF_regr.predict(X_test)  # 预测
# 模型评估
mse = mean_squared_error(y_test, RF_y_preds)  # 计算均方误差
r_2 = r2_score(y_test, RF_y_preds)  # 计算 R2 分数
print('Mean squared error: %.3f'%(mse))
print('Coefficient of determination: %.3f'%(r_2))
```

代码中，n_estimators 参数用于设置基评估器的数量，数量越大，模型的性能往往越好，但训练计算量和内存需求也随之增大，训练时间变长。在实际应用中，需要权衡好训练难度和模型效果之间的关系。random_state 参数设定了随机初始值的种子，RandomForestRegressor 的其他参数均采用默认值，在此不再解释。

程序执行结果如下：

```
Mean squared error: 0.266
Coefficient of determination: 0.798
```

显然,无论从哪种评价指标看,随机森林模型的性能要明显优于线性回归模型,这也说明各个特征与房价之间更倾向于非线性关系。

读者可采用其他回归器,通过设置不同参数,进行几组实验,以找到更为恰当的算法。

3.4.2 逻辑回归实战

普通线性回归的标签是连续的,而逻辑回归实际上是一种分类算法,数据的标签是离散的,通常不同标签是相互独立的,没有大小次序关系。从数学形式上看,逻辑回归是在线性回归的基础上引入了 sigmoid 映射。

逻辑回归算法的训练、测试与算法评估方法与线性回归基本相同,只不过在对模型进行评价时,其预测结果与真实值不同,则结果就是预测错误,这一点与线性回归是不同的,线性回归在评价时考虑了预测结果与真实值的差异程度。在调用逻辑回归模型的 score 函数时,通常都是计算平均正确率(Mean Accuracy)评价指标,而不再是 R^2 分数,其计算公式如下:

$$\text{Mean-Acc} = \frac{1}{c} \sum_{i=0}^{c-1} \frac{m_i}{n_i}$$

其中,c 表示类别数,n_i 表示第 i 类样本的总数,m_i 表示第 i 类样本预测正确的数目。需要注意的是,平均正确率是对各个类别的正确率的平均,它区别于全局正确率(Global Accuracy)。全局正确率不考虑类别,是指所有预测正确的样本占总样本的比例。因此,对于各类别样本数量分布不均匀的数据,平均准确率相对于全局正确率可以更为准确地表示模型的性能。

下面以乳腺癌分类诊断任务为例,给出基于 Sklearn 实现逻辑回归算法的过程,代码如下:

```
from sklearn.datasets import load_breast_cancer
from sklearn.linear_model import LogisticRegression
from sklearn.model_selection import train_test_split
from sklearn.preprocessing import StandardScaler
data = load_breast_cancer()    # 加载数据集
X, y = data.data, data.target    # 取得数据特征和标签类别
X = StandardScaler().fit_transform(X)    # 数据标准化
# 切分训练集和测试集
X_train, X_test, y_train, y_test = train_test_split(X, y, test_size=0.3, random_state=1)
logistic_clf = LogisticRegression()    # 模型实例化
logistic_clf.fit(X_train, y_train)    # 训练模型
acc = logistic_clf.score(X_test, y_test)    # 效果评估
print("The accuracy is %.3f" % acc)    # 打印平均正确率
y_predict = logistic_clf.predict(X_test)    # 进行预测
print(y_predict[:5], y_test[:5])    # 打印预测结果和真实值
```

执行结果如下:

```
The accuracy is 0.971
[1 0 1 0 0] [1 0 1 0 0]
```

不难发现，逻辑回归任务处理流程除使用的模型不同处，其他几乎与线性回归处理完全相同。需要注意的是，在进行实例化时，LogisticRegression 函数的参数全部采用的是默认值，读者也可以参考帮助自行设置。

平均正确率评价指标针对的是所有类别的指标，我们也可以分析各个类别的精确率（Precision）、召回率（Recall）和 F1 值（F1-score）等性能指标，各指标的计算公式如下：

$$\text{Precision}(c_i) = \frac{m_i}{m_i + o_i}$$

$$\text{Recall}(c_i) = \frac{m_i}{n_i}$$

$$F1 - \text{score}(c_i) = \frac{2\text{Precision}(c_i)\text{Recall}(c_i)}{\text{Precision}(c_i) + \text{Recall}(c_i)}$$

上述公式中，c_i 表示第 i 个类别，n_i 表示第 i 类样本的总数，m_i 表示第 i 类样本中预测正确的数目，o_i 表示其他类样本被错误识别为第 i 类的样本数目。

借助 metrics 模块的 classification_report 函数，可以直接得到各类别的性能指标，或借助 confusion_matrix 函数，得到预测结果的混淆矩阵。执行代码如下：

```
from sklearn.metrics import classification_report, confusion_matrix
print(f"{classification_report(y_test, y_predict)}")
print(confusion_matrix(y_test, y_predict))
```

执行结果如下：

```
The accuracy is 0.971
              precision    recall  f1-score   support

           0       0.95      0.97      0.96        63
           1       0.98      0.97      0.98       108

    accuracy                           0.97       171
   macro avg       0.97      0.97      0.97       171
weighted avg       0.97      0.97      0.97       171

[[ 61   2]
 [  3 105]]
```

结果中，第一行表示的是总的平均正确率，左列的 0 和 1 代表类别标签，最右列的 support 表示各类别真实的样本数量。显示结果的最后两行是打印的混淆矩阵，矩阵中的第 i 行第 j 列表示第 i 类真实样本被识别为第 j 类的样本数量。例如，标签为 0 的样本有 2 个被误识别为了类别 1，标签为 1 的样本有 3 个被误识别为了类别 0。通过混淆矩阵，可以方便的查看各类别的误识别情况。

分析前面的代码，会发现我们在调用 train_test_split 函数时，将数据集按 7∶3 的比例由随机状态参数 random_state=1 随机切分了训练集和测试集，最终的结果是在切分后的测试集上得到的。虽然都按 7∶3 进行切分，但不同的随机切分结果得到的训练集和测试集是不同的,从而导致准确率也会不同。为了解决这个问题,人们多采用交叉验证(cross-validation)方式来评估算法性能。简单地理解交叉验证,就是将数据集分为 k 份,每次取其中不同的一份作为测试集,其他 $k-1$ 份作为训练集,重复 k 次实验,综合 k 次的结果分析算法的性能。

Sklearn 的 model_selection 模块提供了交叉验证方法。示例如下:

```
from sklearn.model_selection import cross_val_score
data = load_breast_cancer()     # 加载数据集
X, y = data.data, data.target    # 取得数据特征和标签类别
X = StandardScaler().fit_transform(X)    # 数据标准化
logistic_clf = LogisticRegression()    # 模型实例化
scores = cross_val_score(logistic_clf, X, y, cv=5)    # 分为5份,进行5次验证
print(scores, '\n%0.2f accuracy with std %0.2f'%(scores.mean(), scores.std()))
```

上述代码中,cross_val_score 返回 5 次验证的平均正确率指标,存储在 scores 中。打印时首先打印 scores 的值,然后分别打印 5 次性能的均值和方差,结果如下:

```
[0.98245614 0.98245614 0.97368421 0.97368421 0.99115044]
0.98 accuracy with std 0.01
```

cross_val_score 函数可通过 scoring 参数设置不同的性能指标,如'precision_macro'、'recall_macro'或'f1_macro',分别表示模型的精确率、召回率和 F1 值,它们都是逻辑回归模型常用的性能评价指标。示例如下:

```
scores = cross_val_score(logistic_clf, X, y, cv=5, scoring='precision_macro')
print(scores, '\n%0.2f precision with std %0.2f'%(scores.mean(), scores.std()))
```

执行结果如下:

```
[0.98132984 0.98630137 0.98        0.97410625 0.98837209]
0.98 precision with std 0.01
```

若希望同时得到多个性能指标,则可以使用 cross_validate 函数。例如:

```
from sklearn.model_selection import cross_validate
scoring = ['precision_macro', 'recall_macro', 'f1_macro']
scores = cross_validate(logistic_clf, X, y, cv=5, scoring=scoring)
print(scores)
```

执行结果如下:

```
{'fit_time': array([0.00598359, 0.00598383, 0.00498652, 0.00598383, 0.00598359]),
'score_time': array([0.00099754, 0.00099754, 0.0009973, 0.00099754, 0.00099754]),
'test_precision_macro': array([0.98132984, 0.98630137, 0.98        , 0.97410625,
0.98837209]), 'test_recall_macro': array([0.98132984, 0.97674419, 0.96428571,
0.96924603, 0.99295775]), 'test_f1_macro': array([0.98132984, 0.98115079,
0.9712774 , 0.97158288, 0.99057155])}
```

可以看到，scores 不仅存储了指定的性能指标，还存储了每次验证的拟合时间等多个性能指标。以上给出了交叉验证的简单示例，读者可参考帮助，添加各种参数，完成更为复杂的交叉验证方法。

Sklearn 还提供了许多其他分类算法的接口，如 SVM、贝叶斯模型等，如果要使用另外的算法，只需要更换算法模型，即可构建模型并使用训练集数据进行训练。读者可自行练习。

3.5 无监督学习

所谓无监督学习，是指在没有被标记的样本上解决模式识别中的各种问题。在 3.4 节提到的有监督学习中，最重要信息就是带标签的数据集，类别标签是机器学习的基准之一。若没有这些标签信息作为监督，则此类机器学习算法就是无监督学习算法。

Sklearn 还提供了多种无监督学习算法，如聚类、降维、异常值检测、流形学习等。这类算法也提供了许多接口，用法与有监督学习算法接口类似。表 3-4 给出了部分常用的无监督学习算法。

表 3-4 Sklearn 提供的部分常用无监督学习算法

算法	所属模块	任务	接口举例
聚类（Clustering）	sklearn.cluster	聚类	K-means（K-均值算法）、DBSCAN（基于密度的聚类算法）
降维	decomposition	矩阵分解	PCA（主成分分析）、FastICA（快速独立成分分析）、LDA（线性判别分析）
高斯混合模型（GMM）	sklearn.mixture	分类	GaussianMixture（高斯混合）、BayesianGaussianMixture（贝叶斯高斯混合）
神经网络模型（Neural Networks）	sklearn.neural_network	分类、回归、协同过滤、特征学习	BernoulliRBM（伯努利限制玻尔兹曼机）

下面以部分数据集为例，介绍 Sklearn 在数据降维、聚类以及信号分解等任务的操作。

3.5.1 数据降维实战

数据降维是机器学习中处理高维数据的重要手段之一，将较高的维度变化为较低的维度，可以有效地提高数据的处理效率。常用的数据降维方法有主成分分析（Principal Component Analysis，PCA）和线性判别分析（Linear Discriminant Analysis，LDA）等经典算法。

PCA 算法是典型的无监督降维算法，训练样本不需要标签，该算法通过选择数据中方差最大的属性（主成分或要素空间中的方向）的组合达到降维的目的。而 LDA 是有监督的，训练样本需要标签，该算法通过选取导致类之间差异最大的属性来达到降维效果。PCA 和 LDA 算法的具体原理在此不做介绍。

下面应用这两种方法对鸢尾花（Iris）数据集中的数据进行降维处理，并将结果可视化，以对比两种方法的数据降为效果。Iris 数据集是 Sklearn 提供的小型标准数据集,含有 150 个样本,样本具有 4 个属性:萼片长度、萼片宽度、花瓣长度和花瓣宽度,每个样本的标签是 3 种鸢尾花子类别(Setosa、Versicolour 和 Virginica)之一。

Sklearn 中的 decomposition 模块提供了主成分分析模型 PCA,discriminant_analysis 模块提供了线性判别分析模型 LDA。代码示例如下:

```
from sklearn import datasets
from sklearn.decomposition import PCA
from sklearn.discriminant_analysis import LinearDiscriminantAnalysis
iris = datasets.load_iris()
X, y, target_names = iris.data, iris.target, iris.target_names
titles = ['PCA','LDA']
pca = PCA(n_components=2)    # 实例化,定义一个 PCA 模型,选择前两个主成分
lda = LinearDiscriminantAnalysis(n_components=2)    # 实例化,定义一个 LDA 模型
X_rs = []
X_rs.append( pca.fit(X).transform(X))    # 训练 PCA 模型,将训练结果添加到 X_rs 中
X_rs.append( lda.fit(X, y).transform(X))    # 训练 LDA 模型,将训练结果添加到 X_rs 中
```

两种方法降维后的数据特征变为了 2 列,分别存储到 X_rs 列表中,下面进行可视化展示:

```
% matplotlib notebook
from matplotlib import pyplot as plt
fig, ax = plt.subplots(1,2,figsize=(9,4))
colors = ["navy", "turquoise", "darkorange"]    # 设置类别颜色颜色
for title, X_r, k in zip(titles, X_rs, [0, 1]):
    for color, i, target_name in zip(colors, [0, 1, 2], target_names):
        ax[k].scatter(
            X_r[y==i,0],X_r[y==i,1],color=color,alpha=0.8,lw=2,label=target_name
        )
        ax[k].legend(loc="best", shadow=False, scatterpoints=1)
        ax[k].set_title("%s of IRIS dataset" % title)
```

程序执行结果如图 3-6 所示。

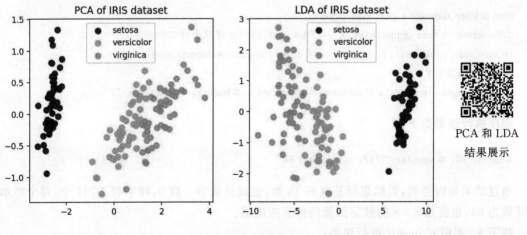

PCA 和 LDA
结果展示

图 3-6 PCA 和 LDA 结果展示

从图中可以看出,降维后的数据最大程度地保留了各类数据的区分性。PCA 作为无监督学习的一种方法,可以获得与有监督学习效果相近的结果。

如果仅仅是为了高维数据的可视化,也可以使用 Sklearn 的 manifold 模块中的 TSNE(T-distributed Stochastic Neighbor Embedding,T 分布随机邻域嵌入)将数据变换到低维空间进行展示,通常用 TSNE 表示这种高维数据的可视化方法。TSNE 将数据点之间的相似性转换为联合概率,并试图最小化低维嵌入和高维数据的联合概率之间的 KL 散度。读者可查阅具体帮助说明,在此不再介绍。

3.5.2 聚类分析实战

所谓聚类分析,是指将数据集中每类特征相似的样本聚在一起的过程。聚类分析又称群分析,聚类过程中的类别数是不确定的,往往需要根据经验提前设置。常见的聚类算法包括 K 均值(K-means)算法、亲和传播(Affinity Propagation)算法、谱聚类(Spectral Clustering)算法、DBSCAN(Density Based Spatial Clustering of Applications with Noise)算法等。

Sklearn 的 cluster 模块提供了大部分的聚类算法。下面以手写数字数据集为例,介绍基于最经典的 K 均值算法进行聚类的方法,以及进行聚类效果评估的方法。K 均值算法通过把样本分离成多个具有相同方差的类的方式来聚集数据,其标准为最小化惯量(inertia)或簇内平方和(within-cluster sum-of-squares)。它可以很好地扩展到大量样本的数据集的情况中,并已经被广泛应用于许多领域。具体实现原理请读者参考其他资料,在此只给出 cluster 模块中的 K 均值聚类模型 K-means 的使用方法。

使用 K-means 进行实例化时,需要设置要聚类的类别数,可以通过参数 n_clusters 来设置,此外,还可以通过参数 init 设置聚类中心初始化方法,如 init 的默认值为'k-means++',表示以智能方式为 K 均值聚类选择初始聚类中心,以加快收敛速度;设置为'random',表示从初始质心中随机选择。此外,为了避免聚类算法陷入局部最小值,可以使用不同的质心种子运行多次,可通过 n_init 参数设置初始化次数。由于 K 均值算法是迭代算法,可通过 max_iter 设置单次运行的最大迭代次数。K-means 在调用时,参数还是比较多的,上面介绍的是几个主要的参数,当然所有参数都可以使用默认值。

下面给出代码示例,首先加载数据:

```
from sklearn.datasets import load_digits
data, labels = load_digits(return_X_y=True)   # 得到所有样本特征和标签
(n_samples, n_features), n_digits = data.shape, np.unique(labels).size
# 打印数据集参数
print(f"# digits: {n_digits}; # samples: {n_samples}; # features: {n_features}")
```

程序执行结果如下:

```
# digits: 10; # samples: 1797; # features: 64
```

通过结果可以得到,数据集标签共有 10 类,也就是数字 0 到 9,样本有 1 797 个,每个样本特征数为 64,也就是 8×8 的数字图像的像素灰度值。

接下来,调用 K-means 进行聚类:

```python
from sklearn.cluster import KMeans
kmeans = KMeans(n_clusters=10, n_init=4, random_state=0)
kmeans.fit(data)
y=kmeans.labels_[:100]
print(y)   # 打印聚类结果前100个样本的类别标签
print(kmeans.cluster_centers_.shape)   # 打印存储各类别类中心的数组的形状
```

结果如下:

```
[4 7 7 3 6 3 1 0 7 3 4 8 2 3 6 9 1 5 7 3 4 8 2 3 6 9 1 5 7 3 4 3 9 9 1 9 4
 3 7 3 7 6 8 5 0 3 9 8 4 4 7 7 5 7 5 4 8 7 1 3 3 5 3 3 6 1 1 1 6 0 8 9 4 3
 9 8 7 8 4 4 8 0 1 3 2 8 5 6 1 3 8 3 3 7 0 7 7 6 3 7]
(10, 64)
```

为了将结果显示到二维空间,即平面坐标系中,可视化之前应先对原始样本降维:

```python
from sklearn.decomposition import PCA
pca = PCA(n_components=2)   # 实例化,定义一个PCA模型,选择前两个主成分
X_r= pca.fit_transform(data[:100])   # 只对前100个样本进行降维用于可视化
```

下面应用 Matplotlib 工具包对聚类结果进行可视化。

```python
from matplotlib.offsetbox import OffsetImage, AnnotationBbox
import matplotlib.pyplot as plt
fig, ax = plt.subplots(1,2,figsize=(10,4))   # 分左、右两个子图显示可视化效果
# 设置左子图绘制颜色
colors=['navy', 'turquoise', 'darkorange', 'red', 'blue',
        'yellow', 'black', 'green', 'grey', '#123456']
# 设置右子图绘制颜色,因左、右子图绘制方式不同,颜色不能通用
cmapcolors=['Greens', 'Greys', 'pink_r', 'Purples', 'gist_earth_r',
            'PuRd', 'Oranges', 'PuBu', 'gray_r', 'BuGn']
# 绘制左子图,用不同颜色的点代表样本
for color, i in zip(colors, range(10)):
    ax[0].scatter(X_r[y==i, 0], X_r[y==i, 1], color=color, alpha=0.8, lw=2, label=str(i))
    ax[0].legend(loc="best", shadow=False, scatterpoints=1, fontsize='xx-small')
# 绘制右子图,直接显示不同颜色的数字图像
ax[1].set_xlim(-35,35)
ax[1].set_ylim(-30,30)
for i in range(100):
    imagebox=OffsetImage(data[i].reshape(8,8),zoom=1,cmap=cmapcolors[labels[i]], alpha=0.65)
    ab = AnnotationBbox(imagebox, xy=X_r[i], frameon=False)
    ax[1].add_artist(ab)
```

程序执行结果如图 3-7 所示。

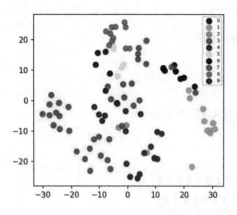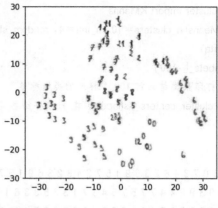

聚类结果
可视化

图 3-7 聚类结果可视化

通过图中的样本点,可以看到各类别样本基本聚在了一起,但也有一些样本距离类中心较远。聚类算法的性能评价指标也有很多,如类内总距离平方和、同质性度量、完整性度量、调和平均值、ARI 指数、AMI 指数、轮廓系数等。Sklearn 的 metrics 模块也提供了聚类算法各种性能指标的评价方法。

下面通过参数 init 来设置三种不同的聚类中心初始化方法,对 K-means 算法进行性能测试。

```
from time import time
from sklearn import metrics    # 该模块用于指标计算
from sklearn.pipeline import make_pipeline    # 该模块用于多个操作连成管道统一处理
from sklearn.preprocessing import StandardScaler    # 该模块用于数据归一化
print(69 * "_")    # 打印分割线
print("init\t\ttime\tinertia\thomo\tcompl\tv-meas\tARI\tAMI")    # 打印表头
print(69 * "_")
pca = PCA(n_components=10).fit(data)    # 将样本降维到 10
# 以下分别定义 5 种聚类初始方法的参数
init_name = ['k-means++(1)', 'k-means++(4)', 'random(1)', 'random(4)', 'PCA']
init_param = ['k-means++', 'k-means++', 'random', 'random', pca.components_]
n_init_v = [1, 4, 1, 4, 1]

for n_init, name, init in zip(n_init_v, init_name, init_param):
    # 应用不同参数进行实例化
    kmeans = KMeans(init=init, n_clusters=n_digits, n_init=n_init, random_state=2)
    # 计算此时模型各项指标并输出
    t0 = time()
    # 使用管道执行聚类算法
    estimator = make_pipeline(StandardScaler(), kmeans).fit(data)
    fit_time = time() - t0    # 得到训练时间
    results = [name, fit_time, estimator[-1].inertia_]    # 第 3 项为类内总距离平方和
    # 定义需要计算的性能指标,以下指标值越大代表性能越好
    clustering_metrics = [
```

```
        metrics.homogeneity_score,       # 同质性度量
        metrics.completeness_score,      # 完整性度量
        metrics.v_measure_score,         # 调和平均值
        metrics.adjusted_rand_score,     # ARI 指数
        metrics.adjusted_mutual_info_score,   # AMI 指数
]
# 利用原始标签和预测得到的标签得到每个性能指标值
results += [m(labels, estimator[-1].labels_) for m in clustering_metrics]
# 展示评估指标结果
formatter_result = (
    "{:9s}\t{:.3f}s\t{:.0f}\t{:.3f}\t{:.3f}\t{:.3f}\t{:.3f}\t{:.3f}"
)
print(formatter_result.format( * results))
print(69 * "_")
```

代码执行结果如下：

init	time	inertia	homo	compl	v-meas	ARI	AMI
k-means++(1)	0.019s	71343	0.616	0.647	0.631	0.504	0.627
k-means++(4)	0.066s	69796	0.661	0.711	0.685	0.549	0.682
random(1)	0.015s	70694	0.664	0.697	0.680	0.546	0.677
random(4)	0.044s	70370	0.616	0.674	0.644	0.486	0.640
PCA	0.018s	72686	0.636	0.658	0.647	0.521	0.643

以上代码，分别使用了五种初始化方法。

（1）前两种方法使用 K-means++，随机选择初始质心，但要求初始类中心相互间的距离尽可能远以加快收敛速度。这种方法是随机的，运行初始化次数分别为 1 和 4。

（2）接下来的两种方法使用随机初始化，随机选择初始质心。这种方法也是随机的，运行初始化次数也分别为 1 和 4。

（3）最后使用基于 PCA（主成分分析）投影的初始化，将原始 64 维高维特征投影到 10 维的低维空间。由于这种方法是确定的，故仅运行 1 次初始化即可。

由运行结果可知，K-means++ 和 random 方法初始化次数不同，在本数据集上各性能指标是有影响的。需要注意的是，随机状态参数设置不同，一般会影响不同方法的性能指标的变化。而经过主成分分析的数据降维后，模型收敛时间得到了极大的缩短，但其他性能指标通常不及其他方法。

3.5.3 盲源信号分离实战

盲源信号分离是指从观测到的多个混合信号中分析出各个原始信号。例如，同时演奏 3 个乐器并且用 4 个麦克风来记录混合信号，如何利用 4 个麦克风得到的 4 个信号将每个乐器

的声音分离出来？盲源信号分离问题常用独立成分分析（Independent Component Analysis，ICA）来恢复各个信号源。ICA旨在寻找满足统计独立和非高斯的成分，将多变量信号分解为独立性最强的加性子成分。

图 3-8 给出了盲源信号分离任务的示意图，本质上盲源信号分离任务就是通过所有观测到的 y_i 来恢复各个原始信号 s_i。

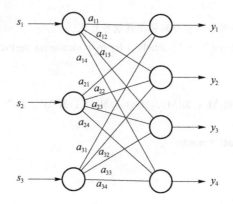

图 3-8 盲源信号分离任务示意图

根据图 3-8 中的表示，观测信号 y_i 可用下式计算：

$$[y_1 \ y_2 \ y_3 \ y_4] = [s_1 \ s_2 \ s_3] \begin{bmatrix} a_{11} & a_{21} & a_{31} \\ a_{12} & a_{22} & a_{32} \\ a_{13} & a_{23} & a_{33} \\ a_{14} & a_{24} & a_{34} \end{bmatrix}^T$$

其中，a_{ij} 表示输入信号 s_i 在观测信号 y_j 中的权重，上式可用矩阵来表示为：

$$Y = SA^T$$

通过上式，我们可以模拟输入数据 s_i 来计算观测数据，在生成观测数据前，s_i 可以加入噪声，然后通过 ICA 算法来恢复信号源。Sklearn 的 decomposition 模块提供了 FastICA 算法来解决此任务。示例如下：

```python
import numpy as np
import matplotlib.pyplot as plt
from scipy import signal   # 使用了 scipy 库，安装 Anaconda 时会默认安装 scipy 库
from sklearn.decomposition import FastICA

# 数据生成
np.random.seed(0)
n_samples = 200
time = np.linspace(0, 8, n_samples)   # 生成采样数据
s1 = np.sin(2 * time)   # 信号1：正弦信号
s2 = np.sign(np.sin(3 * time))   # 信号2：方波信号
s3 = signal.sawtooth(2 * np.pi * time)   # 信号3：锯齿波信号
S = np.c_[s1, s2, s3]   # 将对象沿第二个轴(按列)连接, shape 为(200,3)
S += 0.1 * np.random.normal(size=S.shape)   # 增加噪声
```

```
S /= S.std(axis=0)   # 数据归一化
A = np.array([[1,1,1], [0.5,2,1.0], [1.5,1.0,2.0], [1,0.5,0.75]])   # 混淆矩阵
Y = np.dot(S, A.T)   # 生成观测信号,shape 为(200,4),每列代表一个观测信号

# 计算 ICA
ica = FastICA(n_components=3)
S_ = ica.fit_transform(Y)   # 重构原始信号,shape 为(200,3)
A_ = ica.mixing_   # 获得估计混淆矩阵,shape 为(4,3)

# 开始绘图
plt.figure()
models = [Y, S, S_, ]
names = ["Observation signals", "True Sources", "ICA recovered signals"]
colors = ["red", "steelblue", "orange", "blue"]
for ii, (model, name) in enumerate(zip(models, names), 1):
    plt.subplot(3, 1, ii)   # 准备画每个子图
    plt.title(name)
    for sig, color in zip(model.T, colors):
        plt.plot(sig, color=color)   # 在当前子图中画每个信号
plt.tight_layout()   # 自动调整子图大小
```

代码执行结果如图 3-9 所示,可以看出 ICA 可以较好地分离出各个成分信号。需要注意的是,ICA 分离出的信号顺序与初始的源信号顺序不对应,另外分离出的信号幅值与原始源信号也不对应,但在形态域上具备相似性。

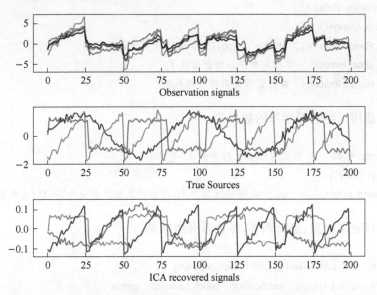

图 3-9　ICA 算法可视化结果

本节通过三个实战实例向读者介绍了无监督学习里常用的降维和聚类等方法,并详细讲解了如何通过 Sklearn 构建一些常用的无监督学习模型,以及如何对模型的效果进行评估,读

者通过学习这些方法,可进一步举一反三,更好更快地针对实际问题提出解决方法。

3.6 半监督学习实战

前面已经介绍了有监督学习和无监督学习,读者可通过数据是否存在标签来选择具体的机器学习算法。在实际应用中,得到的数据往往只有部分样本有标注好的标签,还有大量样本没有标签,解决这样的任务就需要使用半监督学习方法。

标签传播算法是最典型的半监督学习算法之一。该模型可用于分类和回归任务,使用内核方法将数据投影到备用维度空间。当训练样本中有少量的有标签数据和大量的无标签数据时,可以获得较好的结果。

Sklearn 的 semi_supervised 模块提供了两种标签传播模型:LabelPropagation 和 LabelSpreading。两者都是通过在输入数据集中的所有样本上构建相似图来进行工作,只是对图形的相似性矩阵以及对标签分布的夹持效应(Clamping Effect)不太一样,两者的具体原理不在此展开讨论,请读者参考其他资料。

下面以手写数字识别问题为例,使用 LabelSpreading 模型来完成仅有少量样本有标签的手写数字数据集的分类任务。

首先载入数据:

```
import numpy as np
from sklearn import datasets
digits = datasets.load_digits()
total = len(digits.data)
indices = np.arange(total)
np.random.RandomState(2).shuffle(indices)   # indices 变为乱序序列
X = digits.data[indices]    # 打乱顺序后的数据样本
y = digits.target[indices]  # 打乱顺序后的数据标签
```

接下来构造用于半监督学习的数据集:

```
labeled_points = 40    # 设置有标签数据为前 40 个样本
y_train = np.copy(y)
y_train[labeled_points:] = -1   # 将训练集中 40 以后的数据标签设为"-1"(去标签)
```

下面就可以定义模型、进行训练,并查看分类结果。

```
from sklearn.semi_supervised import LabelSpreading
from sklearn.metrics import classification_report,confusion_matrix
lp_model = LabelSpreading(gamma=0.25)   # 实例化 LabelSpreading 模型,gamma 是超参数
lp_model.fit(X, y_train)   # 训练模型
pred_labels = lp_model.transduction_[labeled_points:]   # 获取预测结果
true_labels = y[labeled_points:]    # 获取真实标签
```

```python
# 查看模型分类结果报告
print(
    "Label Spreading model：%d labeled & %d unlabeled points（%d total）"
    %（labeled_points, total - labeled_points, total)
)
print(classification_report(true_labels, pred_labels))  # 打印性能指标
print(confusion_matrix(true_labels, pred_labels))  # 打印混淆矩阵
```

程序执行结果如下：

```
Label Spreading model：40 labeled & 1757 unlabeled points（1797 total）
              precision    recall   f1-score   support

           0       1.00      1.00      1.00       176
           1       0.81      0.97      0.88       177
           2       0.98      0.93      0.95       175
           3       0.98      0.93      0.95       182
           4       0.97      0.98      0.98       173
           5       0.90      0.96      0.93       176
           6       0.99      1.00      1.00       173
           7       0.98      0.96      0.97       176
           8       0.92      0.80      0.86       173
           9       0.93      0.89      0.91       176

    accuracy                           0.94      1757
   macro avg       0.95      0.94      0.94      1757
weighted avg       0.95      0.94      0.94      1757

[[176   0   0   0   0   0   0   0   0   0]
 [  0 172   0   0   3   1   0   0   0   1]
 [  0  10 163   1   0   0   0   0   1   0]
 [  0   0   0 169   0   2   0   1   5   5]
 [  0   0   0   0 170   0   0   3   0   0]
 [  0   0   0   0   0 169   1   0   0   6]
 [  0   0   0   0   0   0 173   0   0   0]
 [  0   0   0   0   0   6   0 169   1   0]
 [  0  28   4   0   1   0   0   0 140   0]
 [  0   1   0   2   1   9   0   0   5 158]]
```

通过结果可以看到，仅仅使用 40 个训练样本，就可以得到平均正确率为 0.94 的性能，显然效果还是非常明显的。混淆矩阵展示了各类别样本识别为不同类别的数量统计，可以发现每个类别样本大多数都是识别正确的，识别正确的样本数量即对角线上的值。下面选择 10 个识别错误的图像进行展示：

```
%matplotlib notebook
import matplotlib.pyplot as plt
error_index = np.where(pred_labels-true_labels != 0)[0]  # 得到所有错误结果的索引
f = plt.figure(figsize=(7, 5))   # 画图
f.suptitle("Learning with small amount of labeled data")
for i, index in enumerate(error_index[:10]):
    image = X[index + labeled_points].reshape(8,8)
    sub = f.add_subplot(2, 5, i + 1)   # 通过2行5列的方式展示每个子图
    sub.imshow(image, cmap=plt.cm.gray_r)
    plt.xticks([])   # 不显示坐标轴
    plt.yticks([])
    sub.set_title(    # 通过副标题显示预测标签与真实标签
        "predict: %i\ntrue: %i" % (pred_labels[index], true_labels[index])
    )
```

执行结果如图 3-10 所示，显然这些误识别的图像确实书写质量非常差，即使人来识别也可能会出错。

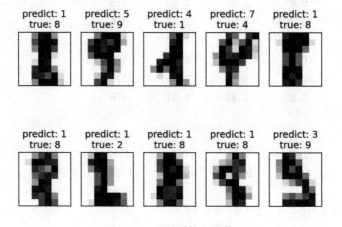

图 3-10 误识别数字图像

由于半监督学习考虑了全部样本的分布，因此性能上优于比只训练少量有标签样本的逻辑回归算法。下面还是以上例中的 40 个带标签样本来训练一个一般的逻辑回归分类器，对剩余标签进行分类，可对比分类效果。代码如下：

```
from sklearn import ensemble
clf = ensemble.ExtraTreesClassifier()   # 实例化极限树分类模型
clf = clf.fit(X[:labeled_points], y_train[:labeled_points])   # 训练模型
pred = clf.predict(X[labeled_points:])   # 预测
print(classification_report(y[labeled_points:], pred))   # 打印性能指标
print(confusion_matrix(y[labeled_points:], pred))   # 打印混淆矩阵
```

执行结果如下：

	precision	recall	f1-score	support
0	0.96	0.81	0.88	176
1	0.49	0.82	0.62	177
2	0.88	0.25	0.38	175
3	0.94	0.25	0.40	182
4	0.46	0.98	0.62	173
5	0.68	0.90	0.77	176
6	0.82	0.98	0.89	173
7	0.83	0.77	0.80	176
8	0.96	0.13	0.22	173
9	0.64	0.78	0.70	176
accuracy			0.67	1757
macro avg	0.77	0.67	0.63	1757
weighted avg	0.77	0.67	0.63	1757

```
[[155   0   0   0   8   0  10   0   0   3]
 [  0 135   0   0  32   0   4   1   0   5]
 [  0  98  59   0  10   0   7   1   0   0]
 [  1   7  19  54   1  58   5   7   0  30]
 [  0   0   0   0 170   0   0   3   0   0]
 [  0   0   0   0   2 162   3   0   0   9]
 [  0   2   0   0   0 170   0   0   0   0]
 [  0   0   0   0  39   6   0 131   0   0]
 [  0  22   0   1  67  18  33   3  23   6]
 [  0   2   0   3  12  17   1   2   0 139]]
```

显然，此时有监督学习算法的性能远低于半监督学习方法，这是因为训练样本过少易导致模型过拟合。这也给我们一些启示，在处理实际问题时，若训练样本较少，且需要预测的样本在训练前已经获得，则可以考虑半监督学习方法，以提升识别的性能。

本 章 小 结

本章主要介绍了 Python 语言的机器学习工具包 Scikit-learn 在数据预处理、数据集使用、有监督学习、无监督学习和半监督学习等方面的基本使用方法，并给出了多个实战案例。相信读者经过本章的学习，对该工具包已经有了较为深入的了解，并能在今后遇到的各种机器学习任务中熟练地应用 Scikit-learn 中相应的模块来解决问题。

Scikit-learn 将各种机器学习算法的实现进行了封装，读者在使用该工具包解决实际问题时可以不需要深入透彻地理解各个算法的原理。因此读者学习各个模块时，应重点了解模块的功能，遇到实际问题时能够选择合适的方法。本书并未对算法的原理和实现过程展开论述，对机器学习算法感兴趣的读者可查阅相关资料。

习 题

(1) 线性回归算法和逻辑回归算法的评价指标有哪些,分别是如何定义的?

(2) 聚类算法的评价指标有哪些,分别是如何定义的?

(3) 设 X 为区间 $[0,100)$ 中的 P 个均匀采样点, $Y=(X+5)^2+10+N$, N 是均值为 μ、标准差为 σ 的高斯随机噪声。试选取不同的 P、μ、σ 值,构造 X 和 Y 数据集,然后分别通过线性回归学习得到 X 和 Y 之间的不同的回归方程,并分析不同取值对回归方程误差的影响。

(4) 试分别采用逻辑回归、贝叶斯分类器、SVM 分类器和决策树分类器等算法,针对手写数字数据集进行训练,并验证不同算法的性能。

(5) 试分别采用 K 均值、亲和传播、谱聚类和 DBSCAN 等算法,针对手写数字数据集进行聚类,并验证不同算法的聚类性能。

(6) 试分析半监督学习技术与有监督学习和无监督学习的区别,及其应用场景。

第 4 章

深度学习基础

4.1 人工神经网络起源

4.1.1 MP 模型

1943 年,美国心理学家沃伦·麦卡洛克(Warren McCulloch)和数理逻辑学家沃尔特·皮茨(Walter Pitts)提出了人工神经网络的概念及人工神经元的数学模型,并命名为 McCulloch-Pitts 模型,简称 MP 模型,从而开创了人工神经网络研究的时代。

MP 模型的数学描述如图 4-1 所示。某神经元接受其他 n 个神经元的输入信号,信号值为 0 或 1,所有输入信号加权求和,将结果与给定的阈值 b(也被称为偏置)进行比较,然后通过某种激活函数 f 对数据处理,最终得到该神经元的输出。其计算公式如下所示:

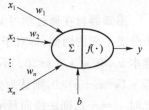

图 4-1 MP 模型

$$y = f\left(\sum_{i=1}^{n} x_i w_i + b\right) = f(\boldsymbol{w}^\mathrm{T}\boldsymbol{x} + b)$$

其中,$\boldsymbol{x}$ 和 $\boldsymbol{w}$ 为均为列向量,$\boldsymbol{x} = \{x_1, \ldots, x_n\}^\mathrm{T}$。不难发现,现在的各种神经网络中,其神经元与 MP 模型几乎完全一致,只是 MP 模型没有训练的概念,所有的权值、阈值及激活函数都需要提前算好。神经元激活函数可以有多种选择,如图 4-2 给出了部分常见的激活函数。

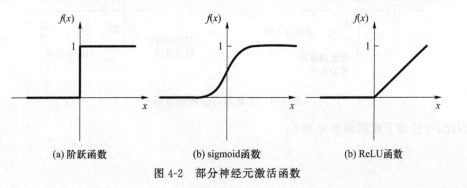

图 4-2 部分神经元激活函数

4.1.2 感知器模型

1949年,心理学家唐纳德·赫布(Donald Olding Hebb)提出了神经元学习法则。该法则又称为赫布法则(Hebbian Rule)。唐纳德·赫布在《行为的组织》一书中给出了赫布法则的简单描述:

当细胞A的一个轴突和细胞B很近,足以对其产生影响,并且持久地、不断地使细胞B兴奋时,这两个细胞或其中之一会发生某种生长或新陈代谢变化,使得A成为能使B兴奋的细胞之一,且其影响也加强了。

美国神经学家弗兰克·罗森布拉特(Frank Rosenblatt)由此进一步推进了人工神经网络的发展,他提出了可以模拟人类感知能力的机器,并称之为感知器模型(Perceptron Model)。1957年,他成功地在IBM 704计算机上完成了感知器的仿真。两年后,他实现了基于感知器的神经计算机——Mark1。在赫布法则的基础上,罗森布拉特发展了一种迭代、试错、类似于人类学习过程的学习算法——感知器学习,除了能够识别英文字母外,感知器也能对不同书写方式的字母图像进行概括和归纳。

感知器可看作是一种用于线性可分数据集上的二分类器算法,通常两类结果分别用-1和+1表示,激活函数采用sign符号函数:

$$\text{sign}(w^T x + b) = \begin{cases} +1, & w^T x + b > 0 \\ 0, & w^T x + b = 0 \\ -1, & w^T x + b < 0 \end{cases}$$

感知器旨在通过学习 w 和 b,得到一个分类平面 $w^T x + b = 0$,使得两类样本刚好分布在这个分类平面的两侧,即对于类别为+1的每个类样 x_i,有 $w^T x_i + b > 0$,而对于类别为-1的每个样本 x_i,有 $w^T x_i + b < 0$。不难发现,分类平面的法线向量是 w^T。对于每个训练样本 (x_i, y_i),若 $y_i(w^T x_i + b) > 0$,则认为分类正确,无须修改 w 和 b;若 $y_i(w^T x_i + b) < 0$,则认为分类错误,若此时 $y_i = +1$,则法线向量 w^T 应向向量 x_i 旋转,b 应增大;反之,则背向 x_i 旋转,b 应减小,如图4-3所示。

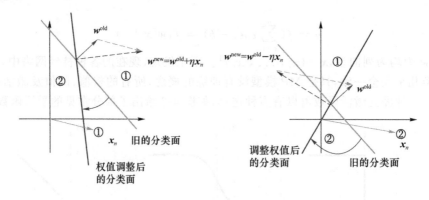

图 4-3 参数学习过程示意图

因此,可按如下规则调整 w 和 b:

$$w \leftarrow w + \eta y_i x_i$$
$$b \leftarrow b + \eta y_i$$

其中，η 为学习率。为了表示方便，有时设 $w_0=b, x_{i0}=1$，则感知器模型直接表示为：
$$y=\text{sign}(\boldsymbol{w}^{\text{T}}\boldsymbol{x})$$

权值调整统一为：
$$\boldsymbol{w} \leftarrow \boldsymbol{w} + \eta y_i \boldsymbol{x}_i$$

由此可见，感知器模型的学习算法主要是在发现分类错误时，通过输入值 $\boldsymbol{x}_i$ 和预期输出结果 y_i 来不断迭代调整各个权值。一旦所有训练样本全部分类正确，则 w 学习完成，可直接通过 $\boldsymbol{w}^{\text{T}}\boldsymbol{x}+b$ 的正负来预测新样本 $\boldsymbol{x}$ 的类别。

这个过程可用如下 Python 代码进行验证：

```
import numpy as np
x = np.array([[0,0],[0,1],[1,1],[1,0]])  #输入样本特征
y = [-1,1,1,1]  #类别标签
np.random.seed(0)
w = np.random.rand(3)
change = True
rate = 0.2   #学习率
X = np.hstack((np.ones(4).reshape(4,1), x))  #添加 x0
while (change):
    change = False
    for i in range(4):
        if (y[i] * np.sign(np.dot(w, X[i]))<0):
            w = w + rate * y[i] * X[i]
            change = True
            print('w:', w)  #打印更新后的权值
print ('result:', np.dot(X, w))  #打印激活函数的输入
```

执行结果如下：

```
w: [0.3488135  0.71518937 0.60276338]
w: [0.1488135  0.71518937 0.60276338]
w: [-0.0511865  0.71518937 0.60276338]
result: [-0.0511865  0.55157688 1.26676625 0.66400287]
```

分析结果可以看到，w 经过三次更新，便可以完成学习过程。最后一行的结果为激活函数的输入值，而激活是符号函数，因此经过符号函数后，便与设定的类别标签完全一致。

在实际应用中，训练样本往往比较多，每次遇到错误分类就进行参数学习使得 w 的学习过程较慢，因此可在每次训练样本全部完成时，将所有分类错误累加来调整 w。通常，用所有错分样本到分类平面的距离之和来构建损失。我们知道，错分样本 x_i 到分类平面的距离可表示为：

$$\text{Distance} = \frac{|\boldsymbol{w}^{\text{T}}\boldsymbol{x}_i|}{\|\boldsymbol{w}\|} = \frac{-y_i(\boldsymbol{w}^{\text{T}}\boldsymbol{x}_i)}{\|\boldsymbol{w}\|}$$

其中，$\|\boldsymbol{w}\|$ 为 w 的 2-范数，即 $\|\boldsymbol{w}\| = \sqrt{w_1^2+w_2^2+\cdots+w_n^2}$。考虑到 w 可进行归一化，因此可不考虑 $\frac{1}{\|\boldsymbol{w}\|}$。所以，感知器模型的损失函数可定义为：

$$\text{Loss}(w) = -\sum_{x_i \in E} y_i(w^T x_i)$$

其中，E为所有错误分类样本集合。为了使该损失函数最小，采用梯度下降法求解，可得到w的学习规则：

$$w \leftarrow w + \eta \sum y_i x_i$$

单层感知器模型虽然简单，只能处理线性可分的分类问题，但其直接推动了后续人工神经网络、支撑向量机(Support Vector Machine, SVM)等研究热点。

1969年，马文·明斯基(Marvin Minsky)和西蒙·派珀特(Seymour Papert)在 *Perceptrons* 一书中仔细分析了以感知器为代表的单层神经网络系统的功能及局限，证明感知器不能解决简单的异或(XOR)等线性不可分问题。其实，当时已有人提出利用多层感知器网络(Multi-Layer Perceptron, MLP)能够解决此问题，但未引起人们的重视。自此，人工神经网络的研究逐步进入低潮期。

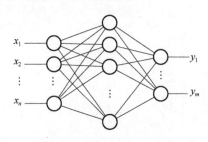

图 4-4 三层感知器模型

多层感知器是指某些神经元的输出又作为其他神经元的输入，一层一层将信号向前传递，因此也被称为前馈神经网络(Feed-forward Neural Network)。若将输入和输出也当作两层，则中间各层都可称为隐藏层。仅含有一个隐藏层的三层感知器网络如图4-4所示，该网络有n个输入，m个输出，需要注意的是，每个神经元节点都有相应的偏置项，图中只是没有显式地画出，设该模型隐藏层共有h个结点，则不难得到模型所有的网络参数个数为$(n+1)h+(h+1)m$。

4.1.3 误差反向传播算法

当人们逐渐认识到多层感知器可以解决线性不可分问题后，加之20世纪80年代人们提出的误差反向传播算法(Back Propagation, BP)，人工神经网络的研究再次成为人工智能领域的研究热点。BP算法系统地解决了多层神经网络隐含层连接权重的学习问题，并在数学上给出了完整的推导。

BP网络仍具有多层感知器的结构，但由于采取了误差反向传播算法来调整权值，因此每个神经元必须采用可导的激活函数$f(\cdot)$，如sigmoid函数等，而不能采用传统感知器模型中不可导的符号函数或阶跃函数。

下面以图4-5所示的网络为例，来分析BP网络的参数学习。图中的每个输入结点用$x_i (i=1,\cdots,n)$表示，第i个输入层结点到第j个隐藏层结点的权重表示为$w_{ij}^{(1)}$，第j个隐藏层结点到第1个输出层结点的权重表示为$w_{j1}^{(2)}$，所有变量的上标表示相应的层号。为了便于计算，图中将隐藏层结点和输出层结点中的结点拆解开来，$h_j(j=1,\cdots,k)$表示每个隐藏层结点的输出，y表示输出层结点的输出，因此有：

$$z_j^{(1)} = \sum_{i=1}^{n} w_{ij}^{(1)} x_i + b_j^{(1)}$$
$$h_j = f(z_j^{(1)})$$

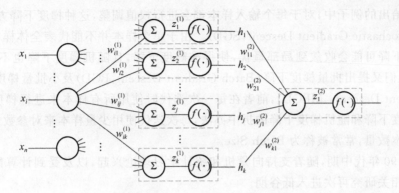

图 4-5　含有 n 个输入结点、k 个隐藏结点和 1 个输出结点的 BP 网络

$$z_1^{(2)} = \sum_{j=1}^{k} w_{j1}^{(2)} h_j + b_j^{(2)}$$

$$y = f(z_1^{(2)})$$

输入 x 后，BP 网络的输出 y 与对应的实际标签 $\hat{y}$（有时也称为 Ground Truth）不同时，网络需要进行权值学习，此时需定义损失函数（Loss Function 或 Error Function）来表示实际输出与期望输出的差异程度，并根据损失函数的值来调整 w 和 b。损失函数的定义有多种形式，常见的损失函数最小方差损失，其定义如下所示：

$$\mathrm{Loss}(y) = \frac{1}{2}(y - \hat{y})^2$$

为了使损失函数达到最小值，一般需要采用梯度下降法（Gradient Descent）来不断调整权值。根据"链式求导法则"，损失函数对每个权值进行求导计算如下：

$$\nabla w_{j1}^{(2)} = \frac{\partial \mathrm{Loss}(y)}{\partial w_{j1}^{(2)}} = \frac{\partial \mathrm{Loss}(y)}{\partial y} \frac{\partial y}{\partial z_1^{(2)}} \frac{\partial z_1^{(2)}}{\partial w_{j1}^{(2)}}$$

$$= (y - \hat{y}) f'(z_1^{(2)}) h_j$$

$$\nabla b_j^{(2)} = \frac{\partial \mathrm{Loss}(y)}{\partial b_j^{(2)}} = \frac{\partial \mathrm{Loss}(y)}{\partial y} \frac{\partial y}{\partial z_1^{(2)}} \frac{\partial z_1^{(2)}}{\partial b_j^{(2)}}$$

$$= (y - \hat{y}) f'(z_1^{(2)})$$

$$\nabla w_{ij}^{(1)} = \frac{\partial \mathrm{Loss}(y)}{\partial w_{ij}^{(1)}} = \frac{\partial \mathrm{Loss}(y)}{\partial y} \frac{\partial y}{\partial z_1^{(2)}} \frac{\partial z_1^{(2)}}{\partial h_j} \frac{\partial h_j}{\partial z_j^{(1)}} \frac{\partial z_j^{(1)}}{\partial w_{ij}^{(1)}}$$

$$= (y - \hat{y}) f'(z_1^{(2)}) w_{j1}^{(2)} f'(z_j^{(1)}) x_i$$

$$\nabla b_j^{(1)} = \frac{\partial \mathrm{Loss}(y)}{\partial b_j^{(1)}} = \frac{\partial \mathrm{Loss}(y)}{\partial y} \frac{\partial y}{\partial z_1^{(2)}} \frac{\partial z_1^{(2)}}{\partial h_j} \frac{\partial h_j}{\partial z_j^{(1)}} \frac{\partial z_j^{(1)}}{\partial b_j^{(1)}}$$

$$= (y - \hat{y}) f'(z_1^{(2)}) w_{j1}^{(2)} f'(z_j^{(1)})$$

得到各个权值 w 的导数后，便可以按如下公式进行权值调整：

$$w \leftarrow w - \eta \nabla w$$

其中，η 为学习率。对于输出层含有 m 个输出结点的网络，最小方差损失定义如下：

$$\mathrm{Loss}(y) = \frac{1}{2} \sum_{i=1}^{m} (y_i - \hat{y}_i)^2$$

其求导方法类似，读者可自行推导。对于含有多个隐藏层的 BP 网络，其权值学习方法依然可采用链式求导法则，采用与上述方法类似的方法进行学习，在此不再分析。

在上面给出的例子中,对于每个输入样本都会进行权值调整,这种梯度下降方法称为随机梯度下降(Stochastic Gradient Descent,SGD)。由于单个样本并不能代表全体样本的趋势,因此随机梯度下降可能会收敛到局部最优,使得准确度下降,且随机梯度下降也不易于并行实现。因此,人们又提出批量梯度下降(Batch Gradient Descent,BGD)及小批量梯度下降(Mini-Batch Gradient Descent,MBGD),前者在每一次迭代时使用所有样本来进行梯度的更新,后者是批量梯度下降和随机梯度下降的折中办法,每次迭代使用少量样本来对参数进行更新,每次使用的样本数量,常常被称为Batch Size。

20世纪90年代中期,随着支持向量机和统计学习理论兴起,以及受到计算能力的限制,神经网络的相关研究再次进入低谷期。

4.2 深度学习基本原理

随着互联网的飞速发展,大量的数据层出不穷,同时芯片和计算机的算力也不断地提升,这就使得人们不断提出新的模型来应用大数据和高算力,从而有效解决以前难以处理的问题,其中以深度学习模型为代表的方法可以说是引领了人工智能的第三次浪潮。

所谓深度学习,直观的理解可以认为是不断加深神经网络的隐藏层层数,使得以前的浅层神经网络拓展为深层的神经网络。但为什么层数加深就可以取得更好的效果呢?在此不做深入探讨,简单的理解可认为浅层的网络提取的特征比较低级,而随着网络层数的不断增加,可以提取更高层次的特征,如语义特征。以图像识别为例,浅层网络提取的特征仅仅是图像的颜色、纹理、形状等信息,而高层特征可以得到图像中的物体是什么等语义信息。

显而易见,随着网络模型层数的增加,需要学习的参数也会大大增加,从而容易导致模型过拟合问题。这就要求人们在设计网络模型时,各层不能都采用全连接神经网络(Fully Connected Neural Network),这种网络的每个结点都与前一层的所有结点有连接,因此参数过多,容易过拟合且训练较慢。为此,基于深度学习,人们提出了各种新的网络模型,如卷积神经网络模型、注意力模型、Transformer模型等。此外,针对不同的网络模型,人们也提出了各种各样的激活函数、损失函数、梯度下降优化器、池化操作以及各种避免模型过拟合的方法等相关技术。

4.2.1 卷积神经网络基本原理

卷积神经网络(CNN)是当前常用的一种特殊人工神经网络,其最重要的特征是卷积操作。卷积神经网络在许多应用中都表现非常出色,尤其是与图像相关的任务,如图像分类、图像语义分割、图像检索、对象检测和其他计算机视觉问题。随着对其研究的不断深入,在诸如自然语言处理中的文本分类、软件工程数据挖掘中的软件缺陷预测等,也都试图利用卷积神经网络来解决问题,并取得了比传统方法甚至其他深度网络模型更好的预测结果。

早在1989年,Yann LeCun等人在提出使用BP网络进行手写数字识别时就提到了卷积计算的思想,该网络在后来被称为LeNet-1。1998年,Yann LeCun等人提出了卷积神经网络的概念,并以此提出了LeNet-5网络模型,成功应用于手写数字识别实际系统中。谷歌在2015年提出GoogLeNet网络模型时,将字母"L"大写,也是向其前身LeNet系列模型致敬。

此后,众多经典的深度网络模型,如 AlexNet、ResNet、SeNet 等,都是基于卷积神经网络,层数也在不断地加深,由原来的简单几层增加到了超过一百层的深度卷积网络。

卷积神经网络的设计思想基于人们对视觉信息的分层处理机制,人们在识别看到的物体时,可认为是一种由浅层特征到深层特征、由局部特征到全局特征的处理方式,最终得到正确的分类结果。卷积神经网络也是通过不同尺度的感受野获取图像的边缘信息、局部特征、深层特征,最终获得物体的分类结果或其他任务结果。

经典的卷积神经网络主要有:卷积层、池化层、激活函数层以及全连接层。

(1) 卷积层

简单的卷积层基本运算如图 4-6(a)所示。其中,输入和输出矩阵称为特征图(Feature Map),卷积核(又称滑动窗口)结构为 2×2。通过将卷积核在输入特征图中不断滑动,用输入特征图与卷积核对应元素相乘后求和,得到卷积后的特征结果,输出结果每个元素代表了每个区域的特征,然后可以选择是否添加偏置项,得到最终的卷积层输出特征图。

在实际应用中,输入特征图是多维的,相当于有多层,每个层称为通道(Channel),因此卷积核的层数应与输入特征图的通道数相同。为了提取不同的纹理特征,卷积核也不止一个,显然 N 个卷积核得到的输出特征图的通道数为 N,如图 4-6(b)所示。不难发现,输出结果的某元素越大,输入特征图中对应位置的区域与卷积核越相似。卷积核的各个元素就是要学习更新的主要网络参数,通过多次反向传播进行迭代学习后,卷积层就可以有效地提取输入数据的特征,并且通过局部区域的感受野,减少了网络的参数量。

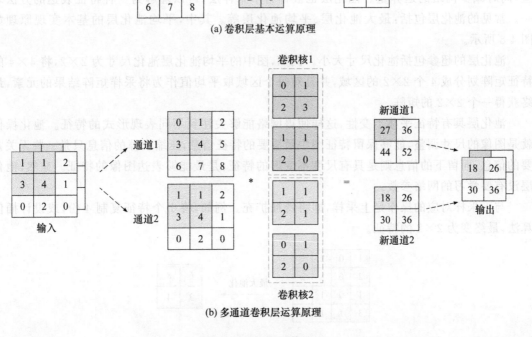

图 4-6 卷积层运算原理

在卷积核每次滑动时,前后或上下滑动的距离称为步长(Stride),在图 4-6 的示例中,滑动步长均为 1。为了控制输出特征图的高度和宽度,在进行卷积操作前可对输入特征图的四周进行行列扩充(Padding)。图 4-7 给出了卷积核为 2×2,步长为 2,填充为 1 的卷积操作示例。

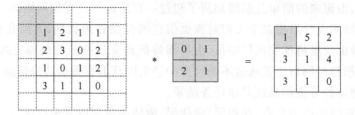

图 4-7 卷积运算示例

不难得出,对于高度、宽度和通道数分别为 H、W、C 的输入特征图,若有 N 个尺寸为 $K_1 \times K_2$ 的卷积核(即卷积核的高度、宽度和通道数分别为 K_1、K_2、C),设 Stride 为 S,Padding 为 P,得到的输出特征图的高度、宽度和通道数分别为 H_o、W_o、N,其中:

$$H_o = (H - K_1 + 2 \times P)/S + 1$$
$$W_o = (W - K_2 + 2 \times P)/S + 1$$

并且需要学习的卷积核参数共有 $C \times N \times K_1 \times K_2$ 个。对于卷积层的操作,可以得出,乘法操作数量为 $C \times K_1 \times K_2 \times N \times H_o \times W_o$,加法操作数目为 $(C \times K_1 \times K_2 - 1) \times N \times H_o \times W_o$。若考虑偏置项,则加法操作数目为 $C \times K_1 \times K_2 \times N \times H_o \times W_o$。

随着研究的深入,人们又发明了很多特殊的卷积操作,如 Depthwise 卷积、Pointwise 卷积、空洞卷积、反卷积等,在此不再详细介绍。

(2) 池化层

池化层,一般连接在卷积层后,通过卷积后输出的特征结果进行下采样,降低过拟合的风险,同时减少网络的运算量。池化层也被称为下采样层,可以理解为一种特征表达的方法之一。常见的池化层包括:最大池化层、平均池化层等。其中,平均池化层的基本实现原理如图 4-8 所示。

池化层的超参包括池化尺寸大小。例如,图中的平均池化层池化尺寸为 2×2,将 4×4 的特征矩阵划分成 4 个 2×2 的区域,并且对每个区域取平均值作为将采样矩阵结果的元素,最终获得一个 2×2 的矩阵。

池化层具有特征平移不变性,这样使得网络能够关注到不同表现形式的特征。池化操作就是图像的尺寸调整,能够保留特征图中最重要的特征信息,压缩去掉的信息只是一些无关紧要的信息,而留下的信息则是具有尺度不变形的特征,是最能够表达图像的特征。显然,池化层没有要学习的网络参数。

与下采样对应的操作是上采样,即将特征扩充。例如,将 1 个特征复制 4 份,或设计插值算法,最终变为 2×2 的特征。

图 4-8 池化层运算原理示例(最大池化)

(3) 激活函数层

激活函数层的主要作用是提供网络的非线性建模能力。如果没有激活函数,那么网络只能够表达线性映射,此时即便有更多的隐藏层,整个网络跟单层的神经网络也是等价的,感兴趣的读者可以自行证明。只有为神经网络引入非线性因素后,神经网络才具备了分层的非线性映射学习的能力。

为了减少运算,激活函数层多在池化层之后,对于池化层得到的每个特征图的元素,通常都需要经过激活函数层进行非线性处理。当然,激活函数层在池化层之前,对卷积层输出的特征图进行非线性处理也是可以的。激活函数层也没有需要学习的网络参数。

表4-1给出了部分常见的激活函数。其中,在LeNet-5网络中,激活函数使用了sigmoid函数。在后来的很多网络模型中,如Alexnet网络,激活函数大都使用了ReLU函数。

表 4-1 部分常见的激活函数

函数名称	公式
sigmoid 函数	$f(x)=\dfrac{1}{1+e^{-x}}$
tanh 函数	$f(x)=\dfrac{1-e^{-2x}}{1+e^{-2x}}$
ReLU 函数	$f(x)=\begin{cases}0,&x<0\\x,&x\geq 0\end{cases}$
LeakyReLU 函数	$f(x)=\begin{cases}0,&x<0\\\lambda x,&x\geq 0\end{cases}$ λ 为需要设置的参数

(4) 全连接层

全连接层在整个卷积神经网络中起到"分类器"的作用,其基本运算原理同感知器网络相同。对于卷积层、池化层和激活函数层的操作是将原始数据映射到隐层特征空间,而全连接层则起到将学到的隐层特征表示映射到样本标记空间的作用。

设单层全连接层的输入输出结点数量分别为 n 和 m,则需要学习的参数数量应为 $(n+1)\times m$。在实际应用中,全连接层也可以由卷积操作实现,如使用 m 个带偏置项的 1×1 的卷积核为卷积层,读者可自行证明。全连接层的核心操作就是矩阵向量相乘,对前面输出的隐层特征进行加权求和后映射到标记空间。

4.2.2 常见卷积神经网络模型

(1) LeNet-5

LeNet-5网络是Yan LeCun在1998年设计的用于手写数字识别的卷积神经网络,用来识别手写数字0~9。网络的输入是一个灰度图像,输出是10个结点,分别表示结果为数字0~9的标识。

LeNet-5共有7层(不包括输入层),每层都包含不同数量的训练参数,如图4-9所示。

从图中可以看到,LeNet-5网络结构主要有3个卷积层(C1、C3和C5)、2个池化层(S2和S4)、2个全连接层(F6和OUTPUT)。每个池化层和F6层后面接上激活函数层均为sigmoid函数,在OUTPUT层之后的激活函数层为sigmoid函数,在图中不再显式画出。3个卷积层采用的都是 5×5 大小的卷积核,卷积核每次滑动一个像素(stride=1),padding 为 0。下面针对每一层进行详细解释。

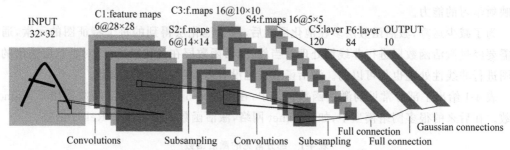

注:该图来源于 Yun Lecun 等的论文"Gradient-Based Learning Applied to Document Recognition"

图 4-9 LeNet-5 网络结构

卷积层 C1:模型输入是 32×32 的单通道灰度图像,经过 6 个卷积核,卷积结果的每个结点与 1 个偏置参数相加,得到的加和输入激活函数,激活函数的输出即是本层输出的特征图节点的值。最终输出的特征图为 6 通道,每通道的特征图尺寸为 28×28。不难分析,其本层参数个数为(5×5+1)×6=156,连接数为 156×28×28=122 304 个。

池化层 S2:将卷积层 C1 输出的特征图经过 S2 进行 2×2 平均池化,池化后每个结点乘以 1 个权值后与 1 个偏置项求和,并通过激活函数,最终得到 S2 的输出特征图。同一个通道对应的权值和偏置项是共享的。输出特征图仍为 6 通道,每通道的特征图变为 14×14。本层参数个数为(1+1)×6=12,连接数为(2×2+1)×6×14×14= 5 880 个。

卷积层 C3:本层的输入特征图为 6 通道,尺寸为 14×14。在进行卷积运算时,采用了比较特殊的处理,即使用的 16 个卷积核的通道数是不同的,如表 4-2 所示。其中前 6 个卷积核为 3 通道,以 S2 中 3 个相邻的特征图子集为输入。接下来 6 个卷积核为 4 通道,以 S2 中 4 个相邻特征图子集为输入。然后的 3 个卷积核也为 4 通道,但以 S2 中不相邻的 4 个特征图子集为输入。最后一个卷积核为 6 通道,将 S2 中所有特征图为输入。卷积之后每个结点同样和 1 个偏置项相加,得到的加和输入激活函数,最终得到卷积层 C3 的特征图为 16 通道,每通道的特征图为 10×10。本层参数个数为(5×5×3+1)×6+(5×5×4+1)×(6+3)+ (5×5×6+1)= 1 516,连接数为 1516×10×10=151 600 个。

表 4-2 LeNet-5 卷积层 C3 输出特征图与输入特征图通道对应关系

输入通道	输出通道															
	0	1	2	3	4	5	6	7	8	9	10	11	12	13	14	15
0	X				X	X	X			X	X	X	X		X	X	X
1	X	X				X	X	X			X	X	X	X		X	X
2	X	X	X				X	X	X			X		X	X		X
3		X	X	X			X	X	X	X			X		X		X
4			X	X	X			X	X	X	X		4	X		X	X
5				X	X	X			X	X	X	X		X		X	X

池化层 S4:该层的处理方式与 S2 相同,将卷积层 C3 的 16 通道 10×10 的特征图进行 2×2 池化,池化后每个结点都需要乘以 1 个权值,然后与 1 个偏置项相加,再进入激活函数层。得到的输出特征图仍为 16 通道,每个特征图变为 5×5。本层参数个数为(1+1)×16=32,连接

数为$(2\times2+1)\times6\times14\times14=5880$个。

卷积层C5：本层的输入特征图为16通道，尺寸为5×5，共有卷积核120个，每个卷积核也是16通道5×5大小，因此得到120个输出结点。加上偏置项，本层参数个数为$(5\times5\times16+1)\times120=48120$，因为每个输出特征图大小为1×1，因此连接数也为48120个。显然该层也可以当作全连接层处理，参数量和连接数是一样的。考虑到若LeNet-5的输入图像大小比32×32大，则输出特征图的尺寸会大于1×1，因此本层依然称为卷积层。

全连接层F6：本层为全连接层，输入为120个结点，输出为84个结点，因此可训练参数和连接数均为$(120+1)\times84=10164$。为什么选择输出结点的个数为84呢？这是因为所有可打印的ASCII字符构成的标准字符集的符号形状都可以用长和宽分别为7和12的二值图像表示。图像的每个像素为1个bit，其值表示对应的位置为黑点或白点。因此，每个字符可以表示为84个bit。由此，F6层的输出相当于得到了输入对应的7×12的标准二值图像。

OUTPUT层：该层即输出层，也是全连接层，共有10个输出节点，分别代表数字0到9的标识。如果节点i的值为0，则网络识别的结果是数字i。该层采用欧式径向基函数（Radial Basis Function，RBF）的网络连接方式。这种方式不同于传统的全连接层将每个输入结点乘以权值得到加权和，而是采用如下的计算公式得到输出：

$$y_i = \sum_j (x_j - w_{ij})^2$$

其中，x_j表示上层的每个结点，y_i表示输出结点，w_{ij}为连接权值。显然本层可训练参数和连接数均为$84\times10=840$。

在训练时，LeNet-5网络可以最小化最简单的输出损失函数——极大似然估计准则（MLE），在此网络中，它等价于最小均方误差（MSE）。此外，损失函数也可以在最小均方误差基础上加上对错误分类进行惩罚的惩罚项。训练LeNet-5网络使用了MNIST数据集，该数据集有6万个训练样本。

LeNet-5是非常高效的用于手写体字符识别的卷积神经网络，它很好地利用了图像的结构信息。卷积层的主要特点是局部连接和共享权重，这也决定了网络的参数较少，总共有6万多个。这些特点使得模型在提高识别精度的基础上，也加快了模型训练的速度。

（2）AlexNet

AlexNet是Alex与Hinton等人于2012年提出的，并在该年的ImageNet LSVRC-2012比赛中，得到了85.5%的top-5准确率，同时也获得了当年ImageNet竞赛的冠军。ImageNet是由美国斯坦福的计算机科学家李飞飞团队于2009年构建完成的目前世界上图像识别最大的数据库。自2010年至2017年，ImageNet每年都会举办ImageNet大规模视觉识别挑战赛（ILSVRC），邀请全球的研究团队在给定的数据集（通常是ImageNet的子集）上评估其算法在图像分类、目标定位、目标检测等几项视觉识别任务中的性能，并进行排名。ImageNet数据集及其大规模视觉识别挑战赛直接推动了当前人工智能特别是计算机视觉领域的快速发展，其意义影响深远。

ILSVRC-2012数据集是ImageNet数据集的子集，由120万张图片组成训练集，5万张图像作为验证集，15万张图像为测试集，总共有1 000个类别，且包含了多种不同分辨率的图像。AlexNet要求输入图像的分辨率为256×256，所以模型通过低采样率将图像的分辨率统一为输入标准，即首先将图像短边缩放到256，再通过按中心剪裁方法得到一个边长为256的正方形图片。

在训练之前，首先对输入图像进行数据增强以扩充训练集，具体处理方法之一是将每个图像随机地切分为多个224×224大小的子图像块（patch），并允许图像翻转，从而使训练集增大为原来的 2 048 倍。这种图像增强方式由 CPU 完成，得到的子图像块无须存储磁盘，直接由内存加载到模型中进行训练。数据增强的另一种处理形式是对训练图像中 RGB 通道的值加入噪声进行扰动。

在最后的测试过程中，网络通过提取 5 个 224×224 个图像块，即 4 个角的子图像和中心子图像，以及它们的水平反射共计 10 个子图像块进行预测，最终结果是网络模型对这 10 个子图像块的预测结果进行平均。

AlexNet 网络结构如图 4-10 所示。不难发现该网络结构类似于 LeNet-5，也是由多个卷积层、池化层和全连接层构成，但在很多细节处理上又有自己的独特之处。因为该网络模型参数较多，所以采用了两个 GPU 同时训练，因此网络结构明确地显示了两个 GPU 之间的职责划分。一个 GPU 运行图上部的子网络，另一个 GPU 运行图下部的子网络，上、下两个子网络的结构完全相同。GPU 只在某些层进行通信。

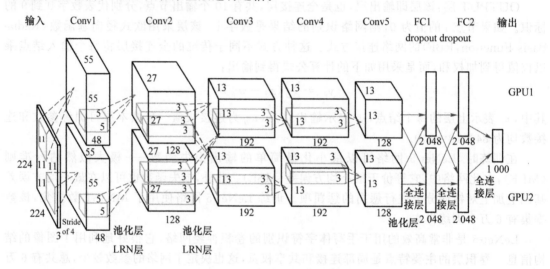

图 4-10　AlexNet 网络结构

下面将上、下两个子网络合在一起，简单分析一下该模型的结构。

首先，输入层为 3 通道 224×224 的图像，经过上、下子网络共计 96 个 11×11×3 大小的卷积核，按 stride=4，padding=1（或 padding=0，计算时除运算结果取上整数），得到卷积结果大小为 55×55×96。为解决反向传播时出现的梯度消失或梯度爆炸问题，AlexNet 网络除最后一层外，其他各层的激活函数均采用了 ReLU 函数，加快了随机梯度下降的收敛速度。在 ReLU 操作之后，AlexNet 还增加了局部响应归一化（Local Response Normalization，LRN），防止数据过拟合。接下来的池化层采用了重叠的最大池化方法，按 3×3 步长为 2 进行池化，这种池化方法避免了平均池化层的模糊化效果，并且步长比池化的核尺寸小，使得池化层的输出之间有重叠，提升了特征的丰富性。池化后的结果为 27×27×96。

接下来进入第二个卷积层，第二个卷积层采用了 256 个 5×5×128 的卷积核，按 stride=1，padding=2，得到卷积结果大小为 27×27×256。后面的激活函数层、LRN 层和池化层与前面相同，最终得到池化后的结果为 13×13×256。

第三个卷积层采用了 384 个 3×3×128 的卷积核，按 stride=1，padding=1，得到卷积结果大小为 13×13×384。结果 ReLU 激活函数后，直接进入第四个卷积层。第四个卷积层也采用了 384 个 3×3×192 的卷积核，按 stride=1，padding=1，得到卷积结果大小仍为 13×

13×384。结果 ReLU 激活函数后,直接进入第五个卷积层。该卷积层采用了 256 个 3×3×128 的卷积核,按 stride=1,padding=1,得到卷积结果为大小为 13×13×256。结果 ReLU 激活函数后,经过重叠的最大池化,得到池化后的结果为 6×6×256。

接下来是三个全连接层,其中前两层全连接层均采用 ReLU 函数作为激活函数,最后一层全连接层直接使用 softmax 函数得到每个类别的概率,对应的损失函数也是 softmax 损失,由于采用独热 One-hot 标签编码,因此该损失等同于交叉熵损失。第一个全连接层,其输入是两个子网络的前一层的所有输出结点,因此输入结点共计 9 216 个。该层神经元总数为 4 096 个,每个子网络的神经元为 2 048 个,因此每个 GPU 在该层计算的参数有 (9 216+1)×2 048=18 876 416 个。第二个全连接层输入结点为 4 096 个,神经元总数为 4 096 个。最后一个全连接层,神经元数目为 1 000 个,其中采用的 softmax 函数定义如下:

$$y_i = \frac{e^{z_i}}{\sum_j e^{z_j}}$$

其中:$z_i = \sum_k w_{ki} x_k + b_i$;$y_i$ 表示第 i 个结点的输出,表示测试样本属于第 i 个类别的概率;x_k 为前一层输出结点的值;w_{ki} 和 b_i 是要学习的参数。

为了避免在训练时模型出现过拟合,AlexNet 提出了 Dropout 的思想,即每次迭代训练时在前两个全连接层都按照 0.5 的概率暂时从网络中随机去掉了一些神经节点。Dropout 技术后来常被应用于各种网络模型中的全连接层,增加了网络的泛化能力。

(3) 其他常见网络模型

LeNet 和 AlexNet 是早期比较典型的卷积神经网络,也激发了后来的研究者们提出各种网络模型。表 4-3 给出了历年在 ILSVRC 比赛或知名学术会议中提出的比较有影响力的卷积神经网络模型。

表 4-3 常见卷积神经网络模型

时间	模型	发表	特点	团队组成
2012 年	AlexNet	ILSVRC 图像分类和目标定位两个任务冠军	5 个卷积层加 2 个全连接层,提出了 Dropout 的思想	多伦多大学 Hinton 团队
2013 年	ZFNet	ILSVRC 图像分类任务冠军	可认为是 AlexNet 的升级版	纽约大学
	OverFeat	ILSVRC 目标定位任务冠军	使用同一个 CNN 网络来集成图像分类、定位和检测三个任务	纽约大学 Yann Lecun 团队
2014 年	VGGNet	ILSVRC 目标定位任务冠军、分类任务亚军	可认为是加深版本的 AlexNet	牛津大学计算机视觉组与谷歌 DeepMind 公司
	GoogLeNet V1	ILSVRC 图像分类任务冠军	提出了被称为 Inception 的"基础神经元"结构	Google
	R-CNN (Region-CNN)	用于目标检测任务,CVPR2014 论文	第一个成功将深度学习应用到目标检测上的算法	加利福尼亚大学伯克利分校

续表

时间	模型	发表	特点	团队组成
2015年	Fast R-CNN	用于目标检测任务，ICCV2015论文	将R-CNN众多步骤整合在一起，提高了检测速度和准确率	微软研究院
	ResNet	包揽ILSVRC图像分类、目标定位和目标检测三个任务冠军	提出了残差的概念	微软研究院
2016年	ResNeXt	ILSVRC图像分类任务亚军	可认为是ResNet网络的升级版	加利福尼亚大学伯克利分校与FaceBook
	DenseNet	CVPR 2017最佳论文	提出了Dense Block模块	康奈尔大学、清华大学等
	YOLO	目标检测经典模型，CVPR2016论文	网络包括24个卷积层和2个全连接层、能够处理实时视频流，延迟小于25 ms	华盛顿大学
	SSD	目标检测经典模型，ECCV 2016论文	采用多尺度特征图，以先验框为基准预测边界框	北卡罗来纳大学教堂山分校、Zoox等
2017年	SENet	ILSVRC图像分类任务冠军	提出了通道上的注意力机制	Momenta与牛津大学
	DPN	ILSVRC目标定位任务冠军	结合了ResNet和DenseNet的优点	新加坡国立大学、北京理工学院等
	MobileNet	轻量级网络模型	采取剪枝、量化、权重共享等方法，压缩模型	Google
	SqueezeNet	轻量级网络模型，ICLR 2017会议论文	开拓了模型压缩方向	Deepscale、加州大学伯克莱分校等
2018年	ShuffleNet	轻量级网络模型，CVPR2018会议论文	使用Channel Shuffle改变数据流向，减小了模型参数量和计算量	旷视科技
	MobileNetV2	CVPR2018会议论文	MobileNet的升级版本	Google
	ShuffleNetV2	ECCV2018会议论文	ShuffleNet的升级版本	旷视科技
2019年	MobileNetV3	ICCV2019会议论文	MobileNetV3的升级版本	Google
	EfficientNet	ICML 2019会议论文	提出了复合模型扩张方法	Google
2021年	EfficientNetV2	PMLR2021会议论文	EfficientNet的升级版本	Google

下面选取一些常见的网络模型进行简单介绍。

VGGNet 研究了卷积神经网络的深度与其性能之间的关系，成功构建了 16~19 层深度的系列网络，可以看成是加深版本的 AlexNet。VGGNet 和 AlexNet 都是由卷积层、全连接层两大部分构成，比较经典的 VGGNet 有 VGG16（16 层）和 VGG19（19 层）。VGGNet 摒弃了 AlexNet 曾经用到的 LRN 层，并发现多个小卷积核比单个大卷积核性能好，因此其各个卷积层只有 3×3 卷积与 2×2 池化，非常简洁优美。VGGNet 证明了增加网络的深度能够在一定程度上影响网络最终的性能，使错误率大幅下降，同时拓展性又很强，迁移到其他图片数据上的泛化性也非常好。因此，VGGNet 常被用作提取图像特征的网络模型。

GoogLeNet 提出了一种被称为 Inception 的网络结构，Inception 可看作是一种"基础神经元"结构，通过 Inception 的网络结构，可搭建各种具有稀疏性和高计算性能的网络模型。提出 Inception 结构的动机是，在不损失网络性能的条件下既能保持网络结构的稀疏性，又能利用密集矩阵的高计算性能。历经了 V1、V2、V3、V4 等多个版本的发展，Inception 逐渐趋于完善。GoogLeNet 的计算效率明显高于 VGGNet，训练参数的数量相当于 AlexNet 的 1/12。

残差网络模型（Residual Network，ResNet）获得了 ILSVRC2015 的冠军。它的特点是大量使用了 Identify Mapping（一致变换），使得网络更容易学习。ResNet 在网络的末端使用平均池化来代替前两个全连接层，也减少了网络的参数量。ResNet 结构可以有不同的网络层数，比较常用的是 ResNet50（50 层）、ResNet101（101 层）、ResNet152（152 层）等，这几个网络层数越大，性能越好。

上述几种模型被称为骨干（backbone）模型，骨干模型可以有效地自动提取输入样本的特征。这些模型提取的特征可用于下游各种实际任务，如图像分类、图像分割、目标检测（或称为目标定位）、目标跟踪等。

4.2.3 循环神经网络基本原理

自然语言处理（Natural Language Processing，NLP）领域的相关研究，如语音识别、语言建模、机器翻译等，处理的数据对象都是各类时间序列数据，这与图像数据有明显的区别。为了处理这类问题，人们提出了循环神经网络（Recurrent Neural Network，RNN）的概念。循环神经网络是以序列（sequence）数据为输入，每次输入序列中的一个或一段数据，通常都对应有输出结果。每次根据输入数据和标签信息，网络进行参数更新。因此，循环神经网络可在序列的演进方向进行递归（recursion）操作，所有循环单元按链式进行连接。

图 4-11 给出了最简化的循环神经网络的不同表示形式。其中图(a)展示了循环神经网络随时间 T 演进的直观表示，图中画出了不同时刻的神经网络。在 $t-1$ 时刻，网络输入为 X_{t-1}，而隐藏层的输出 h_{t-1} 除了参与计算网络的输出外，还用于计算在 t 时刻的隐藏层的输出。因此，隐藏层的输出 h_t 的计算，不同于传统的神经网络只来自输入层 X_t，而是通过当前时刻的输入 X_t 和上一时刻隐藏层的输出 h_{t-1} 共同计算得到的，公式如下：

$$h_t = f(Uh_{t-1} + WX_t + b)$$

相对于不同的神经网络只需要训练网络参数 W 和 b，循环神经网络还需要训练网络参数 U。h_t 也常被称为隐藏状态。

将图 4-11(a)中各层结点简化后，可表示为图(b)的形式，更进一步地简化，可表示为图(c)的形式。

在使用传统的循环神经网络时，需要顺序输入序列数据，不能同时输入整个序列进行训练，而是每输入一个样本，就需要训练一次，然后再输入下一个样本进行训练。因此，其训练速度较慢。

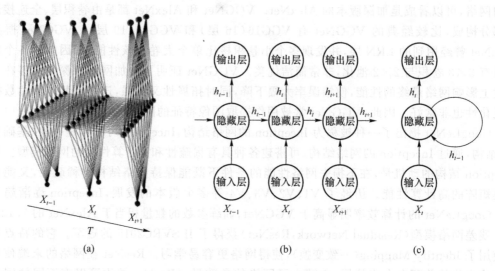

图 4-11　循环神经网络示意图

对循环神经网络的研究可以追溯到 20 世纪 80 年代，如今已发展为当前深度学习领域的重要研究方向，如双向循环神经网络（Bidirectional RNN, Bi-RNN）、长短期记忆网络（Long Short-term Memory Networks, LSTM）以及门控循环单元（Gated Recurrent Unit, GRU）等，都是常见的循环神经网络。这些方法在当时都取得了非常好的序列处理效果。

随着人们对序列到序列（Seq2Seq）任务的深入研究，人们又提出了注意力机制（Attention）、Transformer、BERT、GPG 等模型，这些模型不再基于循环神经网络的框架，并且可以同时输入整个序列进行并行训练，因此训练速度得到本质的提高，而且性能也取得了一系列令人惊叹的效果。这些处理技术和思想除了在自然语言处理、语音识别等领域外，也逐步渗入到其他多个研究领域，如计算机视觉领域等，并成为了当前的研究热点之一。

4.3　了解深度学习框架与开放平台

4.3.1　深度学习框架的作用

我们在设计和实习每个深度学习模型时，往往需要进行大量的重复性工作，编写很多重复的程序代码。为了提高开发效率，人们把编写深度学习模型的几个必要过程和很多重复的代码全部提炼出来，并把它们变成基础的模块。这样，我们在设计和实现每个具体的模型时，可以直接调用这些基础的模块，从而大幅度降低设计和编写深度学习模型的门槛，提高工作效率。而这些模块的积累和组合过程中，逐步形成了一个相对稳定和通用的最佳组合，这就是我们所说的"深度学习框架"。借助深度学习框架，我们可以快速开发、训练和部署各种深度学习模型，达到了事半功倍的效果。

在第 1 章我们就了解了当前流行的各种深度学习框架，如 FaceBook 的 PyTorch、百度的飞桨（PaddlePaddle）、谷歌的 TensorFlow、华为的 MindSpore 等。后续章节的示例讲解中，我们将以 PyTorch 深度学习框架为基础进行学习。

4.3.2 静态计算图与动态计算图

几乎所有的深度学习框架都是基于计算图的,计算图是一种将计算过程进行图形化的表示方法。计算图通常分为动态计算图和静态计算图。

静态计算图先定义再运行(define and run),一次定义多次运行,而动态图是在运行过程中被定义的,在运行的时候构建(define by run),可以多次构建多次运行。静态图在定义时使用了特殊的语法,无法使用 if、while、for-loop 等常用的 Python 语句,一旦创建就不可以修改,而且调试非常复杂,因此编写静态图代码不能采用传统的编程思路。而动态图就没有这个问题,它可以使用 if、while、for-loop 等条件语句,最终创建的计算图取决于执行的条件分支,因此编写动态图代码非常简单。当然,从执行效率来说,显然静态图的执行效率更高。

在 TensorFlow 最初推出时,只支持静态图编程方法。而 PyTorch 一经推出就是使用动态计算图的深度学习框架,在 PyTorch 中,每一次前向传播(每一次运行代码)都会创建一副新的图,因此广受好评。谷歌发布的 TensorFlow 2.0 也支持动态计算图和 Autograph 计算图。目前,各种深度学习框架都已经支持动态图编写方法。

4.3.3 深度学习开放平台

深度学习模型在训练或推理时,由于涉及大量的矩阵运算(例如,计算各输入特征与权值的乘积之和),因此需要大量的计算资源,且很多运算可以并行处理。在计算量较大的情况下,使用传统的 CPU(Central Processing Unit,中央处理器单元)进行计算往往显得效率低下。因此,对于很多深度学习模型来说,往往需要 GPU(Graphics Processing Unit,图形处理单元)、AI 专用计算芯片等深度学习加速卡来提升训练或推理的效率。

在编写、训练和测试深度学习模型时,可以使用普通计算机进行小规模的训练。通常,对于大规模的模型训练,会部署到安装有深度学习加速卡的服务器上进行。为了方便开发人员使用较为充足的计算资源,很多企业开发部署了深度学习开发平台,供开发者免费或有偿使用。用户登录此类平台后,既可以在平台上开发、训练、测试自己编写的深度学习模型,又可以调用或测试平台提供的各种深度学习模型。下面列举一些常见的平台。

(1) 百度推出的 AI Studio 开放平台

该平台是基于百度深度学习平台飞桨的人工智能学习与实训社区,如图 4-12 所示,可提供在线编程环境、免费 GPU 算力、海量开源算法和开放数据,帮助开发者快速创建和部署模型。

(2) 华为推出的 ModelArts 开放平台

该平台是面向开发者的一站式 AI 平台,为机器学习与深度学习提供海量数据预处理及交互式智能标注、大规模分布式训练、自动化模型生成,及端-边-云模型按需部署能力,可帮助开发者快速创建和部署模型,管理全周期 AI 工作流,如图 4-13 所示。

(3) 中国移动推出的九天·毕昇一站式人工智能学习和实战平台

该平台基于中国移动九天深度学习平台发布,可为 AI 学习者提供充沛的 GPU 算力、丰富的数据和学习实战资源,服务课程学习、比赛打榜、工作求职等全流程场景,并面向高校提供在线教学、科研开发的一站式解决方案,如图 4-14 所示。

图 4-12　百度 AI Studio 界面

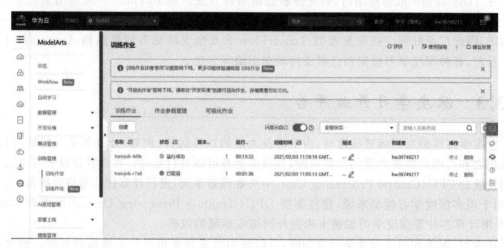

图 4-13　华为 ModelArts 开放平台

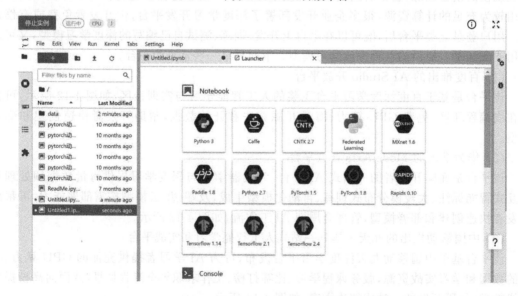

图 4-14　中国移动九天·毕昇一站式人工智能学习和实战平台

本章小结

本章首先回顾了人工神经网络的起源,介绍了 MP 模型、感知器模型和误差反向传播算法;然后讲述了深度学习基本原理,包括卷积神经网络原理和各种基于卷积神经网络的模型,以及循环神经网络基本原理;接着介绍了深度学习框架的作用、深度学习框架中的静态计算图和动态计算图;最后介绍了国内常见的深度学习开放平台,读者可基于这些平台编写程序或开发、训练自己设计的神经网络模型。

习 题

(1) 试基于 Numpy 编写三层 BP 网络模型,并使用简单数据集进行训练和测试模型性能。

(2) 试分析 AlexNet 每层要训练的参数量。

(3) 试分析经典的循环神经网络模型 RNN、LSTM、GRU 的特点。

(4) 试分析静态计算图和动态计算图的特点。

(5) 试用国内外比较著名的深度学习开放平台,并分析这些平台对当前流行的深度学习框架的支持情况。

第 5 章

PyTorch 基础

5.1 PyTorch 概述

在第 1 章中已经简要介绍了 PyTorch 深度学习框架的特点。PyTorch 相对于当前流行的其他深度学习框架，如 TensorFlow 等，更易于初学者学习和使用。因此，本书以 PyTorch 为例，讲述深度学习入门的实践例程。读者在掌握了 PyTorch 深度学习框架的基本使用方法后，可以很容易地学习其他深度学习框架。

安装 PyTorch 有多种方法，访问其官网 https：//PyTorch.org/，可以找到官网提供的 PyTorch 在不同环境下的安装方法，如图 5-1 所示。用户选择不同的需求和环境选项，最后一行页面给出的对应安装命令也不同。

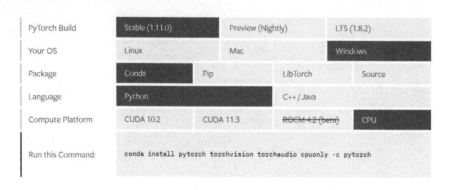

PyTtorch 官网网址

图 5-1 PyTorch 官网提供的安装方法

图中第一行选择安装的 PyTorch 类别，分为适用于大多数用户的稳定版（Stable）、喜欢关注最新功能的预览版（Preview）和适用于企业的的长期支持版（LTS）。第二行选择用户自己的操作系统。第三行选择安装方式，通常使用 Conda 或 Pip。第四行选择使用 PyTorch 的开发语言，PyTorch 支持 Python 语言、C++语言和 Java 语言，需要注意的是，选择 C++语言和 Java 语言只能采用 LibTorch 进行安装。第四行选择 PyTorch 在开发或应用时的计算环境，若自己的系统有英伟达公司的 GPU 支持，则可以选择系统中相应的 CUDA 环境，这样可以加快模型的训练和推理速度,否则,就在CPU环境下进行运算。CUDA是由英伟达推出的通用并行计算架构,可使GPU能够快速进行复杂的计算问题,如矩阵乘法运算。

在图中最后一行给出的安装命令中可以发现,除了安装PyTorch框架外,默认还会安装torchvision和torchaudio两个扩展包。其中torchvision包括了流行的计算机视觉数据集、模型架构和常见图像转换库,torchaudio是音频和信号处理库,提供I/O、信号和数据处理功能、数据集、模型实现和应用程序组件等。在安装PyTorch时,可根据自己的需要选择是否安装这两个包。

需要注意的是,安装命令后面的"-c pytorch"表示Conda使用名称为pytorch的通道(chennel)进行安装。若用户自己的Conda环境未配置该通道可删除"-c pytorch",或使用自己配置的通道进行安装以加快安装速度。

我们也可以使用pip包管理器进行安装,以Linux平台下Cuda11.3版本PyTorch1.10.2版本为例,安装命令如下:

```
pip3 install torch==1.10.2+cu113 torchvision==0.11.3+cu113 torchaudio==0.10.2+cu113 -f https://download.PyTorch.org/whl/cu113/torch_stable.html
```

其他版本或早期版本同理。

PyTorch安装完成后,可进入Python环境检测是否安装成功:

```
>>> import torch   # 导入PyTorch
>>> print(f'Torch版本为:{torch.__version__}')
Torch版本为1.10.2+cu113
>>> print(f'Torch是否可使用CUDA:{torch.cuda.is_available()}')
Torch是否可使用CUDA:True
```

接下来就可以应用PyTorch框架进行深度学习模型开发了。

5.2 张量与自动求导

PyTorch使用中有几个比较重要的概念,如张量(Tensor)、自动求导(Autograd)等,需要初学者理解,并灵活使用。

5.2.1 张量

张量,即Tensor,是指包含多个数据类型相同的数据的多维矩阵,是PyTorch最重要的数据结构。PyTorch中模型的输入、输出和模型参数均使用Tensor进行编码。Tensor放到GPU上进行运算时可加速运行,同时Tensor针对自动微分也进行了优化。Tensor类似于NumPy的ndarray类型,两者可以共享底层内存。

(1)初始化张量

张量可以用Python的list数据进行初始化,并自动判断其数据类型,也可以使用NumPy数组进行初始化。张量和NumPy数组也可以互相转化。示例如下:

```
import torch  # 导入 PyTorch
import numpy as np  # 导入 NumPy

data = [[1, 2],[3, 4]]
np_array = np.array(data)    # 用 list 数组创建 Numpy 对象
t = torch.tensor(data)    # 用 list 数组创建 Tensor 对象
tensor_from_np = torch.from_numpy(np_array)    # 用 NumPy 数组创建 Tensor 对象

np_from_tensor = t.numpy()    # 将 Tensor 对象转换为 NumPy 数组
listdata = tensor_from_np.tolist()    # 将 Tensor 对象转换为 list 数组
print(t, '\n', np_from_tensor, '\n', listdata)
```

执行结果如下：

```
tensor([[1, 2],
        [3, 4]])
 [[1 2]
 [3 4]]
 [[1, 2], [3, 4]]
```

也可以从另一个张量对象复制数据来初始化新的张量，例如：

```
tensor_data = t.clone()    # 返回与 t 值相同的 tensor,新对象存储在新的内存中
new_data = t.detach()    # 返回与 t 完全相同的 tensor,新对象与旧对象 t 共享内存
ones_data = torch.ones_like(t)    # 和 t 形状一致的全 1 张量
zeros_data = torch.zeros_like(t)    # 和 t 形状一致的全 0 张量
rand_data = torch.rand_like(t, dtype=torch.float)    # 和 t 形状一致的随机浮点数张量
```

（2）张量的属性

张量的属性描述了其形状、数据类型、存储设备及在内存中的存储形式等信息。张量的形状表示各个维度的大小。张量支持的数据类型主要是不同精度的浮点数和整数，如 32bit 的 float 类型、64bit 的 double 类型等。存储设备是指张量在 CPU 上计算，还是在 GPU 上计算。张量在内存中的存储形式表示是按稠密矩阵存储，还是按稀疏矩阵存储。

例如：

```
tensor = torch.rand(3,4)    # 3x4 的随机 tensor
print(f"张量形状：{tensor.shape}")
print(f"张量数据类型：{tensor.dtype}")
print(f"张量存储设备：{tensor.device}")
```

执行结果如下：

```
张量形状：torch.Size([3, 4])
张量数据类型：torch.float32
张量存储设备：cpu
```

Tensor 也可存储的 GPU 上进行加速运算，例如：

```
device = torch.device("cuda" if torch.cuda.is_available() else "cpu")   # 判断是否可用 CUDA 加速运算
print(device)
tensor = tensor.to(device)  # 将 Tensor 放到 GPU 上
print(f"张量存储设备：{tensor.device}")
```

若系统中有 CUDA 支持的 GPU，执行结果如下：

```
device(type='cuda:0')
张量存储设备：cuda:0
```

否则，执行结果如下：

```
device(type='cpu')
张量存储设备：cpu
```

此外，张量也有转置属性 T、梯度属性 grad 及表示是否需要跟踪梯度的 bool 类型属性 requires_grad 等等，这些属性的使用将在后续章节中陆续介绍。

(3) 索引和切片

张量的索引和切片类似 NumPy 的索引和切片。示例如下：

```
tensor = torch.randint(1,100,(4,4))   # 4 行 4 列，各元素值为[1,100]区间的随机数
print(f"第一行：{tensor[0]}")
print(f"第一列：{tensor[:,0]}")
print(f"最后一列：{tensor[...,-1]}")   # ...和：是一样的
tensor[:,1] = 0   # 第二列置为 0
print(tensor)
```

输出结果如下：

```
第一行：tensor([ 6, 35, 54, 26])
第一列：tensor([ 6, 75, 65, 86])
最后一列：tensor([26,  7, 94, 28])
tensor([[ 6,  0, 54, 26],
        [75,  0, 42,  7],
        [65,  0, 70, 94],
        [86,  0, 10, 28]])
```

(4) 张量连接

多个张量可以在某个维度上进行连接，除要连接的维度值不同外，其他维度的值应保持一致，否则不可以进行连接。例如，若两个张量的形状分别为[2,4]和[3,4]，则可以在第一个维度，即纵向上进行连接。示例如下：

```
tensor1 = torch.randint(1,100,(4,4))
tensor2 = torch.rand(3,4)
tensor3 = torch.rand(4,2)
t1 = torch.cat([tensor1, tensor2], dim=0)    # 纵向连接
t2 = torch.cat((tensor1, tensor3), dim=1)    # 横向连接,用()和[]均可
print(tensor1.shape, tensor2.shape, tensor3.shape, t1.shape, t2.shape)
```

执行结果如下:

torch.Size([4, 4]) torch.Size([3, 4]) torch.Size([4, 2]) torch.Size([7, 4]) torch.Size([4, 6])

torch.cat 函数返回张量维度不会变,只是连接维度上的值变为各个被连接的张量在该维度的值之和。除了 torch.cat 函数外,torch.stack 函数也可以进行连接,不过各个被连接的张量的各个维度值都应一致,返回的新张量维度会多增加一维。示例如下:

```
tensor1 = torch.randint(1,100,(2, 4))
tensor2 = torch.zeros(2,4)
tensor3 = torch.ones(2,4)
t1 = torch.stack([tensor1, tensor2, tensor3],dim=0)
t2 = torch.stack((tensor1, tensor2, tensor3),dim=1)
t3 = torch.stack((tensor1, tensor2, tensor3),dim=2)
print(tensor1.shape, tensor2.shape, tensor3.shape, t1.shape, t2.shape, t3.shape)
t1,t2,t3
```

执行结果如下:

torch.Size([2, 4]) torch.Size([2, 4]) torch.Size([2, 4]) torch.Size([3, 2, 4]) torch.Size([2, 3, 4]) torch.Size([2, 4, 3])
```
(tensor([[[11.,  7., 57.,  9.],
         [62., 79., 87., 94.]],

        [[ 0.,  0.,  0.,  0.],
         [ 0.,  0.,  0.,  0.]],

        [[ 1.,  1.,  1.,  1.],
         [ 1.,  1.,  1.,  1.]]]),
 tensor([[[11.,  7., 57.,  9.],
         [ 0.,  0.,  0.,  0.],
         [ 1.,  1.,  1.,  1.]],

        [[62., 79., 87., 94.],
         [ 0.,  0.,  0.,  0.],
         [ 1.,  1.,  1.,  1.]]]),
```

```
tensor([[[11.,  0.,  1.],
         [ 7.,  0.,  1.],
         [57.,  0.,  1.],
         [ 9.,  0.,  1.]],

        [[62.,  0.,  1.],
         [79.,  0.,  1.],
         [87.,  0.,  1.],
         [94.,  0.,  1.]]]))
```

(5) 数学运算

张量作为矩阵,可以进行加、减、乘、转置、按元素乘、按元素除等操作。示例如下:

```
tensor1 = torch.randint(1,100,(2,4))
tensor2 = torch.ones(2,4)
t_add1 = tensor1 + tensor2   # 张量加法,本质上是按元素相加
t_add2 = tensor1.add(tensor2)   # 与上面的操作是一致的
t_add3 = torch.add(tensor1,tensor2)   # 与上面的操作是一致的

t_add4 = tensor1 + 3   # 张量所有元素都加3,得到新的张量,原张量未改变
t_add5 = tensor1.add(3)   # 与上面的操作是一致的
t_add6 = torch.add(tensor1,3)   # 与上面的操作是一致的

t_add7 = tensor1.add_(3)   # 张量所有元素都加3,原张量 tensor1 也被修改
```

上面的例子中实现了张量的加操作。张量的各种基本运算和例中的加操作类型,都可以有多种操作方法。通常操作函数,如 add,后加"_"表示执行完运算后,原张量也被修改。

下面给出一些示例:

```
t_sub1 = tensor1 - tensor2   # 张量减法
t_sub2 = tensor1.sub(tensor2)   # 与上面的操作是一致的
t_sub4 = 1 - tensor2   # 张量所有元素都被1减
t_sub6 = torch.sub(tensor1,1)   # 张量所有元素都减1

#张量乘法,参与运算的张量类型需一致
t_matmul1 = tensor1.float() @ tensor2.T   # T属性表示张量转置,按单精度浮点数(32bit)进行相乘
t_matmul2 = tensor1.matmul(tensor2.T.long())   # 与上面的操作不同,两张量按长整型(64bit)进行相乘

#按元素相乘,参加运算的张量形状应一致
t_mul1 = tensor1 * tensor2
t_mul3 = torch.mul(tensor1,tensor2)   # 与上面的操作是一致的
```

```
t_mul4 = tensor1 * 3    # 张量每元素都乘以3
t_mul5 = tensor1.mul(3)    # 与上面的操作是一致的

# 按元素相除,参加运算的张量形状应一致
t_div1 = tensor1 / tensor1
t_div2 = tensor1.div(tensor2)
t_div3 = torch.div(tensor1, tensor2)    # 与上面的操作是一致的
```

在实际应用中,我们经常使用一维或二维张量的乘法操作,PyTorch 也提供了一些常用的特殊运算函数,如 dot 函数、mm 函数等。示例如下:

```
t1 = torch.randn((5))    # 一维张量
t2 = torch.ones((5))    # 一维张量
t3 = torch.randn((2,5))    # 二维张量
t4 = torch.ones((5,2))    # 二维张量
t_d1 = torch.dot(t1, t2)    # dot 函数仅支持两个一维向量的点集
t_d2 = torch.matmul(t1, t2)    # 与上面的操作是一致的
print(t_d1 == t_d2)    # 观察两个结果是否相同

t_m1 = torch.mm(t3, t4)    # mm 函数仅支持两个二维张量的相乘
t_m2 = torch.matmul(t3, t4)    # 与上面的操作一致
print(t_m1 == t_m2)    # 观察两个结果是否相同

t_n1 = torch.matmul(t3, t1)    # 二维张量和一维张量相乘,一维张量自动维度扩展,结果会删掉扩展维度
print(t_n1.shape)    # 打印计算结果形状
t_n2 = torch.matmul(t3, t1.view(5,1)).T    # 手动扩展进行计算,与上面的操作结果一致
print(t_n1 == t_n2)    # 观察两个结果是否相同
```

程序执行结果如下:

```
tensor(True)
tensor([[True, True],
        [True, True]])
torch.Size([2])
tensor([[True, True]])
```

若要取张量中的某个元素,变为普通的数据类型进行运算,可使用 item() 函数。例如:

```
tensor = torch.randperm(10)
sum = tensor.sum()
sum_item = sum.item()
print(tensor)
print(sum, type(sum))
print(sum_item, type(sum_item))
```

执行结果如下：

```
tensor([0, 6, 1, 4, 5, 9, 2, 3, 7, 8])
tensor(45) <class 'torch.Tensor'>
45 <class 'int'>
```

(6) 张量的其他运算

PyTorch 提供的张量运算函数是非常丰富的，如幂运算、指数运算（以 e 为底数）、对数运算、近似运算（如取整）、统计运算（如取平均值）等，在此不再给出示例，只列举一些常用的函数，读者可自行练习这些函数的使用方法。

```
torch.log(input, out=None)      # 返回以 e 为底的对数
torch.log2(input, out=None)     # 返回以 2 为底的对数
torch.log10(input, out=None)    # 返回以 10 为底的对数
torch.exp(tensor, out=None)     # 返回以 e 为底的指数
torch.ceil(input, out=None)     # 返回向正方向取得最小整数
torch.floor(input, out=None)    # 返回向负方向取得最大整数
torch.round(input, out=None)    # 返回相邻最近的整数，四舍五入
torch.trunc(input, out=None)    # 返回整数部分数值
torch.frac(tensor, out=None)    # 返回小数部分数值
torch.fmod(input, divisor, out=None)    # 返回 input/divisor 的余数
torch.remainder(input, divisor, out=None)    # 同上操作
torch.eq(input, other, out=None)    # 按成员进行等式操作，相同返回 1
torch.equal(tensor1, tensor2)    # 如果两张量有相同的 size 和 elements，则为 true
torch.eig(a, eigenvectors=False, out=None)    # 返回矩阵 a 的特征值特征向量
torch.det(A)    # 返回矩阵 A 的行列式
torch.trace(input)    # 返回 2-d 矩阵的迹（对角元素求和）
torch.diag(input, diagonal=0, out=None)    # 返回对角线元素构成的张量
torch.histc(input, bins=100, min=0, max=0, out=None)    # 计算 input 的直方图
torch.tril(input, diagonal=0, out=None)    # 返回矩阵的下三角矩阵，其他为 0
torch.triu(input, diagonal=0, out=None)    # 返回矩阵的上三角矩阵，其他为 0
torch.rsqrt(input)    # 返回平方根的倒数
Torch.mean(input)    # 返回平均值
torch.std(input)    # 返回标准偏差
torch.prod(input)    # 返回所有元素的乘积
torch.sum(input)    # 返回所有元素的之和
torch.var(input)    # 返回所有元素的方差
torch.tanh(input)    # 返回元素双正切的结果
torch.max(input)    # 返回输入元素的最大值
torch.min(input)    # 返回输入元素的最小值
torch.numel(obj)    # 返回 Tensor 对象中的元素总数
torch.chunk(input, chunks, dim)    # 在给定维度（轴）上将输入张量进行分块
torch.squeeze(input)    # 将 input 中维度数值为 1 的维度去除
torch.unsqeeze(input, dim)    # 在 input 目前的 dim 维度上增加一维
torch.clamp(input, min, max)    # 将 input 的值约束在 min 和 max 之间
```

5.2.2 Autograd 自动求导

神经网络模型训练时,最常用的是 BP 算法,即反向传播算法。模型参数根据梯度进行学习,为了计算梯度,PyTorch 提供了 Autograd 支持自动求导来计算梯度。

下面以最简单的一层神经网络为例,给出 Autograd 进行反向传播优化参数的示例。例子中,设 x 和 y 是真实数据,z 为模型预测值,设 $z=w*x+b$,则 w 和 b 是模型需要优化的参数,通过 loss 损失可根据梯度下降法来优化 w 和 b。

```python
import torch
from torch.nn.functional import binary_cross_entropy_with_logits
x = torch.ones(5)    # 输入 x 设为[1.,1.,1.,1.,1.]
y = torch.zeros(3)   # 输出 y 设为[0.,0.,0.]
w = torch.randn(5, 3, requires_grad=True)   # w 形状为[5,3],梯度计算设为 True
b = torch.randn(3, requires_grad=True)      # b 形状为[3,1],梯度计算设为 True
z = torch.matmul(x, w) + b   # z = w * x + b
loss = binary_cross_entropy_with_logits(z, y)   # 计算损失根据 loss 来优化网络参数
loss.backward()   # 损失反向传播进行自动求导,得到参数梯度
print(w.grad)   # 输出 w 的梯度,存储在 w 的 grad 属性中,grad 属性也是张量
print(b.grad)   # 输出 b 的梯度
```

执行结果如下:

```
tensor([[0.0562, 0.3147, 0.2732],
        [0.0562, 0.3147, 0.2732],
        [0.0562, 0.3147, 0.2732],
        [0.0562, 0.3147, 0.2732],
        [0.0562, 0.3147, 0.2732]])
tensor([0.0562, 0.3147, 0.2732])
```

上例中,得到了 w 和 b 的梯度后,就可以通过设置学习率来修正 w 和 b 的值了,实际上修正的方法 PyTorch 也封装好了,后续的章节中将给出具体的示例。

在默认情况下,所有张量的 requires_grad 属性被设置为 True,表示都在跟踪梯度历史,但是有些情况下并不需要跟踪梯度,比如测试集上的评估就不需要反向传播来跟踪梯度,可用以下代码来停止对计算结果的梯度跟踪。

```python
z = torch.matmul(x, w) + b   # z = w * x + b
print(z.requires_grad)
with torch.no_grad():   # 禁用梯度跟踪
    z = torch.matmul(x, w) + b
print(z.requires_grad)
```

执行结果如下:

```
True
False
```

禁用梯度跟踪也可以使用下面的方法：

```
z = torch.matmul(x, w)+b
z_det = z.detach()
print(z_det.requires_grad)
```

执行结果如下：

```
False
```

在后续的实战中，读者将会发现，在进行深度模型训练时，一般都需要调用损失张量的backward( )函数进行自动求导。

5.3 PyTorch 神经网络工具箱

PyTorch 中的 nn 模块是专门为神经网络设计的模块化接口工具箱。nn 构建于 Autograd 之上，主要用来定义和运行神经网络。本节主要介绍该工具箱中常用的类，我们使用这些类就可以构建各种神经网络模型。此外，nn.functional 模块也提供了和这些类具有相同功能的函数，在实际构建网络模型时也可以使用。本书主要使用 nn 模块中的类来介绍构建神经网络的方法。

使用这些类首先要导入该模块：

```
import torch
from torch import nn
```

简便起见，后面的示例代码中不再给出导入 torch 包和 nn 模块的代码。

5.3.1 一维卷积类 nn.Conv1d

一维卷积常用于文本等序列数据，只对宽度进行卷积，对高度不卷积。例如，含有 L 个词（或字）的文本，可认为其长度为 L，每个词或字的特征（或称为嵌入向量）大小为 D，则文本的特征可表示为形状为 (D,L) 的张量，卷积核窗口在句子长度的方向上滑动，即可进行一维卷积操作。

一维卷积类的定义如下：

```
nn.Conv1d(in_channels, out_channels, kernel_size, stride=1, padding=0, dilation=1, groups=1, bias=True)
```

参数说明如下：

- in_channels：表示输入通道。在文本分类中，即为词向量的维度 D。
- out_channels：表示卷积产生的通道，即输出的通道。有多少个 out_channels，就需要多少个一维卷积。
- kernel_size：表示卷积核的尺寸，即 (k, in_channels)。
- stride：表示卷积步长。
- padding：表示输入的每一条边补充 0 的层数。
- dilation：表示卷积核元素之间的间距。
- groups：表示输入通道到输出通道的阻塞连接数。
- bias：表示是否添加偏置。默认 bias=True，表示添加偏置项。

下面给出一维卷积的示例：

```
conv1 = nn.Conv1d(in_channels=256, out_channels=100, kernel_size=3, stride=1, padding=0)
# 定义一个一维卷积实例
input = torch.randn(32, 35, 256)   # 定义输入特征图张量，形状为[batch_size, L, D]，参数分别为批大小 batch_size、最大长度 L 和特征维度 D
input = input.permute(0, 2, 1)    # 张量交换维度，形状变为[batch_size, D, L]
out = conv1(input)   # 进行一维卷积操作，输出特征图张量形状为[batch_size, out_channels, (L + 2 * padding − kernel_size) / stride + 1]
print(out.shape)   # 打印输出张量的形状
```

执行结果如下：

```
torch.Size([32, 100, 33])
```

分析以上代码可知，input 张量的形状是 [batch_size, L, D]，在开始 Conv1d 前需要将 L 换到最后一个维度，卷积核在该维度上滑动进行一维卷积。卷积后的结果的形状为 [batch_size, out_channels, (L + 2 * padding − kernel_size) / stride + 1]，在纵向维度上的值为 $(35+2*0-3)/1+1=33$，即卷积后序列的特征图长度由原来的 35 变为了 33。

一维卷积中含有要学习的参数，其中权值参数个数为 in_channels * out_channels * kernel_size，若带有偏置项，则偏置项个数为 out_channels。上例中，可以用如下代码打印所有参数的当前值：

```
print(list(conv1.parameters()))
```

5.3.2 二维卷积类 nn.Conv2d

二维卷积常用于图像数据，同时对宽和高进行卷积处理。对于输入为 (channel, height, width) 的图像，其中 channel 为图像的通道数，height 为图像的高度，width 为图像的宽度，卷积核从左到右，从上到下对图像进行卷积操作。

二维卷积类定义如下：

```
nn.Conv2d(in_channels, out_channels, kernel_size, stride=1, padding=0, dilation=1, groups=1, bias=True)
```

其参数含义同一维卷积。

假设输入张量数据形状为[10,16,64,64]，表示 batch_size 为 10，即一次输入 10 张二维矩阵数据，每组数据的通道数为 16，矩阵的宽度和高度分别为 64 和 64。设卷积核大小为(16,3,3)，则进行二维卷积的示例如下：

```
x = torch.randn(10, 16, 64, 64)    # 参数分别为 batch_size, channel, height, width
m = nn.Conv2d(16, 32, (3, 3), (1, 1))   # in_channel, out_channel ,kennel_size,stride
y = m(x)
print(y.shape)
```

代码执行结果如下：

```
torch.Size([10, 32, 62, 62])
```

二维卷积对宽和高的卷积结果形状都为[batch_size, out_channels, (L + 2 * padding − kernel_size) / stride + 1]，其中 L 为矩阵数据的宽或高，stride 都为 1，padding 默认为 0，所以输出张量横向和纵向的维度均为(64+2*0−3)/1 + 1 = 62。

二维卷积中也含有要学习的参数，其中权值参数个数为 in_channels * out_channels * kernel_size * kernel_size，若带有偏置项，则偏置项个数为 out_channels。和观察一维卷积权值参数类似，上例中也可以用如下代码打印所有参数的当前值：

```
print(list(m.parameters()))
```

在设计计算机视觉任务相关的神经网络模型时，会用到大量的二维卷积，读者要熟练掌握二维卷积 nn.Conv2d 函数的使用方法，灵活设计模型。

5.3.3 全连接类 nn.Linear

全连接类作用于设置网络中的全连接层，对输入数据进行线性转换，并存储权重和偏置。通常，全连接操作的输入与输出都是二维张量，一般形状为[batch_size, size]，不同于二维卷积要求输入和输出的是四维张量。

全连接类定义如下：

```
nn.Linear(in_features, out_features, bias=True)
```

其中，参数 in_features 表示输入维度的大小，out_features 表示输出维度的大小，bias 表示是否带偏置，默认是带偏置的。

示例代码如下：

```
connected_layer = nn.Linear(in_features = 64 * 64 * 3, out_features = 1)    # 输入维度为 64 * 64 * 3,
输出维度为 1
input = torch.randn(10, 3, 64, 64)
input = input.view(10, 64 * 64 * 3)   # torch.Size([10, 12288])
output = connected_layer(input)   # 调用全连接层
print(output.shape)
```

执行结果如下：

```
torch.Size([10, 1])
```

上例中，input 调用 view 函数完成了对张量形状的调整，由原来的(10,3,64,64)调整为(10,12288)。在这里，也可以使用 reshape()方法对张量形状进行调整，例如：

```
input = input.reshape((10, 64 * 64 * 3))
```

view()操作不会开辟新的内存空间，只是产生一个原存储空间的新别称和引用，返回值是视图。而 reshape()方法的返回值既可以是视图，也可以是副本，当满足连续性条件时返回视图，否则返回一个新的副本。

全连接层中也含有要学习的参数，其中权值参数个数为 in_features * out_features，若带有偏置项，则偏置项个数为 out_features。和前面类似，上例也可以用如下代码打印所有参数的当前值：

```
print(list(connected_layer.parameters()))
```

5.3.4　平坦化类 nn.Flatten

在上一节的示例中，input = input.view(10, 64 * 64 * 3)语句实现了对张量形状的调整。实际上，nn 模块还提供了 Flatten 类，可以直接把指定的连续几维数据展平为连续的一维数据，默认从第 1 维到最后一维进行平坦化，第 0 维常表示 batch_size，因此不进行展平。

由此，上例中的 input = input.view(10, 64 * 64 * 3)语句，也可以直接写成：

```
Flatten = nn.Flatten()    # 实例化类对象
input= Flatten(input)     # 进行展平，input 的 shape 也是 torch.Size([10, 12288])
```

可见，两者的效果是一样的。但 nn.Flatten 作为一种操作，可以放到顺序化容器（nn.Sequential）中，更具有通用性。

5.3.5　非线性激活函数

PyTorch 的 nn 模块提供了丰富的非线性激活函数，用来对模型的输入和输出构建复杂的映射，如 ReLU、Softmax、Sigmoid、Tanh、LogSigmoid、LogSoftmax 等。激活函数常用于在线性变换后，通过加入非线性变换使得模型能进行更复杂的表示。

下面以 nn.ReLU 为例，介绍激活函数的使用。ReLU 类定义如下：

```
nn.ReLU(inplace = False)
```

参数 inplace = False 时，表示不会修改输入对象的值，而是返回一个新创建的对象，因此返回的对象存储地址与原对象不同。而 inplace = True 时，会直接修改输入对象的值，所以返回的对象即是原对象，两者存储地址是相同的。

下面的代码是在线性层后引入非线性层的示例：

```
input = torch.randn(4, 3, 64, 64)
Flatten = nn.Flatten()  # 实例化类对象
flat_image = Flatten(input)  # 进行展平, input 的 shape 也是 torch.Size([10, 12288])
layer1 = nn.Linear(in_features=64*64*3, out_features=5)
hidden1 = layer1(flat_image)
print(hidden1.size())
print(f"Before ReLU：{hidden1}\n\n")
hidden1 = nn.ReLU()(hidden1)
print(f"After ReLU：{hidden1}")
```

输出结果如下：

```
torch.Size([4, 5])
Before ReLU：tensor([[-0.0540, -0.1209, -0.2700,  0.4632,  1.1750],
        [ 0.8063,  0.0435, -0.0736, -0.1297, -0.0417],
        [ 0.0452,  0.5921, -0.6620,  0.6855, -0.6061],
        [-0.3100, -0.7107,  1.5716, -0.0864,  0.4881]],
       grad_fn=<AddmmBackward>)

After ReLU：tensor([[0.0000, 0.0000, 0.0000, 0.4632, 1.1750],
        [0.8063, 0.0435, 0.0000, 0.0000, 0.0000],
        [0.0452, 0.5921, 0.0000, 0.6855, 0.0000],
        [0.0000, 0.0000, 1.5716, 0.0000, 0.4881]], grad_fn=<ReluBackward0>)
```

不难发现，经过 ReLU 函数后，所有的负值都变为了 0。其他激活函数使用方法类似，将输入数据进行非线性处理。通常，激活函数都没有要学习的参数。

5.3.6 顺序化容器 nn.Sequential

顺序化容器可以将神经网络的各个模块，如卷积操作、全连接操作、激活函数等，按照顺序加入其中，模型在训练或推理时，按顺序执行各个操作。除此之外，也可以将多个模块放在有序字典里面进行传递。

下面给出几种顺序化容器的实例化方法。

1. 定义时直接加入模块

示例如下：

```
input = torch.randn(4, 3, 64, 64)
net = nn.Sequential(
    nn.Conv2d(3, 32, (3, 3), (1, 1)),
    nn.ReLU(),
    nn.Flatten(),
    nn.Linear(32*62*62, 2),
```

```
)
output = net(input)
print(f"output:{output}")    # 打印输出
print(net)    # 打印网络模型结构
```

执行结果如下：

```
output:tensor([[-0.0133,  0.1288],
        [-0.0869, -0.1277],
        [ 0.5167,  0.0989],
        [ 0.2237, -0.1009]], grad_fn=<AddmmBackward>)
Sequential(
  (0): Conv2d(3, 32, kernel_size=(3, 3), stride=(1, 1))
  (1): ReLU()
  (2): Flatten(start_dim=1, end_dim=-1)
  (3): Linear(in_features=123008, out_features=2, bias=True)
)
```

该方法将各个神经网路模块顺序加入构造器里形成一个有序的容器。

2. 先定义对象，后加入模块

示例如下：

```
net = nn.Sequential()
net.add_module('conv1', nn.Conv2d(16, 32, (3, 3), (1, 1)))    # 该卷积层命名为 conv1
net.add_module('relu', nn.ReLU())    # 该层命名为 relu
net.add_module('flatten', nn.Flatten())    # 该层命名为 flatten
net.add_module('linear', nn.Linear(32*62*62, 1))    # 该全连接层命名为 linear
```

该方法使用 add_module 函数将模块加入到计算图中，每层都有命名。

3. 定义时传入有序字典作为参数

示例如下：

```
from collections import OrderedDict
net = nn.Sequential(OrderedDict([
        ('conv1', nn.Conv2d(16, 32, (3, 3), (1, 1))),
        ('relu', nn.ReLU()),
        ('flatten', nn.Flatten()),
        ('linear', nn.Linear(32*62*62, 1)),
        ]))
```

该方法将有序字典作为参数传入，各个神经网络模块作为有序字典的元素。

显然，无论采用哪种顺序化容器的实例化方法，都可以将网络的多个层集中在一起设计，这对于设计简单的网络模型来说非常便捷。

5.3.7 损失函数

损失函数用于表示预测数据和实际数据之间的差距,差距越小表明模型预测得越准确。模型训练的目标就是不断降低损失值。前文在介绍 Autograd 自动求导时,就用到了 binary_cross_entropy_with_logits 损失函数,在其示例中,损失可调用 backward 函数反向传播进行自动求导,得到参数梯度。

PyTorch 提供了目前常用的各种损失函数的实现,下面列举一些常用的损失函数示例。

1. nn.L1Loss

L1Loss 即 L1 损失,也称为平均绝对误差损失(Mean Absolute Error,MAE),其定义如下:

$$\text{Loss}(y) = \frac{1}{m}\sum_{i=1}^{m}|y_i - \hat{y}_i|$$

下面给出计算 L1Loss 的示例:

```
import torch.nn as nn
import torch
loss = nn.L1Loss()
predict_value = torch.randn(1, 23, requires_grad=True)
target = torch.randn(1, 23)
output = loss(predict_value, target)
print(output)
```

执行结果如下:

```
tensor(1.1947, grad_fn=<L1LossBackward>)
```

2. nn.MSELoss

MSELoss 即平均平方误差(或称均方误差)损失函数,用于计算两组数据之间的均方误差,公式如下:

$$\text{Loss}(y) = \frac{1}{m}\sum_{i=1}^{m}(y_i - \hat{y}_i)^2$$

nn.MSELoss 的使用方法与 nn.L1Loss 类似,在此不再给出示例。

3. nn.CrossEntropyLoss

CrossEntropyLoss 是进行分类时常用的交叉熵损失函数,可以捕捉不同模型预测效果的差异。对于属于 C 个类的 m 个样本,设每个样本 i 针对每个类 c 的标签为 y_{ic},对于正确标签值为 1,错误标签值为 0,观测到样本 i 属于类别 c 的预测概率为 p_{ic},则交叉熵损失函数公式如下:

$$\text{Loss}(y) = -\frac{1}{m}\sum_{i=1}^{m}\sum_{c=1}^{C}y_{ic}\lg p_{ic}$$

下面给出计算 CrossEntropyLoss 的示例:

```
torch.manual_seed(0)
p = torch.randn(3, 5, requires_grad=True)   # 得到5个输出结点的值(batch_size=3)
target = torch.empty(3, dtype=torch.long).random_(5)   # 得到每个样本的实际类别标签
print(f'p:{p}\ny:{target}')
loss = torch.nn.CrossEntropyLoss()
output = loss(p, target)    # 计算交叉熵损失
print(f'loss:{output}')
```

执行结果如下:

```
p:tensor([[ 1.5410, -0.2934, -2.1788,  0.5684, -1.0845],
        [-1.3986,  0.4033,  0.8380, -0.7193, -0.4033],
        [-0.5966,  0.1820, -0.8567,  1.1006, -1.0712]], requires_grad=True)
y:tensor([3, 0, 0])
loss:2.272947072982788
```

由示例可以看出,损失函数的第一个输入参数就是前一层的输出,有时称为Logits输出,可能存在负值或大于1的值,均不能代表概率,第二个输入参数是各个样本的标签数据。损失函数在内部计算时,为了得到样本属于各个类别的概率,通常需要经过softmax函数(或sigmoid函数),然后才可以进行交叉熵损失的计算。

交叉熵损失在各种分类任务中应用广泛,读者应该牢记其输入参数的特点和顺序。

5.4 PyTorch常用工具介绍

5.4.1 优化器

优化器(optimzier)是指根据神经网络反向传播的梯度信息来自动更新网络模型的参数,以起到降低loss函数计算值的作用。PyTorch将深度学习中的常用参数更新优化方法全部封装在torch.optim包中。

若不使用优化器,需要采用人工编写代码进行梯度下降处理,示意代码如下:

```
with torch.no_grad():
    for p in model.parameters(): p -= p.grad * lr   # model为网络模型,lr为学习率
    model.zero_grad()
```

通常,我们直接使用优化器完成自动参数更新,使模型更好地收敛,获得更好地训练效果。因此上述代码可替换为:

```
from torch import optim
lr = 0.001   # 学习率
opt = optim.SGD(model.parameters(), lr=lr)   # SGD优化器实例化
```

```
total_loss.backward()
opt.step()    # 使用优化器进行梯度下降,完成参数更新
```

示例中使用了最简单的随机梯度下降 SGD 优化器,除此之外,还可以使用其他的各种优化器,例如:

```
# momentum 动量加速,在 SGD 函数里指定 momentum 的值即可
opt_Momentum = optim.SGD(model.parameters(), lr=lr, momentum=0.8)
# RMSprop,需要设置超参数 alpha
opt_RMSprop = optim.RMSprop(model.parameters(), lr=lr, alpha=0.9)
# Adam,设置参数 betas=(0.9, 0.99)
opt_Adam = optim.Adam(model.parameters(), lr=lr, betas=(0.9, 0.99))
```

在使用各种优化器时,如果不清楚如何设置超参数,可采用其默认值。

下面给出一个简单的神经网络模型进行回归分析,并应用优化器进行训练。

5.4.2　dataset 和 dataLoader

在使用 PyTorch 针对实际应用数据进行训练时,由于训练样本非常多,因此一次进入网络进行训练的样本数量,即批量大小(batch_size),往往远远小于训练样本数量。为此,PyTorch 提供了数据集构建及读取数据的方法。其中,torch.utils.data.dataset 抽象类给出了创建数据集的相关抽象方法,通过构建该类的子类实现相关方法来创建数据集。torch.utils.data.dataloader 迭代器可以进行多线程读取数据,并可以实现批处理(batch)和数据乱序(shuffle)等读取方式。

1. 创建和使用 dataset

在使用 torch.utils.data.datset 抽象类之前,首先要导入该类:

```
import torch.utils.data.dataset as Dataset
```

在应用 Dataset 抽象类创建子类时,通常需要重写__int__初始化方法来定义数据内容和标签,重写__len__方法来返回数据集大小,以及重写__getitem__方法来得到数据内容和标签。

下面是一个简单的创建子类的示例:

```
import torch
import torch.utils.data.dataset as Dataset
import numpy as np

#创建子类
class subDataset(Dataset.Dataset):
    #初始化,定义数据内容和标签
    def __init__(self, Data, Label):
```

```
            self.Data = Data
            self.Label = Label
    # 返回数据集大小
    def __len__(self):
        return len(self.Data)
    # 得到数据内容和标签
    def __getitem__(self, index):
        data = torch.Tensor(self.Data[index])
        label = torch.Tensor(self.Label[index])
        return data, label

# 构建数据集
Data = np.asarray([[3, 2], [1, 4], [7, 2], [3, 1]])
Label = np.asarray([[0], [0], [1], [1]])

if __name__ == '__main__':
    sub = subDataset(Data, Label)    # 创建数据集对象
    print('数据集大小为:', sub.__len__())    # 获取 dataset 数据的大小
    print(sub.__getitem__(0))    # 第 0 项的数据
    print(sub[0])    # 效果等同于 __getitem__
```

程序输出结果如下:

```
数据集大小为: 4
(tensor([3., 2.]), tensor([0], dtype=torch.int32))
(tensor([3., 2.]), tensor([0], dtype=torch.int32))
```

在以上示例中,用户通过自己创建的 Dataset 对象的子类来构建数据集对象,之后就可以使用该对象来读取数据集的相关数据。

2. 创建和使用 dataLoader

dataLoader 类提供了通过用户构建的数据集对象读取数据的方法。在使用该类时,首先进行导入:

```
import torch.utils.data.dataloader as DataLoader
```

在创建 Dataloader 迭代器对象时,需将用户构建的数据集对象作为参数。例如,创建 DataLoader 对象,该对象对应的数据集对象为 sub,读取数据时,设置 batchsize 为 2,表示每批处理两个数据,shuffle 为 false 表示不打乱数据的顺序,num_workers=1 表示使用 1 个子进程来处理加载数据,定义对象代码如下:

```
dataloader = DataLoader.DataLoader(sub, batch_size=2, shuffle=False, num_workers=1)
```

之后就可以使用如下代码进行批量读取数据:

```
for i, item in enumerate(dataloader):
    data, label = item
    print('data:', data)
    print('label:', label)
```

执行结果如下：

```
data: tensor([[3., 2.],
        [1., 4.]])
label: tensor([[0],
        [0]], dtype=torch.int32)
data: tensor([[7., 2.],
        [3., 1.]])
label: tensor([[1],
        [1]], dtype=torch.int32)
```

通过执行结果可以看到，每次读取到的数据是多个样本及其标签，样本数量是通过 batch_size 设定的。在实际训练或推理过程中，可以根据计算环境（如 CPU、GPU）及每个样本的大小来选择合适的 batch_size，使网络尽量可以以较大吞吐量并行快速计算，从而加快训练或推理的速度。

5.4.3 torchvision

torchvision 包是 PyTorch 的一个扩展包，收录了若干重要的公开数据集、网络模型和常用的图像变换方法，以便于研究者进行图像处理和识别方法的实验和学习。

1. torchvision.datasets 数据集下载模块

使用 torchvision.datasets 数据集下载模块提供的工具可以下载许多公开的经典数据集用于实验，如 mnist 手写数据集、CIFAR10 图像十分类数据集等。下面演示如何使用 torchvision.datasets 模块下载 CIFAR10 数据集：

```
import torch
import torch.utils.data.dataset as Dataset
import torchvision
# 全局取消证书验证,数据集更容易被下载成功
import ssl
ssl._create_default_https_context = ssl._create_unverified_context
# 分别下载训练集和测试集
trainset = torchvision.datasets.CIFAR10(root='./data', train=True,
                                        download=True, transform=None)
testset = torchvision.datasets.CIFAR10(root='./data', train=False,
                                       download=True, transform=None)
trainloader = torch.utils.data.DataLoader(trainset, batch_size=4,
                                          shuffle=True, num_workers=2)
testloader = torch.utils.data.DataLoader(testset, batch_size=4)
```

2. torchvision.models 预训练模型模块

torchvision.models 模块封装了常用的各种神经网络结构，如 alexnet、densenet、inception、resnet、VGG 等，并提供了相应的预训练模型，通过简单调用便可以读取网络结构和预训练模型，以便针对实际任务进行模型微调。

以下代码将 resnet50 预训练模型加载：

```
import torchvision
model = torchvision.models.resnet50(pretrained=True)
```

在导入 resnet50 预训练模型时，设置 pretrained=True 表示使用预训练模型的参数进行初始化网络参数，否则不使用预训练模型的参数进行初始化。

以下代码将 VGG16 预训练模型加载，并打印其网格模型结构：

```
import torchvision.models as models
model = models.vgg16(pretrained=True)
print(model)
```

输出结果如下：

```
VGG(
  (features): Sequential(
    (0): Conv2d(3, 64, kernel_size=(3, 3), stride=(1, 1), padding=(1, 1))
    (1): ReLU(inplace=True)
    (2): Conv2d(64, 64, kernel_size=(3, 3), stride=(1, 1), padding=(1, 1))
    (3): ReLU(inplace=True)
    (4): MaxPool2d(kernel_size=2, stride=2, padding=0, dilation=1, ceil_mode=False)
    (5): Conv2d(64, 128, kernel_size=(3, 3), stride=(1, 1), padding=(1, 1))
    (6): ReLU(inplace=True)
    (7): Conv2d(128, 128, kernel_size=(3, 3), stride=(1, 1), padding=(1, 1))
    (8): ReLU(inplace=True)
    (9): MaxPool2d(kernel_size=2, stride=2, padding=0, dilation=1, ceil_mode=False)
    (10): Conv2d(128, 256, kernel_size=(3, 3), stride=(1, 1), padding=(1, 1))
    (11): ReLU(inplace=True)
    (12): Conv2d(256, 256, kernel_size=(3, 3), stride=(1, 1), padding=(1, 1))
    (13): ReLU(inplace=True)
    (14): Conv2d(256, 256, kernel_size=(3, 3), stride=(1, 1), padding=(1, 1))
    (15): ReLU(inplace=True)
    (16): MaxPool2d(kernel_size=2, stride=2, padding=0, dilation=1, ceil_mode=False)
    (17): Conv2d(256, 512, kernel_size=(3, 3), stride=(1, 1), padding=(1, 1))
    (18): ReLU(inplace=True)
    (19): Conv2d(512, 512, kernel_size=(3, 3), stride=(1, 1), padding=(1, 1))
    (20): ReLU(inplace=True)
    (21): Conv2d(512, 512, kernel_size=(3, 3), stride=(1, 1), padding=(1, 1))
    (22): ReLU(inplace=True)
```

    (23): MaxPool2d(kernel_size=2, stride=2, padding=0, dilation=1, ceil_mode=False)
    (24): Conv2d(512, 512, kernel_size=(3, 3), stride=(1, 1), padding=(1, 1))
    (25): ReLU(inplace=True)
    (26): Conv2d(512, 512, kernel_size=(3, 3), stride=(1, 1), padding=(1, 1))
    (27): ReLU(inplace=True)
    (28): Conv2d(512, 512, kernel_size=(3, 3), stride=(1, 1), padding=(1, 1))
    (29): ReLU(inplace=True)
    (30): MaxPool2d(kernel_size=2, stride=2, padding=0, dilation=1, ceil_mode=False)
)
  (avgpool): AdaptiveAvgPool2d(output_size=(7, 7))
  (classifier): Sequential(
    (0): Linear(in_features=25088, out_features=4096, bias=True)
    (1): ReLU(inplace=True)
    (2): Dropout(p=0.5, inplace=False)
    (3): Linear(in_features=4096, out_features=4096, bias=True)
    (4): ReLU(inplace=True)
    (5): Dropout(p=0.5, inplace=False)
    (6): Linear(in_features=4096, out_features=1000, bias=True)
)
)
```

从模型的打印结果可以发现,最后的输出层有1 000个神经元结点。在实际任务中,往往需要修改最后的输出层结点数,以便于使用新的训练样本针对新的任务进行训练。以下示例给出了修改上面的网络模型输出层为10个结点的示例:

```
model.classifier[6] = torch.nn.Linear(4096, 10)
print(model.classifier)
```

执行结果如下:

```
Sequential(
  (0): Linear(in_features=25088, out_features=4096, bias=True)
  (1): ReLU(inplace=True)
  (2): Dropout(p=0.5, inplace=False)
  (3): Linear(in_features=4096, out_features=4096, bias=True)
  (4): ReLU(inplace=True)
  (5): Dropout(p=0.5, inplace=False)
  (6): Linear(in_features=4096, out_features=10, bias=True)
)
```

通常,我们只需要对最后几层网络的参数进行学习,而将前面各层的预训练好的参数固定下来。下面的示例给出了上述模型除最后三层的参数外其他所有参数固定下来的代码,即将要固定的参数的requires_grad的值为False。在训练时,优化器只需要对requires_grad的值为True的参数继续学习,代码如下:
```

```
from torch import optim as optimizer
for p in model.parameters():
    p.requires_grad=False
for p in model.classifier.parameters():
    p.requires_grad=True
opt=optimizer.SGD(filter(lambda p: p.requires_grad, model.parameters()), lr=1e-3)
```

当然,也可以直接在定义优化器时直接给出需要学习的参数。因此,上述的代码也可以直接写成:

```
opt=optimizer.SGD(filter(lambda p: p.requires_grad, model.classifier.parameters()), lr=1e-3)
```

接下来,就可以使用新样本对模型进行训练了。在训练时,就只对后三层网络的参数进行学习,其他各层的参数都是预训练好的,主要用于特征提取。这种只训练最后几层参数的方法不仅利用了预训练模型中蕴含的知识,还加快了新任务的训练收敛速度。

3. torchvision.transforms 图像变换模块

torchvision.transforms 模块提供的图像变换可以完成图像尺寸放缩、切割、翻转、边填充、归一化等操作,这些操作可以从原始图像中得到更多的图像,从而实现了图像增强,丰富了训练样本。

以下代码给出了图像的各种变换示例:

```
import torch
import torchvision
import PIL
orig_img1 = torch.randn(4, 3, 64, 64)
orig_img2 = torch.randn(3, 64, 64)
print(orig_img1.shape, orig_img2.shape)
# 对图像进行放缩,默认插值方法是线性插值
resize = torchvision.transforms.Resize((8, 8), interpolation=PIL.Image.BILINEAR)
new_img1 = resize(orig_img1)
new_img2 = resize(orig_img2)
print(new_img1.shape, new_img2.shape)
# 对图像进行中心切割
ccrop = torchvision.transforms.CenterCrop((16,16))    # 切割得到的尺寸为(16,16)
new_img3 = ccrop(orig_img1)
new_img4 = ccrop(orig_img2)
print(new_img3.shape, new_img4.shape)
# 对图像进行随机切割
rcrop = torchvision.transforms.RandomCrop(6)    # 切割得到的尺寸为(6,6),注意参数为整数
new_img5 = rcrop(orig_img1)
new_img6 = rcrop(orig_img2)
print(new_img5.shape, new_img6.shape)
# 对图像先进行随机切割,然后再resize成给定的size大小
```

```
rrcrop = torchvision.transforms.RandomResizedCrop(2)
new_img7 = rrcrop(orig_img1)
new_img8 = rrcrop(orig_img2)
print(new_img7.shape, new_img8.shape)
# 对图像边缘进行扩充
pad = torchvision.transforms.Pad(padding=1, fill=0)   # 上、下、左、右各扩充1行或1列值为0的像素
new_img9 = pad(new_img7)
new_img10 = pad(new_img8)
print(new_img9.shape, new_img10.shape)
# 对图像RGB各通道像素按正态分布进行归一化
norm = torchvision.transforms.Normalize((-1,1,0), (1,2,3))
new_img11 = norm(new_img7)
new_img12 = norm(new_img8)
print(f"{new_img8}, {new_img12}")
# 转换为Image图像
topil = torchvision.transforms.ToPILImage()
new_img14 = topil(new_img8)
print(new_img8.shape, new_img14.size)
new_img14.save("a.png")   # 将图像保存为文件
```

执行结果如下：

```
torch.Size([4, 3, 64, 64]) torch.Size([3, 64, 64])
torch.Size([4, 3, 8, 8]) torch.Size([3, 8, 8])
torch.Size([4, 3, 16, 16]) torch.Size([3, 16, 16])
torch.Size([4, 3, 6, 6]) torch.Size([3, 6, 6])
torch.Size([4, 3, 2, 2]) torch.Size([3, 2, 2])
torch.Size([4, 3, 4, 4]) torch.Size([3, 4, 4])
tensor([[[[-0.8743,  0.7306],
          [-0.8068, -0.7443]],

         [[ 0.8598,  1.2018],
          [ 0.9631,  0.3925]],

         [[-0.7187,  0.0836],
          [-0.3761,  1.0971]]]), tensor([[[ 0.1257,  1.7306],
          [ 0.1932,  0.2557]],

         [[-0.0701,  0.1009],
          [-0.0184, -0.3038]],

         [[-0.2396,  0.0279],
          [-0.1254,  0.3657]]])
torch.Size([3, 2, 2]) (2, 2)
```

当对图像依次进行多个变换操作时,可以使用 torchvision.transforms.Compose 类将这些变换连接在一起,构成一个统一的操作一次调用完成。示例如下:

```
from torchvision import transforms
from PIL import Image
orig_img = Image.open("a.png")
opts = transforms.Compose([
    transforms.CenterCrop(10),
    transforms.ToTensor(),
    transforms.Normalize((-100,-150,-200),(10,5,3)),
    transforms.ToPILImage()
])
new_img = opts(orig_img)
new_img.save("b.png")
```

以上介绍了 torchvision 提供的几个常见的模块,对于其他模块(如 utils 等)在此不再介绍,读者可自行阅读相关资料或官方文档。

5.4.4 torchaudio

torchaudio 是 PyTorch 提供的一个音频处理和识别包,内置了很多针对音频文件的 I/O 操作、音频变换及特征提取、音频数据集、音频处理及自动语音识别(Automatic Speech Recognition,ASR)预训练模型等。在使用 torchaudio 之前,先确保已经安装,可使用如下命令进行安装:

```
pip install torchaudio
```

安装完成后,可导入该包,查看版本:

```
import torchaudio
print(torchaudio.__version__)
```

打印结果如下:

```
0.11.0+cpu
```

下面的代码给出了查看音频文件信息并进行显示的示例:

```
import requests    # 导入从网络下载文件用到的包
import os
SAMPLE_WAV_URL = "https://pytorch-tutorial-assets.s3.amazonaws.com/VOiCES_devkit/source-16k/train/sp0307/Lab41-SRI-VOiCES-src-sp0307-ch127535-sg0042.wav"
SPEECH_FILE = os.path.join(".", "speech.wav")
if not os.path.exists(SPEECH_FILE):    # 如果文件在本地不存在,那么下载该文件
    with open(SPEECH_FILE, "wb") as file_:
```

```
            file_.write(requests.get(SAMPLE_WAV_URL).content)
            file_.close()
metadata = torchaudio.info(SPEECH_FILE)    # 得到音频文件信息
print(metadata)
```

代码执行结果如下：

```
AudioMetaData(sample_rate = 16000，num_frames = 54400，num_channels = 1，bits_per_sample = 16，
encoding = PCM_S)
```

由以上结果可知，该音频文件采样率为 16 000 Hz，共有 54 400 个采样，单声道，采样采用 16 bit 编码，使用 PCM_S 编码方式。我们可以在当前目录中找到该文件并使用播放器进行播放，内容为一段 3.4 秒的男生英文语音："I had that curiosity beside me at this moment."。

下面我们使用预训练英文语音识别模型，对上例中的音频文件进行识别。代码如下：

```
import torch
# 得到可用的计算资源
device = torch.device("cuda" if torch.cuda.is_available() else "cpu")
# 打开音频文件
waveform, sample_rate = torchaudio.load(SPEECH_FILE)
waveform = waveform.to(device)
# 设置预训练模型
bundle = torchaudio.pipelines.WAV2VEC2_ASR_BASE_960H
model = bundle.get_model().to(device)
# 确定合适的采用频率
if sample_rate != bundle.sample_rate：
    Waveform = torchaudio.functional.resample(waveform, sample_rate, bundle.sample_rate)
# 对音频数据进行分类，得到每个音素对应的每个类别的概率
with torch.inference_mode()：
    emission, _ = model(waveform)
# 定义针对分类结果的识别模型类
class GreedyCTCDecoder(torch.nn.Module)：
    def __init__(self, labels, blank = 0)：
        super().__init__()
        self.labels = labels
        self.blank = blank

    def forward(self, emission: torch.Tensor) -> str：
        indices = torch.argmax(emission, dim = -1)    # [num_seq,]
        indices = torch.unique_consecutive(indices, dim = -1)
        indices = [i for i in indices if i != self.blank]
        return "".join([self.labels[i] for i in indices])
# 识别模型类实例化
```

```
decoder = GreedyCTCDecoder(labels=bundle.get_labels())
# 针对分类结果进行识别,得到识别的字符串
transcript = decoder(emission[0])
# 打印最终的音频识别结果
print(transcript)
```

程序执行结果如下:

`I|HAD|THAT|CURIOSITY|BESIDE|ME|AT|THIS|MOMENT|`

不难发现,对于英文音频的识别效果是非常好的。读者也可以更换其他的音频文件,查看语音识别结果。

5.4.5 模型持久化方法

与 SKLearn 的持久化类似,通过 PyTorch 训练好的模型往往需要部署到实际的业务系统中执行推理任务,这就需要对模型进行持久化,通常直接保存成文件即可。在实际的业务系统中使用时,再将模型文件加载到内存中使用。

PyTorch 有两种模型保存的方式,一种是保存整个网络结构信息和模型参数信息,另一种是只保存网络的模型参数,不保存网络结构。

保存整个网络结构信息和模型参数信息的示例如下:

```
torch.save(model_object, './model.pth')
```

该代码将训练好的模型 model_object 保存到当前目录下的 model.pth 文件。以下代码完成模型加载,加载后即可使用该模型进行推理。需要注意的是,model 对应的网络模型定义类的代码需要给出,或通过其他 python 文件导入。

```
model = torch.load('./model.pth')
```

若仅保存网络的模型参数,则直接执行如下代码:

```
torch.save(model_object.state_dict(), './params.pth')
```

加载模型时,需要先导入网络,然后再加载参数,示例如下:

```
from models import VggModel
model = VggModel()
model.load_state_dict(torch.load('./params.pth'))
```

需要注意的是,第二种方式在加载模型参数时需要先定义好模型的网络结构,且与原始的网络结构保持一致。

5.4.6 可视化工具包 Visdom

在使用 PyTorch 进行训练时,有时需要可视化训练的效果,如训练集或验证集上的 loss 值、准确率等指标的变化,可视化这些数据有助于帮助算法设计人员进行模型的调参和模型的

优化。通常,这种图形化的展示往往比文本输出结果更加直观。

FaceBook 专为 PyTorch 开发的实时可视化工具包 Visdom,常用于实时显示训练过程的数据,具有灵活高效、界面美观等特点。安装 Visdom 非常简单,例如可在终端输入如下命令:

```
pip install visdom
```

要使用 visdom 进行可视化,首先在终端开启监听命令,输入如下命令:

```
python -m visdom.server
```

执行结果中会显示一个网址,在浏览器输入该网址(一般为:http://localhost:8097),然后进行登录。

在编写训练程序时,可以在代码中加入在 Visdom 进行数据展示的代码。这样,在执行训练程序时,便可在浏览器登录后的界面中,查看可视化的效果。

下面的代码演示了 Visdom 根据数据点绘制曲线:

```
from visdom import Visdom
viz = Visdom()     # 初始化 visdom 类,默认可视化环境为 main
viz.line([0.],     # Y 的第一个点坐标
         [0.],     # X 的第一个点坐标
         win = "train loss",    # 窗口名称
         opts = dict(title = 'train_loss')  # 图像标例
         )  # 设置起始点
viz.line([1.],     # Y 的下一个点坐标
         [1.],     # X 的下一个点坐标
         win = "train loss",    # 窗口名称,与上个窗口同名表示显示在同一个表格里
         update = 'append'      # 添加到上一个点后面
         )
```

运行该代码后,便可在浏览器中选择 main 环境查看该曲线,如图 5-2 所示。

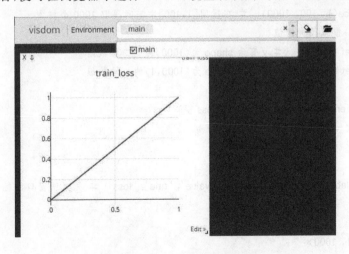

图 5-2 Visdom 显示曲线示例

上述示例是在默认的 main 环境下展示，Visdom 也支持在多环境下显示不同的可视化结果，下面的代码是在设置的 image 环境下展示图像：

```
from visdom import Visdom
import numpy as np
image = np.random.randn(1, 3, 200, 200)  # 一张 3 通道,200 * 200 大小的图像
viz = Visdom(env='image')  # 切换到 image 环境
viz.images(image, win='x')
```

代码执行后，在浏览器中切换到 image 环境，便可查看绘画结果，如图 5-3 所示。

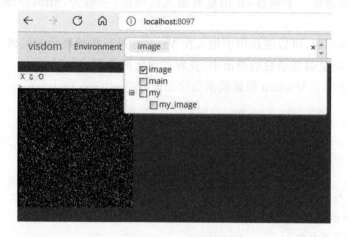

图 5-3　在 image 环境下可视化图片

下面的程序演示了模拟 loss 损失下降的过程，并对其进行可视化。

```
from visdom import Visdom
import numpy as np
import time

x = np.linspace(1, 100, 1000)   # 在区间[1,100]中等间隔取 1000 个样本
y = 1 / x   # 模拟损失的值
y = y.reshape(1000, 1)   # y 变为 shape 为(1000,1)的二维数组
x = x.reshape(1000, 1)   # x 变为 shape 为(1000,1)的二维数组

vis = Visdom(env='loss')  # 创建一个 loss 窗口
loss_window = vis.line(
    X=x[0],
    Y=y[0],
    opts={'xlabel': 'epochs', 'ylabel': 'value', 'title': 'loss'}  # 先声明窗口的标题和坐标轴的名称
)

for i in range(1, 1000):
```

```
        time.sleep(0.2)  # 模拟 loss 动态更新的效果
        vis.line(
            X = x[i],
            Y = y[i],
            win = loss_window,
            update = 'append'
        )
```

开始执行上述代码后,便可在浏览器的 loss 环境中查看图形的变化,代码每循环一次,在图中右侧将增加一小段曲线,表示新出现损失值,执行结果如图 5-4 所示。

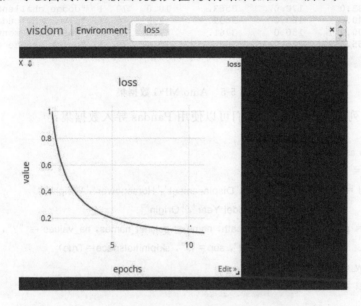

图 5-4 在 loss 环境下可视化损失值的变化

在实际训练过程中,可根据需要参考上述代码,进行训练过程的可视化。当训练代码在远程服务器上执行时,可在本地计算机的浏览器中输入网址,查看训练代码的执行情况,这一功能为随时监视训练过程提供了便利。

5.5　PyTorch 回归实战

回归问题是机器学习研究的主要任务之一,用于预测输入变量(即自变量)和输出变量(即因变量)之间的关系。下面使用经典的 Auto MPG(Mile Per Gallon)数据集,演示如何基于 PyTorch 构建深度网络模型来预测汽车的燃油效率。

5.5.1　数据处理

Auto MPG 数据集共有 398 条记录,每条记录有 9 列数据,分别记录各种车的燃油效率、气缸数、排量、马力、重量、加速性能、车型年份、原产地共

Auto Mpg 数据集

8个特征，以及汽车型号，下载地址为 http://archive.ics.uci.edu/ml/machine-learning-databases/auto-mpg/auto-mpg.data。图 5-5 给出了该数据集的部分数据展示。

```
auto-mpg.data ×
 1 18.0   8   307.0   130.0   3504.   12.0   70   1   "chevrolet chevelle malibu"
 2 15.0   8   350.0   165.0   3693.   11.5   70   1   "buick skylark 320"
 3 18.0   8   318.0   150.0   3436.   11.0   70   1   "plymouth satellite"
 4 16.0   8   304.0   150.0   3433.   12.0   70   1   "amc rebel sst"
 5 17.0   8   302.0   140.0   3449.   10.5   70   1   "ford torino"
 6 15.0   8   429.0   198.0   4341.   10.0   70   1   "ford galaxie 500"
 7 14.0   8   454.0   220.0   4354.    9.0   70   1   "chevrolet impala"
 8 14.0   8   440.0   215.0   4312.    8.5   70   1   "plymouth fury iii"
 9 14.0   8   455.0   225.0   4425.   10.0   70   1   "pontiac catalina"
10 15.0   8   390.0   190.0   3850.    8.5   70   1   "amc ambassador dpl"
11 15.0   8   383.0   170.0   3563.   10.0   70   1   "dodge challenger se"
12 14.0   8   340.0   160.0   3609.    8.0   70   1   "plymouth 'cuda 340"
13 15.0   8   400.0   150.0   3761.    9.5   70   1   "chevrolet monte carlo"
14 14.0   8   455.0   225.0   3086.   10.0   70   1   "buick estate wagon (sw)"
```

图 5-5　Auto MPG 数据集

在确定了各列特征的含义后，我们可以使用 Pandas 导入数据集：

```
import pandas as pd
dataset_path = 'auto-mpg.data'
column_names = ['MPG','Cylinders','Displacement','Horsepower','Weight',
                'Acceleration', 'Model Year', 'Origin']
raw_dataset = pd.read_csv(dataset_path, names=column_names, na_values = "?",
                comment='\t', sep=" ", skipinitialspace=True)
dataset = raw_dataset.copy()
dataset  # 展示数据集内容
```

执行结果如图 5-6 所示。

	MPG	Cylinders	Displacement	Horsepower	Weight	Acceleration	Model Year	Origin
0	18.0	8	307.0	130.0	3504.0	12.0	70	1
1	15.0	8	350.0	165.0	3693.0	11.5	70	1
2	18.0	8	318.0	150.0	3436.0	11.0	70	1
3	16.0	8	304.0	150.0	3433.0	12.0	70	1
4	17.0	8	302.0	140.0	3449.0	10.5	70	1
...	...	...	...	...	...	...	...	...
393	27.0	4	140.0	86.0	2790.0	15.6	82	1
394	44.0	4	97.0	52.0	2130.0	24.6	82	2
395	32.0	4	135.0	84.0	2295.0	11.6	82	1
396	28.0	4	120.0	79.0	2625.0	18.6	82	1
397	31.0	4	119.0	82.0	2720.0	19.4	82	1

398 rows × 8 columns

图 5-6　代码执行结果

由于数据集中有些字段为空，为了便于处理，我们删除包含未知值的数据行：

```
dataset = dataset.dropna()
dataset    # 再次展示数据集内容
```

图 5-7 给出了删除未知值的记录,可以看到,数据减少为 392 行。

	MPG	Cylinders	Displacement	Horsepower	Weight	Acceleration	Model Year	Origin
0	18.0	8	307.0	130.0	3504.0	12.0	70	1
1	15.0	8	350.0	165.0	3693.0	11.5	70	1
2	18.0	8	318.0	150.0	3436.0	11.0	70	1
3	16.0	8	304.0	150.0	3433.0	12.0	70	1
4	17.0	8	302.0	140.0	3449.0	10.5	70	1
...	...	...	...	...	...	...	...	...
393	27.0	4	140.0	86.0	2790.0	15.6	82	1
394	44.0	4	97.0	52.0	2130.0	24.6	82	2
395	32.0	4	135.0	84.0	2295.0	11.6	82	1
396	28.0	4	120.0	79.0	2625.0	18.6	82	1
397	31.0	4	119.0	82.0	2720.0	19.4	82	1

392 rows × 8 columns

图 5-7 删除未知值后的数据内容

对于"Origin"(原产地)特征,实际上是一个分类特征,取值为 1 到 3,分别代表 USA、Europe 和 Japan。该特征可以直接使用,也可以将其转换成 one-hot 编码,变为三个特征。

```
origin = dataset.pop('Origin')
dataset['USA'] = (origin == 1) * 1.0
dataset['Europe'] = (origin == 2) * 1.0
dataset['Japan'] = (origin == 3) * 1.0
dataset    # 再次展示数据集内容
```

此时,数据集中去掉了 Origin 特征,增加了 USA、Europe 和 Japan 三个特征,如图 5-8 所示。

	MPG	Cylinders	Displacement	Horsepower	Weight	Acceleration	Model Year	USA	Europe	Japan
0	18.0	8	307.0	130.0	3504.0	12.0	70	1.0	0.0	0.0
1	15.0	8	350.0	165.0	3693.0	11.5	70	1.0	0.0	0.0
2	18.0	8	318.0	150.0	3436.0	11.0	70	1.0	0.0	0.0
3	16.0	8	304.0	150.0	3433.0	12.0	70	1.0	0.0	0.0
4	17.0	8	302.0	140.0	3449.0	10.5	70	1.0	0.0	0.0
...	...	...	...	...	...	...	...	...	...	...
393	27.0	4	140.0	86.0	2790.0	15.6	82	1.0	0.0	0.0
394	44.0	4	97.0	52.0	2130.0	24.6	82	0.0	1.0	0.0
395	32.0	4	135.0	84.0	2295.0	11.6	82	1.0	0.0	0.0
396	28.0	4	120.0	79.0	2625.0	18.6	82	1.0	0.0	0.0
397	31.0	4	119.0	82.0	2720.0	19.4	82	1.0	0.0	0.0

392 rows × 10 columns

图 5-8 增删特征的数据

为了便于最后评估模型,我们需要将数据集拆分为一个训练数据集和一个测试数据集:

```
train_dataset = dataset.sample(frac=0.8, random_state=0)
test_dataset = dataset.drop(train_dataset.index)
```

计算各特征的统计值:

```
train_stats = train_dataset.describe()
train_stats.pop("MPG")
train_stats = train_stats.transpose()
```

分别将训练集和测试集的训练特征和标签分离,标签是模型需要预测的值,即燃油效率:

```
train_labels = train_dataset.pop('MPG')
test_labels = test_dataset.pop('MPG')
```

为了能使模型更加快速地收敛,将各特征做归一化处理。尽管在没有做归一化的情况下模型也可能收敛,但可能会让训练变得更慢,并会造成最终的模型依赖特征值使用的数据单位。

```
def norm(x):
    return (x - train_stats['mean']) / train_stats['std']
normed_train_data = norm(train_dataset)
normed_test_data = norm(test_dataset)
```

之后将会使用这个已经归一化的数据来训练模型。

5.5.2 构建模型

这里构建一个简单的神经网络回归模型,其中包含两个全连接层,以及一个输出层。模型定义在一个 Model 类中,然后实例化出一个模型对象:

```
import torch
from torch import nn
class Model(nn.Module):
    def __init__(self, input_dim, middle_dim):
        super(Model, self).__init__()
        self.fc1 = nn.Linear(input_dim, middle_dim)
        self.relu = nn.ReLU()
        self.fc2 = nn.Linear(middle_dim, middle_dim)
        self.out = nn.Linear(middle_dim, 1)

    def forward(self, x):
        return self.out(self.relu(self.fc2(self.relu(self.fc1(x))))).view(-1)

device = torch.device('cuda' if torch.cuda.is_available() else 'cpu')
model = Model(len(train_dataset.keys()), 64).to(device)
```

5.5.3 模型训练

下面将生成供训练和测试用的 DataLoader，损失函数使用平方误差损失 MSELoss，优化器使用 SGD，一共进行 20 轮（epoch）的训练。每 4 轮训练后打印训练集上的误差损失值。

```python
from torch.utils.data import TensorDataset, DataLoader
from torch import optim
train_dataset = TensorDataset(torch.from_numpy(normed_train_data.values).float(),
                              torch.from_numpy(train_labels.values).float())
train_loader = DataLoader(train_dataset, batch_size=32, shuffle=True, num_workers=4)
test_dataset = TensorDataset(torch.from_numpy(normed_test_data.values).float(),
                             torch.from_numpy(test_labels.values).float())
test_loader = DataLoader(test_dataset, batch_size=32, shuffle=False, num_workers=4)

criterion = nn.MSELoss()
optimizer = optim.SGD(model.parameters(), lr=0.001, momentum=0.9)


epochs = 20
for epoch in range(epochs):
    for feats, labels in train_loader:
        optimizer.zero_grad()
        feats, labels = feats.to(device), labels.to(device)
        y = model(feats)
        loss = criterion(y, labels)
        loss.backward()
        optimizer.step()
    if (epoch + 1) % 4 == 0:
        print('Epoch {}/{}: loss {}'.format(epoch + 1, epochs, loss.item()))
```

代码执行结果如下：

```
Epoch 4/20: loss 7.137554168701172
Epoch 8/20: loss 5.102132320404053
Epoch 12/20: loss 4.855294227600098
Epoch 16/20: loss 4.645660877227783
Epoch 20/20: loss 4.039916515350342
```

5.5.4 模型测试

通过使用测试集来检验模型的泛化效果。由于在训练模型时没有使用测试集，这样就可以估计在实际使用模型时，它的预测性能大致如何。代码如下：

```
preds = torch.empty((0,)).to(device)
gts = torch.empty((0,)).to(device)
with torch.no_grad():
    for feats, labels in test_loader:
        feats, labels = feats.to(device), labels.to(device)
        y = model(feats)
        preds = torch.cat((preds, y), dim=0)
        gts = torch.cat((gts, labels), dim=0)
    err = criterion(preds, gts)
    print('Testing set MSE: {:5.2f} MPG'.format(err.item()))
```

代码执行结果如下:

Testing set MSE: 5.61 MPG

结果给出了与真实值的平均平方误差。在实际应用中,一般直接得到 y 便是预测结果。

本 章 小 结

本章首先介绍了 PyTorch 的安装方法,以及使用中需要理解的几个比较重要的概念,如张量、自动求导等,并给出了涉及的基本操作示例;其次介绍了 PyTorch 提供的各种常见的神经网络工具箱的使用方法,如一维卷积类、二维卷积类、全连接类、平坦化类、非线性激活函数、顺序化容器以及损失函数等;然后给出了 PyTorch 常用的操作工具,如优化器、数据集类 Dataset、数据加载器类 DataLoader、针对图像和音频的工具包 torchvison 和 torchaudio、模型持久化方法和可视化工具包 visdom;最后给出了一个简单的回归实战示例。通过本章的学习,读者可以设计简单的深度网络模型,为解决实际问题打好基础。

习 题

(1) 试分析构建数据集类的作用,可否在调用 DataLoader 时不使用 Dataset 类的派生类定义的数据集对象?

(2) 试分析 PyTorch 内置的各种优化器的特点。

(3) torchvision.datasets 提供了哪些数据集?

(4) torchvision.models 提供了哪些预训练模型?

(5) 试使用 Visdom 可视化 5.5 节实战示例训练过程中的损失变化。

(6) 对于 5.5 节的示例,请直接使用 Origin 特征而不进行 one-hot 编码,重新训练模型,并与示例训练的模型效果进行对比。

(7) 试使用 torchvision.datasets 提供的 mnist 手写数据集进行逻辑回归实战。

第 6 章

PyTorch 实践——计算机视觉

6.1 概　　述

计算机视觉是一门研究如何使计算机像人一样可以创作、处理或理解图像或视频内容的科学，是当前人工智能领域的主要分支之一，也是最为活跃的研究热点之一。以下列举了一些常见的计算机视觉任务。

1. 图像分类

图像分类是指根据各图像在图像信息中所反映的不同特征，把不同类别的目标区分开来的图像处理方法。例如，分别训练含有"猫"和"狗"的图像后得到的模型，可以分辨出新的图像是哪一类别，这个模型也称为二分类模型。对于含有更多类别的数据集，如 ImageNet 数据集（共含有 21 841 种类别的图像），训练该数据集得到的分类模型称为多分类模型。由于 ImageNet 数据集过大，人们常使用其子集作为数据集，如选取 1 000 个类别的数据进行训练或测试。

2. 光学字符识别

光学字符识别（Optical Character Recognition，OCR）是指识别图像中的字符符号，前文介绍的手写数字识别就属于光学字符识别任务。本质上，光学字符识别属于图像分类任务的一种。除识别数字外，还可以设计模型识别英文字符，标点符号，不同字体的汉字、藏文、韩文、日文等；除识别单一的字符外，还可以一次性识别不易切分、存在连笔的多个字符符号；除识别手写字符外，还可以识别印刷体字符、美术字等；除识别背景较单一的字符图像外，还可以识别背景较为复杂的自然场景图像，如照片中马路两侧的饭馆招牌等。当前，针对一般的字符识别场景，识别率是令人满意的，例如识别名片中的字符、文章图片中的文字等。然而针对一些特殊场景，如较为潦草的手写笔记，识别率还需要进一步提升才能达到实际应用的要求。

3. 人脸定位与识别

人脸定位是指从图像中找到人脸，是人脸识别的前提，而人脸识别是指通过人脸识别图像中的人是谁。人脸识别目前是应用最广泛的识别技术之一，应用场景包括人脸门禁、人脸支付、人脸认证等等。实际上针对人脸的识别或处理技术还包括很多，如人脸配准、换脸技术、人脸活体检测、人脸表情识别、三维人脸生成、伪造人脸检测等。

4. 目标检测

目标检测（Object Detection）任务是指不仅要判断图片中各种物品的分类，还要在图片中标记出它们的位置，通常用方框把物品圈起来。早期比较流行的算法多是两阶段（Two-stage）的基于 Region Proposal 的 R-CNN 系算法，如 RCNN、SPPNet、FasterRCNN、FPN（Feature Pyramid NetWorks）等模型，它们首先产生目标候选框，也就是目标位置，然后再对候选框做分类与回归。现在比较流行的多是一阶段（One-stage）算法，仅使用一个卷积神经网络 CNN 直接预测不同目标的类别与位置，如 YOLO 系列模型、SSD 模型等。

5. 实例分割

实例分割（Instance Segmentation）也称为图像分割（Image Segmentation），是指把图像分成若干个特定的、具有独特性质的区域，并提出感兴趣目标的技术和过程。图像分割技术可应用于自动驾驶、医学图像诊断、遥感图像分析等领域。图像分割可认为是一种更为细化和准确的目标检测任务。

6. 视觉目标跟踪

视觉目标跟踪（Visual Object Tracking，VOT）是指给定第一帧图像中的目标位置后，根据跟踪算法预测出后续帧中目标的位置。根据要跟踪的目标数量，目标跟踪又分为单目标跟踪和多目标跟踪；根据跟踪的时间长短，目标跟踪又分为短时目标跟踪和长时目标跟踪等。视觉目标跟踪技术可广泛应用于视频监控、虚拟现实和体育赛事等场景。

7. 图像风格迁移

图像风格迁移（Image Style Transfer）是指通过理解图像，将图像中的纹理特征和内容特征区分开，然后将其风格、纹理等特征移植到另一幅目标图像中，生成的合成图像保留了原目标图像的内容信息。图像风格迁移可应用于艺术创作等领域。

8. 图像生成

图像生成是指通过深度网络模型自动生成一些新图像的技术，生成过程中往往可以通过设置参数控制新图像的内容信息。图像生成常常使用生成对抗网络（Generative Adversarial Network，GAN）模型，此类模型通常包含两个网络，一个是生成网络，通过输入参数或噪声，得到尽可能接近真实的新图像；另一个是判别网络，尽可能准确判别出输入的图像是真实的图像还是生成的图像。两个网络利用"道高一尺，魔高一丈"的思想，通过多轮迭代训练，不断提升自己的性能，使得生成网络生成的图像越来越真实。训练结束后，最终只需要生成网络，就可以得到新生成的图像。图像生成技术也可以用于上述的图像风格迁移任务，此外，也可用于数据增强、人脸表情控制、超分辨率图像或视频生成、早期影视画面修复等各种应用场景。

下面结合一些常见的计算机视觉任务，讲解相关示例。读者可以通过学习这些示例，举一反三，掌握解决实际问题的思路和方法。

6.2 MNIST 手写数字分类

手写数字识别是人工智能领域的一个经典任务，是计算机视觉领域的入门任务之一。手写数字识别的常用方法包括朴素贝叶斯分类器、SVM 分类器、深度神经网络，卷积神经网络等。在本书的第 3 章，曾给出使用 SKLearn 工具包进行手写数字半监督分类的示例。本节将使用卷积神经网络对 10 种手写数字图片进行分类。

6.2.1 数据集介绍

MNIST 是一个手写体数字的图片数据集，该数据集由美国国家标准与技术研究所（National Institute of Standards and Technology，NIST）发起整理，一共统计了来自 250 个人的不同手写数字图片，其中 50%是高中生，50%来自人口普查局的工作人员。该数据集的收集目的是希望通过算法，实现对手写数字的识别。如图 6-1 所示的 MNIST 数据集是手写数字识别任务领域中最常被使用的数据集。

图 6-1　MNIST 数据集

在前一章中学习 torchvision 包时，我们知道，torchvision 的 datasets 模块已经提供了 MNIST 数据集，可以直接使用。MNIST 数据集中的每个图像只有 1 个通道，图像尺寸为 (28,28)。每个像素的值为 −1 到 +1 之间的浮点数，可以认为 −1 表示纯白色，+1 表示纯黑色，其他值表示不同的灰度值。

6.2.2　训练代码设计流程

下面将对 MNIST 手写数字分类的训练代码进行详细讲解。

1. 导入必要的库

对于本节实验，我们需要导入相应的库，这些库在前面的章节中基本都已经做了介绍，例如 torch 模块为 PyTorch 的核心框架，torch.nn 块用来构建卷积神经网络等。导入各种库的代码如下：

```
import torch
from torch import nn
from torch.utils.data import DataLoader
from torchvision import datasets
from torchvision.transforms import ToTensor
```

2. 加载数据集

由于不同数据集的特征类别和数量都不同，若对各种数据集分别进行处理，则处理代码可能会相差较大且难以维护。因此，一般将用于处理数据集的代码与训练模型的代码相互分离，以获得更好的可读性和模块化。PyTorch 提供的数据集处理的操作类 torch.utils.data.DataLoader 允许用户使用预加载的数据集或者用户自定义的数据。

我们应用 torchvision 加载 MNIST 数据集的代码如下：

```
training_data = datasets.MNIST(
    root = "data",    # 存储训练数据集的路径
    train = True,    # 指定训练数据集
    download = True,    # 如果root路径不可用,那么从Internet下载数据
    transform = ToTensor(),    # 指定特征和标签转换为张量
)
test_data = datasets.MNIST(
    root = "data",    # 存储测试数据集的路径
    train = False,    # 指定测试数据集
    download = True,
    transform = ToTensor(),
)

batch_size = 64    # 设置一次输入网络的样本数量为64
# 实例化训练数据加载器
train_dataloader = DataLoader(training_data, batch_size = batch_size, shuffle = True)
# 实例化测试数据加载器
test_dataloader = DataLoader(test_data, batch_size = batch_size)
```

在下面的训练和测试过程中,可直接使用 train_dataloader 和 test_dataloader。

3. 定义卷积神经网络

本示例搭建了一个简单的卷积神经网络来识别手写数字图像。不同的卷积核有助于我们从输入图像中提取各类特征。代码如下:

```
# 定义CNN网络
class CNN(nn.Module):    # 从 nn.Module 派生 CNN 类
    def __init__(self):    # 定义初始化函数
        super(CNN, self).__init__()    # 调用基类初始化函数
        # 定义第一个卷积层,实际输入张量 shape 应为(N, 1, 28, 28),N 为 batch_size 大小
        self.conv1 = nn.Sequential(
            nn.Conv2d(    # 定义卷积核
                in_channels = 1,    # 输入特征图的通道数
                out_channels = 16,    # 输出特征图的通道数
                kernel_size = 5,    # 卷积核大小为 5X5
                stride = 1,    # 滑动步长
                padding = 2,    # 边界扩展填充
            ),    # 不难推断输出张量 shape 为(N, 16, 28, 28)
            nn.ReLU(),    # 激活函数
            nn.MaxPool2d(kernel_size = 2),    # 最大池化,输出特征图为(N, 16, 14, 14)
        )
        self.conv2 = nn.Sequential(    # 定义第二个卷积层
            nn.Conv2d(16, 32, 5, 1, 2),    # 定义卷积核,输出特征图为(N, 32, 14, 14)
            nn.ReLU(),
```

```
            nn.MaxPool2d(2), # 最大池化,输出特征图变为(N, 32, 7, 7)
        )
        self.out = nn.Linear(32 * 7 * 7, 10)  # 定义全连接层,输出为 10 个类别

    def forward(self, x):  # 定义前向传播函数
        x = self.conv1(x)
        x = self.conv2(x)
        x = x.view(x.size(0), -1)  # 将特征图平铺,shape 由(N, 32, 7, 7)变为(N, 1568)
        output = self.out(x)    # 输出为(N, 10)
        return output    # 返回最后输出
```

上述代码使用了 PyTorch 的预定义 Conv2d 类作为我们的卷积层。在代码示例中定义了一个具有 2 个卷积层的 CNN。在每个卷积层后面跟有一个 ReLU 激活函数,执行最大池化。代码示例使用了 Adam 优化器和交叉熵损失函数。网络由两层卷积层和一层全连接层组成。第一层与第二层卷积层采用 5×5 的卷积,步长为 1,padding 为 2。第一层输入通道数为 1,输出通道数为 16。第二层输入通道数为 16,输出通道数为 32。两个卷积层后都跟有一个 ReLU 激活函数和一个 2×2 的最大池化层。经过两层卷积层后输入全连接层,全连接层输出十维张量用于分类。

4. 加载模型,并定义损失及优化器

```
device = "cuda" if torch.cuda.is_available() else "cpu"
learn_rate = 1e-3    # 定义学习率
model = CNN().to(device)   # 实例化模型,并加载到 cpu 或 gpu 中
loss_fn = nn.CrossEntropyLoss()   # 定义交叉熵损失
optimizer = torch.optim.Adam(model.parameters(), lr = learn_rate)   # 设置优化器
```

5. 训练模型并测试

在这里,将训练模型和测试模型的过程分别写为两个函数。其中,训练模型的函数 train 包含如下参数:

- 数据加载器 DataLoader;
- 目标模型 model;
- 损失函数 criterion;
- 优化器 optimizer。

而测试模型的函数 test 的参数仅包含数据加载器、目标模型和损失函数,而不需要优化器。

代码如下:

```
def mnist_train(dataloader, model, loss_fn, optimizer):
    size = len(dataloader.dataset)  # 得到数据集的大小
    model.train()   # 模型进入训练状态,权值会进行学习
    for batch, (X, y) in enumerate(dataloader):  # 每个循环取 batch_size 个样本
        X, y = X.to(device), y.to(device)   # 样本特征和标签加载到计算环境
```

```
            pred = model(X)      # 得到预测结果,shape 为(64,10)
            loss = loss_fn(pred,y)   # 计算损失
            optimizer.zero_grad()   # 将参数梯度全部设置为0
            loss.backward()      # 通过损失计算所有参数梯度
            optimizer.step()     # 通过计算得到的参数梯度对网络参数进行更新

            if batch % 100 ==0:
                loss = loss.item()   # item()方法得到张量里的元素值,丢弃梯度信息
                current = batch * len(X)   # 得到已训练的样本数量
                print(f"loss:{loss:>7f} [{current:>5d}/{size:>5d}]")

    def mnist_test(dataloader,model,loss_fn):
        size = len(dataloader.dataset)
        num_batches = len(dataloader)
        model.eval()   # 模型进入测试状态,权值会被固定住,不会被改变
        test_loss,correct = 0,0
        with torch.no_grad():   # 该上下文管理器中的数据不会跟踪梯度,加快计算过程
            for X,y in dataloader:
                X,y = X.to(device),y.to(device)
                pred = model(X)
                test_loss += loss_fn(pred,y).item()   # 累计损失
                correct += (pred.argmax(1) == y).type(torch.float).sum().item() # 得到正确样本
数量
        test_loss /= num_batches
        correct /= size
    print(f"Accuracy:{(100 * correct):>0.1f}% , Avg loss:{test_loss:>8f} \n")

    #   正式开始训练和验证
    epochs = 10
    for t in range(epochs):
        print(f"Epoch {t+1}\n--------")
        mnist_train(train_dataloader, model, loss_fn, optimizer)
        mnist_test(test_dataloader,model,loss_fn)
    print("Done")
```

上述代码总共训练和测试 10 轮,每轮训练都会输出模型损失,一般来说模型损失应随训练过程而下降,最终趋于稳定。测试中输出针对所有测试样本的准确率和平均损失。本示例中学习率固定,读者可以自行调整学习率进行尝试。

6.2.3 使用预训练模型进行分类

我们知道,PyTorch 的 torchvision 包提供了大量的计算机视觉预训练模型可以供我们直接使用。我们可以将本例中的神经网络模型替换成某个预训练模型。下面是采用

MobileNetV2 预训练模型的示例:

```
import torchvision.models as models
model = models.mobilenet_v2(pretrained=True)   # 加载预训练模型
print(model)   # 打印模型
```

若第一次执行代码,会首先从官网下载模型文件。
最终的执行结果如下:

```
MobileNetV2(
  (features): Sequential(
    (0): ConvNormActivation(
      (0): Conv2d(3, 32, kernel_size=(3, 3), stride=(2, 2), padding=(1, 1), bias=False)
      (1): BatchNorm2d(32, eps=1e-05, momentum=0.1, affine=True, track_running_stats=True)
      (2): ReLU6(inplace=True)
    )
    (1): InvertedResidual(
      ……（注:因内容较多,这里省略了部分内容）
  )
  (classifier): Sequential(
    (0): Dropout(p=0.2, inplace=False)
    (1): Linear(in_features=1280, out_features=1000, bias=True)
  )
)
```

从打印出的预训练模型的网络结构可以看到,网络最后一层为全连接层,输出为1 000个结点。

在实际使用预训练模型时,最后输出层结点数量是根据实际任务来确定的,通常需要修改最后一层的输出结点数。此外,由于模型已经训练过,前面各层的主要作用是进行特征提取,其参数通过预训练基本已经不需要再进一步学习。因此在针对新任务重新训练时,通常将前面各层的权值固定,仅仅训练最后一层的参数,这样也能加快训练速度。

下面给出最终模型调整的代码:

```
class_num = 10   # 假设要分类数目是10
channel_in = model.classifier[1].in_features   # 获取 fc 层的输入通道数
# 然后把原模型的 fc 层替换成10个类别的 fc 层
model.classifier[1] = torch.nn.Linear(channel_in, class_num)
# 对于模型的每个权重,使其不进行反向传播,即固定参数
for param in model.parameters():
    param.requires_grad = False
# 不固定最后一层,即全连接层 fc 的权值,即最终要训练的权值
for param in model.classifier.parameters():
    param.requires_grad = True
    model.to(device)
print(model)
```

通过上述代码,模型的最后一个全连接层被修改,同时固定了前面各层的参数。通过打印网络结构也可以看到,最后一层输出确实被修改:

```
MobileNetV2(
  (features): Sequential(
    (0): ConvNormActivation(
      (0): Conv2d(3, 32, kernel_size=(3, 3), stride=(2, 2), padding=(1, 1), bias=False)
      (1): BatchNorm2d(32, eps=1e-05, momentum=0.1, affine=True, track_running_stats=True)
      (2): ReLU6(inplace=True)
    )
    (1): InvertedResidual(
    ......
  )
  (classifier): Sequential(
    (0): Dropout(p=0.2, inplace=False)
    (1): Linear(in_features=1280, out_features=10, bias=True)
  )
)
```

修改后的模型就可以直接应用到实际的分类训练中。但在本例中,读者可以直接训练所有权值,以达到更好的网络性能。

由于一般的图像预训练模型要求输入的都是 3 通道,因此数据集在构建时需要进行变换,将原来的数据变换为 3 通道,代码如下:

```
training_data = datasets.MNIST(
    root="data",    #存储训练数据集的路径
    train=True,    #指定训练数据集
    download=True,    #如果 root 路径不可用,那么从 Internet 下载数据
    transform=Compose([
        Grayscale(num_output_channels=3),
        ToTensor(),
    ])    #特征转换为 3 通道,然后转换为张量
)
test_data = datasets.MNIST(
    root="data",    #存储测试数据集的路径
    train=False,    #指定测试数据集
    download=True,
    transform=Compose([
        Grayscale(num_output_channels=3),
        ToTensor(),
    ])    #特征转换为 3 通道,然后转换为张量
)
```

其他的训练和验证的处理代码同上一节基本都相同,在此不再重复阐述。

6.2.4 本例小结

本节中我们通过卷积神经网络实现了 MNIST 手写数字分类。MNIST 数据集主要由一些手写数字的图片和相应的标签组成,图片一共有 10 类,分别对应从 0 到 9,共 10 个阿拉伯数字。分类代码流程简述如下。

(1)加载数据:该 torchvision.datasets 模块包含 Dataset 许多真实世界视觉数据的对象,如 CIFAR、COCO 等。在本节中,我们使用 MNIST 数据集。MNIST 数据集包含两个参数:样本和标签。将 Dataset 作为参数传递给 DataLoader。同时设置 batch_size 的大小为 64,即数据加载器迭代中的每个元素将返回一批 64 个特征和标签。

(2)搭建神经网络模型:我们可以自定义神经网络模型,使用 PyTorch 的预定义 Conv2d 类作为卷积层,例如定义一个具有 2 个卷积层的 CNN。每个卷积后跟一个 ReLU 激活函数,并执行最大池化。PyTorch 提供的预训练模型,可供我们修改使用。在训练时,可以使用不同的优化器和损失函数。在本例中,我们采用了 Adam 优化器和交叉熵损失函数。

(3)训练模型并测试:训练模型,在测试机上测试模型性能,计算测试集的准确率和损失来衡量模型性能。

在提取图像特征上,卷积神经网络具有很好的效果。本示例中使用的 MNIST 数据集包含的图像很小,可以通过简单的网络结构轻松提取到很好的图像特征,从而在测试集上取得好的效果,但在更为复杂的图像数据集上,可能需要设计更加复杂的卷积神经网络,或使用现成的预训练模型。

6.3 目标检测

目标检测作为计算机视觉的一个重要分支,在目标识别和定位中有着广泛的应用。目标检测任务主要是指通过执行目标检测算法,将图像或视频中的对象目标进行定位,并给出对象的类别,如图像中的人、物体等。经过几年的积累和发展,目标检测的相关技术已经取得了令人满意的效果,目前被广泛使用的目标检测算法基本都是使用水平框来完成目标定位任务。

早期的传统目标检测方法常采用维奥拉-琼斯检测器、HOG 检测器、DPM 检测器等。随着深度学习技术的发展,新方法展现出了更大的优势,不再需要人工设计相关特征,具有更强的鲁棒性,同时强大的学习能力能够在目标检测上达到更高的精度。

现有方法的目标检测器根据检测步骤通常可以划分为单阶段目标检测器和双阶段目标检测器。单阶段目标检测算法采用回归分析的思想,没有寻找候选区域这一过程,一步到位完成目标的分类和定位。YOLO 系列算法、SSD 算法、CornerNet 算法、CenterNet 算法、RetinaNet 算法等都是单阶段目标检测算法中的著名算法。双阶段目标检测算法则是先找到可能包含感兴趣目标的候选区域,再对候选区域进行分类和位置回归,完成目标的分类和定位。双阶段目标检测算法中最具代表性的算法是 Region-based CNN(RCNN)系列算法,包括 RCNN 算法、Fast RCNN 算法、Faster RCNN 算法、Mask RCNN 模型等。

本节将基于 PyTorch 的 torchvision 包提供的各种常用的预训练模型进行目标检测实验。下面讲述一下具体示例。对于模型的精调训练请读者参考相关资料自行练习。

本例中,对给定图像进行目标检测。程序执行后,将检测到的目标采用方框标出,并在方框左上角给出目标分类结果。目标检测预训练模型一般都是通过COCO数据集进行训练的。该数据集是一个可用于图像检测、语义分割和图像标题生成(Image Captioning)等任务的大规模数据集。它有超过33万张图像(其中大约22万张是有标注的图像),包含约150万个目标,80个目标类别(Object Categories),如行人、汽车、大象等,91种材料类别(Stuff Categoris),如草、墙、天空等,每张图像包含5句图像的语句描述,且有约25万个带关键点标注的行人。在本例中,我们只检测80个目标类别。

需要注意的是,由于需要显示文本信息,需要在程序执行目录下放置字体文件。在这里采用的是"Arial.ttf"字体文件,该文件在Windows环境下一般在系统文件夹Windows中的fonts目录中,在Linux环境下一般在"/usr/share/fonts"目录中。在目录中找到该字体文件复制到当前目录中即可。

本实例代码如下:

```
import torch
from torchvision.models import detection
import torchvision.transforms.functional as TF
import numpy as np
from PIL import Image, ImageDraw, ImageFont

# COCO 数据集80个标签对照表
COCO_CLASSES = {
    1: 'person', 2: 'bicycle', 3: 'car', 4: 'motorcycle', 5: 'airplane',
    6: 'bus', 7: 'train', 8: 'truck', 9: 'boat', 10: 'traffic light',
    11: 'fire hydrant', 13: 'stop sign', 14: 'parking meter', 15: 'bench',
    16: 'bird', 17: 'cat', 18: 'dog', 19: 'horse', 20: 'sheep',
    21: 'cow', 22: 'elephant', 23: 'bear', 24: 'zebra', 25: 'giraffe',
    27: 'backpack', 28: 'umbrella', 31: 'handbag', 32: 'tie', 33: 'suitcase',
    34: 'frisbee', 35: 'skis', 36: 'snowboard', 37: 'sports ball', 38: 'kite',
    39: 'baseball bat', 40: 'baseball glove', 41: 'skateboard', 42: 'surfboard',
    43: 'tennis racket', 44: 'bottle', 46: 'wine glass', 47: 'cup', 48: 'fork',
    49: 'knife', 50: 'spoon', 51: 'bowl', 52: 'banana', 53: 'apple',
    54: 'sandwich', 55: 'orange', 56: 'broccoli', 57: 'carrot', 58: 'hot dog',
    59: 'pizza', 60: 'donut', 61: 'cake', 62: 'chair', 63: 'couch',
    64: 'potted plant', 65: 'bed', 67: 'dining table', 70: 'toilet', 72: 'tv',
    73: 'laptop', 74: 'mouse', 75: 'remote', 76: 'keyboard', 77: 'cell phone',
    78: 'microwave', 79: 'oven', 80: 'toaster', 81: 'sink', 82: 'refrigerator',
    84: 'book', 85: 'clock', 86: 'vase', 87: 'scissors', 88: 'teddy bear',
    89: 'hair drier', 90: 'toothbrush'}

COLORS = [
    '#e6194b', '#3cb44b', '#ffe119', '#0082c8', '#f58231',
    '#911eb4', '#46f0f0', '#f032e6', '#d2f53c', '#fabebe',
```

```python
    '#008080', '#000080', '#aa6e28', '#fffac8', '#800000',
    '#aaffc3', '#808000', '#ffd8b1', '#e6beff', '#808080']

# 为每一个标签对应一种颜色,方便显示
COLOR_MAP = {k: COLORS[i % len(COLORS)] for i, k in enumerate(COCO_CLASSES.keys())}

# 判断 GPU 设备是否可用
device = torch.device("cuda" if torch.cuda.is_available() else "cpu")

# 目标检测函数
def my_detection(img_path):
    # 加载预训练目标检测模型 maskrcnn
    model = detection.maskrcnn_resnet50_fpn(pretrained=True)
    model.to(device)
    model.eval()

    # 读取输入图像,并转化为 tensor
    origin_img = Image.open(img_path, mode='r').convert('RGB')
    img = TF.to_tensor(origin_img)
    img = img.to(device)

    # 将图像输入神经网络模型中,得到输出
    output = model(img.unsqueeze(0))
    labels = output[0]['labels'].cpu().detach().numpy()   # 预测每一个 obj 的标签
    scores = output[0]['scores'].cpu().detach().numpy()   # 预测每一个 obj 的得分
    bboxes = output[0]['boxes'].cpu().detach().numpy()    # 预测每一个 obj 的边框

    # 只选取得分大于 0.8 的检测结果
    obj_index = np.argwhere(scores > 0.8).squeeze(axis=1).tolist()

    # 使用 ImageDraw 将检测到的边框和类别打印在图片中,得到最终的输出
    draw = ImageDraw.Draw(origin_img)
    font = ImageFont.truetype('Arial.ttf', 15)   # 加载字体文件

    for i in obj_index:
        box_loc = bboxes[i].tolist()
        draw.rectangle(xy=box_loc, outline=COLOR_MAP[labels[i]])  # 画框

        # 获取标签文本的左上和右下边界(left, top, right, bottom)
        text_size = font.getbbox(COCO_CLASSES[labels[i]])
        # 设置标签文本的左上角位置(left, top)
        text_loc = [box_loc[0] + 2., box_loc[1]]
        # 设置显示标签的边框(left, top, right, bottom)
```

```python
            textbox_loc = [
                box_loc[0], box_loc[1],
                box_loc[0] + text_size[2] + 4., box_loc[1] + text_size[3]
            ]
            # 绘制标签边框
            draw.rectangle(xy=textbox_loc, fill=COLOR_MAP[labels[i]])
            # 绘制标签文本
            draw.text(xy=text_loc, text=COCO_CLASSES[labels[i]], fill='white', font=font)

    # 显示检测最终结果
    origin_img.show()
    # 将检测结果保存
    origin_img.save("result.png")

if __name__ == '__main__':
    my_detection("FudanPed00042.png")   # 对给定图像进行目标检测
```

该示例代码将对给定图像"FudanPed00042.png"进行目标检测,检测结果显示后保存到"result.png"文件。原始图像和检测结果图像如图6-2所示。

(a) 原始图像

(b) 检测结果图像

目标检测示例

图 6-2 目标检测示例

本例采用的 Mask-RCNN 预训练模型为 maskrcnn_resnet50_fpn,骨干网络是 ResNet50,并采用了特征金字塔网络(Feature Pyramid Network,FPN),检测结果还是比较准确的,识别到了 bus、person 和 bicycle 类别。实际上 torchvision 提供了多种预训练目标检测模型,例如 torchvision-0.12.0 版本中,除了示例中的预训练模型外,还包含了多个 Faster-RCNN 模型(fasterrcnn_mobilenet_v3_large_320_fpn、fasterrcnn_mobilenet_v3_large_fpn、fasterrcnn_resnet50_fpn)、FCOS 模型(fcos_resnet50_fpn)、Keypoint-RCNN 模型(keypointrcnn_resnet50_fpn)、RetinaNet 模型(retinanet_resnet50_fpn)、SSD 模型(ssd300_vgg16、ssdlite320_mobilenet_v3_large)等。读者可以将示例中的模型更换后进行实践,图6-3给出了几种预训练模型的目标检测结果。

(a) fasterrcnn_mobilenet_v3_large_320_fpn模型

(b) keypointrcnn_resnet50_fp模型

(c) ssd300_vgg16模型

(d) retinanet_resnet50_fpn模型

(e) fcos_resnet50_fpn模型

(f) fcos_resnet50_fpn模型（得分阈值设为0.6）

图 6-3 不同预训练模型的目标检测结果

从图 6-3 可以看出，不同的模型进行目标检测的精度是不同的。此外，得分阈值的设置对检测结果也有较大影响。例如，fcos 采用默认的得分阈值 0.8，检测结果较差，但将得分阈值设为 0.6，检测结果精度就提升了。

不同预训练模型的目标检测结果

6.4 实例分割

相对于目标检测，实例分割任务不仅仅是将目标检测出来，还需要将每个目标实例分割开来，得到每个实例的不规则边界，也即将图像中的每个像素分类到某个目标实例中。

6.4.1 应用预训练模型进行实例分割

在前一节的示例中，采用的 Mask-RCNN 实际上也具有实例分割的能力。对于 detection.maskrcnn_resnet50_fpn 的预训练模型，其输出 output[0]为 dict 类型，除了"labels" "scores""boxes"三个 key（键）外，还有一个"masks"键，其值标识了每一个实例分割的结果，值为 0 表示该像素不属于该实例；值<0.5 表示该像素在该实例对应的矩形框内，但不属于该实例；值>=0.5 表示该像素属于该实例。

展示分割结果的代码只需要在上节的代码基础上修改即可。首先，获得检测结果的

masks 值,在上节示例如下语句:

```
bboxes = output[0]['boxes'].cpu().detach().numpy()   # 预测每一个 obj 的边框
```

后添加代码:

```
masks = output[0]['masks'].cpu().detach().numpy()    # 预测每一个 obj 的掩码
```

在循环体中的第一条语句:

```
box_loc = bboxes[i].tolist()
```

前添加代码:

```
mask = masks[i][0]    # 得到掩码二维数组
mask[mask >= 0.5] = 128    # 将掩码放大
bitmap = Image.fromarray(mask.astype('int8'), mode='L')    # 转化为 bitmap
draw.bitmap((0,0), bitmap=bitmap, fill=COLOR_MAP[labels[i]])    # 画图
```

修改上述代码后,运行代码得到的分割图像如图 6-4 所示。从图中可以看到,每个实例都用不同颜色的掩码进行了覆盖。

图 6-4　实例分割结果

实例分割结果

6.4.2　使用自己的数据集进行目标检测

如果希望针对实际任务进行目标检测或分割,如工厂环境中的安全帽检测、特定军事目标(飞机、舰船、装甲、掩体等)检测,就需要自己构建相关数据集。构建数据集时通常使用

Labelme软件对每张图像中的目标进行标注。

1. 数据集准备

为简单起见,我们使用Penn-Fudan行人检测与分割数据集,进行仅仅针对行人的检测任务。Penn-Fudan图像数据集包含了用于行人检测的170张图像,每个图像中至少有1个行人,共有345个行人标记。这些图像有96张来自宾夕法尼亚大学周边拍摄的照片,74张来自复旦大学周边拍摄的照片。图像中行人的高度从180到390像素不等。所有标记的行人都是笔直向上的。

Penn-Fudan行人检测与分割数据集

我们从网址 https://www.cis.upenn.edu/~jshi/ped_html/PennFudanPed.zip 下载本数据集。下载后解压缩,可得到以下文件夹结构:

```
PennFudanPed/
PedMasks/
    FudanPed00001_mask.png
    FudanPed00002_mask.png
    FudanPed00003_mask.png
    FudanPed00004_mask.png
    ...
PNGImages/
    FudanPed00001.png
FudanPed00002.png
    FudanPed00003.png
    FudanPed00004.png
    ...
```

其中,PNGImages目录为原始图像,PedMasks目录为对应的标注图像。需要注意的是,标注图像实际上仅仅对原始图像中的实例进行了每个像素的掩码标注,属于同一实例的像素对应相同的掩码编码。通过下述代码可得到实际的标注效果图:

```python
import numpy as np
from PIL import Image, ImageDraw

def getMasks(mask_path):    # 获得标注信息
    mask = Image.open(mask_path)    # 打开标注图像
    mask = np.array(mask)    # 转换为Numpy数组,形状为(W,H)
    obj_ids = np.unique(mask)    # 得到编码数目,每个实例所有像素对应一个唯一编码
    obj_ids = obj_ids[1:]    # 第一个编码为背景,不代表任何实例,删除
    N = len(obj_ids)    # 得到实例数目N
    # 得到每个实例对应整个图像的掩码数组,masks形状为(N,W,H)
    masks = mask == obj_ids[:, None, None]
    boxes = []    # 用于存储每个实例的边框
    for i in range(N):
        pos = np.where(masks[i])
        xmin = np.min(pos[1])
```

```
                xmax = np.max(pos[1])
                ymin = np.min(pos[0])
                ymax = np.max(pos[0])
                boxes.append([xmin, ymin, xmax, ymax])
        return boxes, masks

    def drawLabel(origin_img, boxes, masks, indexes):    # 在原始图像的实例上画掩码和边框
        COLORS = [
            '#e6194b', '#3cb44b', '#ffe119', '#0082c8', '#f58231',
            '#911eb4', '#46f0f0', '#f032e6', '#d2f53c', '#fabebe',]
        draw = ImageDraw.Draw(origin_img)
        for i in indexes:
            mask = masks[i].astype('float')
            mask[mask >= 0.5] = 128    # 将掩码放大
            bitmap = Image.fromarray(mask.astype('int8'), mode='L')    # 转化为bitmap
            draw.bitmap((0, 0), bitmap=bitmap, fill=COLORS[i % 10])    # 在原图上画掩码
            box_loc = boxes[i]
            draw.rectangle(xy=box_loc, outline=COLORS[i % 10])    # 画框
        del draw
        return origin_img

    def showPic():
        img_path = "PennFudanPed\\PNGImages\\FudanPed00016.png"
        mask_path = "PennFudanPed\\PedMasks\\FudanPed00016_mask.png"
        origin_img = Image.open(img_path, mode='r').convert('RGB')
        boxes, masks = getMasks(mask_path)
        new_img = drawLabel(origin_img, boxes, masks, range(len(boxes)))
        new_img.save("result.png")
        new_img.show()

    if __name__ == '__main__':
        showPic()
```

执行上述代码,可得到原始图像经过掩码图像标记后的结果。图 6-5 分别给出了原始图像和标记后的图像。

2. 设计数据集类

通过前面的学习我们知道,PyTorch 在训练或测试时,通常需要为数据集编写一个数据集处理类,该类派生于 torch.utils.data.Dataset 类。

在这里我们定义类名为 PennFudanDataset,该类的定义如下:

Penn-Fudan 行人检测与分割数据集示例及经过标记处理后的图像

(a) 原始图像示例　　　　　　　　　(b) 经过掩码图像标记后的图像

图 6-5　Penn-Fudan 行人检测与分割数据集示例及经过标记处理后的图像

```
import os
import numpy as np
import torch
from PIL import Image

class PennFudanDataset(torch.utils.data.Dataset):
    def __init__(self, root, transforms):
        self.root = root
        self.transforms = transforms  # 对图像做变换
        # 加载所有图像文件名和掩码文件名
        self.imgs = list(sorted(os.listdir(os.path.join(root, "PNGImages"))))
        self.masks = list(sorted(os.listdir(os.path.join(root, "PedMasks"))))

    def __getitem__(self, idx):
        # 得到第 idx 个图像文件名和掩码文件名
        img_path = os.path.join(self.root, "PNGImages", self.imgs[idx])
        mask_path = os.path.join(self.root, "PedMasks", self.masks[idx])
        img = Image.open(img_path).convert("RGB")  # 打开原始图像,并转换为 RGB 格式
        boxes, masks = getMasks(mask_path)  # 得到每个实例的标注信息
        # 转换为张量
        boxes = torch.as_tensor(boxes, dtype=torch.float32)
        labels = torch.ones((len(boxes),), dtype=torch.int64)
        masks = torch.as_tensor(masks, dtype=torch.uint8)
        image_id = torch.tensor([idx])
        # 得到面积
        area = (boxes[:, 3] - boxes[:, 1]) * (boxes[:, 2] - boxes[:, 0])
        # 假设所有实例都不是拥挤人群
        iscrowd = torch.zeros((len(boxes),), dtype=torch.int64)
```

```
            target = {}
            target["boxes"] = boxes
            target["labels"] = labels
            target["masks"] = masks
            target["image_id"] = image_id
            target["area"] = area
            target["iscrowd"] = iscrowd

            if self.transforms is not None:
                img = self.transforms(img)

            return img, target

    def __len__(self):
        return len(self.imgs)
```

在该类的定义中,调用了前面定义的 getMasks 函数。

3. 定义模型

在这里将使用基于 Faster-RCNN 的 Mask-RCNN 模型。Faster-RCNN 是用于预测图像中潜在对象的边界框和类别分数的模型,Mask-RCNN 在 Faster-RCNN 上添加了一个额外的功能,即可以预测每个实例的分割 mask。由于我们使用的 Penn-Fudan 数据集非常小,我们选择从预训练模型开始,然后微调最后一层神经网络。模型设计如下:

```
import torchvision
from torchvision.models.detection.faster_rcnn import FastRCNNPredictor
from torchvision.models.detection.mask_rcnn import MaskRCNNPredictor
import transforms as T

def get_model_instance_segmentation(num_classes):
    # 加载预训练模型
    model = torchvision.models.detection.maskrcnn_resnet50_fpn(pretrained=True)
    # 得到模型中分类器的输入特征数
    in_features = model.roi_heads.box_predictor.cls_score.in_features
    # 替换到预训练头(the pre-trained head)
    model.roi_heads.box_predictor = FastRCNNPredictor(in_features, num_classes)
    # 得到模型中掩码分类器的输入特征数
    in_features_mask = model.roi_heads.mask_predictor.conv5_mask.in_channels
    hidden_layer = 256
    # 替换掉掩码预测器(the mask predictor)
    model.roi_heads.mask_predictor = MaskRCNNPredictor(in_features_mask,
                                                      hidden_layer,
                                                      num_classes)

    return model   # 返回新模型
```

4. 模型训练环境准备

PyTorch 提供了目标检测训练和验证的辅助文件，可以帮助我们非常方便地对模型进行微调或重新训练。我们可以使用 git 命令或直接从 github.com 网站上下载这些辅助文件。

例如，我们执行如下命令，从远程 git 库中下载 vision 目录。

```
git clone https://github.com/pytorch/vision.git
```

若不能使用 git 进行 clone 下载，也可以从网站上打包下载。

本书提供的 gitee 仓库中已包含相应的文件，读者也可直接下载。

下载完成后，我们只需要在 vision/references/detection/ 目录下，将整个 detection 目录下的文件全部复制到自己的代码文件所在目录。这些文件包括：

```
coco_eval.py
coco_utils.py
engine.py
group_by_aspect_ratio.py
presets.py
train.py
transforms.py
utils.py
```

此外，还需要 pycocotools 包，可使用如下代码安装：

```
pip install pycocotools
```

需要注意的是，在 Windows 下安装此包需要 Visual Studio C++环境的支持，否则安装过程中会提示错误，按提示安装相应环境即可。

5. 模型训练

下面编写主函数进行训练和预测。

```python
from engine import train_one_epoch, evaluate  # 从辅助文件中导入训练和评估函数
import utils  # 导入辅助文件

def get_transform(train):   # 定义转换函数，训练和测试阶段转换过程有差别
    transforms = []
    transforms.append(T.ToTensor())
    if train:
        transforms.append(T.RandomHorizontalFlip(0.5))
    return T.Compose(transforms)

def main():
    device = torch.device('cuda' if torch.cuda.is_available() else 'cpu')
    num_classes = 2   # 数据集只有2类：背景和行人
```

```python
# 使用提前定义好的 PennFudanDataset 类和转换函数
dataset = PennFudanDataset('PennFudanPed', get_transform(train=True))
dataset_test = PennFudanDataset('PennFudanPed', get_transform(train=False))
# 将数据集分割为训练集和验证集
indices = torch.randperm(len(dataset)).tolist()
dataset = torch.utils.data.Subset(dataset, indices[:-50])
dataset_test = torch.utils.data.Subset(dataset_test, indices[-50:])
# 定义训练数据集加载器和验证数据集加载器
data_loader = torch.utils.data.DataLoader(
    dataset, batch_size=2, shuffle=True, num_workers=4,
    collate_fn=utils.collate_fn)
data_loader_test = torch.utils.data.DataLoader(
    dataset_test, batch_size=1, shuffle=False, num_workers=4,
    collate_fn=utils.collate_fn)
# 加载前面定义好的模型
model = get_model_instance_segmentation(num_classes)
model.to(device)
# 定义优化器
params = [p for p in model.parameters() if p.requires_grad]
optimizer = torch.optim.SGD(params, lr=0.005,
                            momentum=0.9, weight_decay=0.0005)
# 定义学习率调整策略
lr_scheduler = torch.optim.lr_scheduler.StepLR(optimizer,
                                                step_size=3,
                                                gamma=0.1)
num_epochs = 10  # 训练过程迭代 10 次
for epoch in range(num_epochs):
    # 1 次迭代训练，每 10 个循环打印训练信息
    train_one_epoch(model, optimizer, data_loader, device, epoch, print_freq=10)
    lr_scheduler.step()  # 更新学习率
    evaluate(model, data_loader_test, device=device)  # 在验证集上验证

torch.save(model, "model.pt")  # 保存模型到文件
print("Done, model.pt saved!")

if __name__ == "__main__":
    main()
```

运行以上代码，程序进入训练过程，训练完成后，模型保存到 model.pt 文件中。

6. 模型测试

训练好的模型保存后，就可以随时加载进行实际场景的应用了。

```python
import torchvision
import torch
import numpy as np
from PIL import Image, ImageDraw
```

```python
device = torch.device("cuda" if torch.cuda.is_available() else "cpu")
model = torch.load("./model.pt"))
model.to(device)
model.eval()
transform = torchvision.transforms.Compose([torchvision.transforms.ToTensor()])

def detection(img_path):
    # 读取输入图像,并转化为 tensor
    origin_img = Image.open(img_path, mode='r').convert('RGB')
    img = transform(origin_img)
    img = img.to(device)
    # 将图像输入神经网络模型中,得到输出
    output = model(img.unsqueeze(0))

    scores = output[0]['scores'].cpu().detach().numpy()   # 预测每一个 obj 的得分
    bboxes = output[0]['boxes'].cpu().detach().numpy()    # 预测每一个 obj 的边框
    masks = output[0]['masks'].cpu().detach().numpy()

    # 这个我们只选取得分大于 0.8 的
    obj_index = np.argwhere(scores > 0.8).squeeze(axis=1).tolist()

    # 使用 ImageDraw 将检测到的边框和类别打印在图片中,得到最终的输出
    masks = np.squeeze(masks, axis=(1,))
    new_img = drawLabel(origin_img, bboxes, masks, obj_index)
    new_img.save("result-" + img_path)

if __name__ == '__main__':
    detection("test2.jpg")
```

代码执行后,原始图像和得到的实例分割图像结果如图 6-6 所示。

(a) 原始图像　　　　　　　　　　(b) 实例分割结果

图 6-6　行人实例分割结果

以上示例给出了行人目标定位和分割的数据集和环境准备、训练方法和测试方法。读者可以以此为基础,举一反三,完成各种目标定位和实例分割任务。

行人实例分割结果

6.5 基于 GAN 的图像生成

6.5.1 生成对抗网络 GAN

生成对抗网络(Generative Adversarial Network,GAN)是一种无监督深度学习模型,用来通过计算机生成数据,由 Ian J. Goodfellow 等人于 2014 年提出。模型主要通过生成器(Generators)和判别器(Discriminators)两个模块互相博弈学习,最终通过生成器产生接近于真实的输出。生成对抗网络被认为是非常具有前景和活跃度的模型之一,目前主要应用于样本数据生成、图像生成、图像修复、图像转换、文本生成等诸多方向。

生成对抗网络是一种典型的非监督式学习模型,无需像监督式学习那样需要大量带有标签的训练集与测试集。网络中的生成器和判别器是两个不同的网络,生成器不断生成假的图像,记作 $G(z)$,企图通过判别器的识别。而判别器尽可能做出正确的判断,判定图像是真实图像还是生成器构造的生成图像。设 x 是判别器的输入,记 $D(x)$ 为判别器的输出,代表 x 为真实数据的概率,如果 $D(x)$ 为 1,就代表 100% 是真实的数据,而输出为 0,就代表不可能是真实的数据。

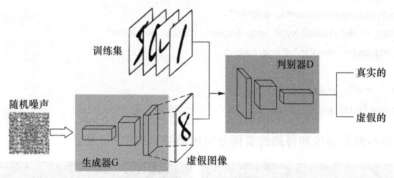

图 6-7 生成对抗网络结构

图 6-7 给出了生成对抗网络的一般结构,生成器 G 和判别器 D 构成了一个动态的对抗过程,或称为博弈过程。随着训练的进行,G 生成的数据越来越接近真实数据,而 D 判别输入数据的水平也越来越高。在理想的状态下,G 可以生成足以"以假乱真"的数据;而对于 D 来说,它最终难以判定生成器 G 生成的数据究竟是不是真实的,此时,$D(G(z))$ 接近 0.5。当训练完成后,我们就得到了一个生成模型 G,它可以用来生成以假乱真的数据。

简单来说,生成对抗网络的训练过程如下。

(1) 第一阶段:固定判别器 D,训练生成器 G。使用一个性能不错的判别器,G 不断生成"假数据",然后给 D 去判断。开始时,G 还很弱,所以很容易被判别出来。但随着训练不断进行,G 的技能不断提升,最终骗过了 D。这个时候,D 基本属于"猜想"的状态,判断是否为假数据的概率为 50%。

(2) 第二阶段:固定生成器 G,训练判别器 D。当通过了第一阶段,继续训练 G 就没有意义了,因此这时候我们固定 G,然后开始训练 D。通过不断训练,D 提高了自己的鉴别能力,最终它可以准确判断出假数据。

(3) 重复第一阶段、第二阶段。通过不断的循环,生成器 G 和判别器 D 的能力都越来越强。最终就得到了一个效果非常好的生成器 G,用来生成数据。

虽然 GAN 的思想非常简单,但是在实际应用中,往往训练速度较慢,效率较低,且常常出现不收敛的情况。为此,人们设计了各种各样的改进方法。接下来,我们给出使用最简单的方法来应用 GAN 生成手写数字的示例。

6.5.2 应用 GAN 生成手写数字

在本章 6.2 节介绍了 torchvision 提供的 MNIST 数据集,下面我们设计 GAN 网络,通过训练该模型,使其可以生成更多与 MNIST 数据集类似的手写数字。

1. 导入必要的包

为了便于执行后面的代码,在这里将所有需要导入的包全部导入:

```
import torch
from torch import nn
from torchvision import transforms, datasets
from PIL import Image
import numpy as np
import os
```

2. 生成器设计

生成器的作用是产生尽量逼真的样本,一般都采用神经网络设计,在这里用最简单的 5 个线性层构成的全连接网络作为生成器模型,代码中定义模型名称为 Generator,是 nn.Module 的派生类。生成器的输入数据通常为随机噪声向量,其维度值通过 input_size 在实例化时传入,默认为 10。线性层直接可以设置批标准化(Batch Normalization)层,后面接 LeakyReLU 激活函数。由于 MNIST 数据集每个像素的值在 -1 到 $+1$ 之间,因此模型的最后一层使用 tanh 激活函数。

生成器代码如下:

```
class Generator(nn.Module):
    def __init__(self, input_size = 10):
        super(Generator, self).__init__()

        def block(in_num, out_num, norm_ = True):   # 定义网络的块结构
            layers = [nn.Linear(in_num, out_num)]   # 线性层
            if(norm_):
                layers.append(nn.BatchNorm1d(out_num, 0.75))   # 批标准化层
            layers.append(nn.LeakyReLU())   # 激活函数层
            return layers
```

```python
        self.model = nn.Sequential(
            *block(input_size, 128, norm_=False),  # 线性层+激活函数层
            *block(128, 256),   # 线性层+批标准化层+激活函数层
            *block(256, 512),
            *block(512, 1024),
            nn.Linear(1024, 28 * 28),  # 线性层
            nn.Tanh()  # 激活函数层,输出在[-1,+1]之间
        )

    def forward(self, x):
        y = self.model(x)
        y = y.view(x.size(0), 28, 28)
        return y
```

3. 判别器设计

判别器用于判断输入的图像是真实图像还是生成图像,若是接近真实图像,判别器网络输出接近于1,否则为0。在这里判别器也采用了非常简单的3个线性层和激活函数构成的全连接网络。最后的激活函数为sigmoid函数,输出值在0到1之间。

判别器设计设计代码如下:

```python
class Discriminator(nn.Module):
    def __init__(self):
        super(Discriminator, self).__init__()
        self.model = nn.Sequential(
            nn.Linear(28 * 28, 512),
            nn.LeakyReLU(),
            nn.Linear(512, 256),
            nn.LeakyReLU(),
            nn.Linear(256, 1),
            nn.Sigmoid(),
        )

    def forward(self, x):
        x = x.view(x.size(0), -1)  # 将二维图像转换为一维向量,x.size(0)为batch_size
        return self.model(x)  # 返回预测结果
```

4. 损失函数与优化器

在这里,生成器和鉴别器网络均使用最简单的BCELoss(Binary Cross Entropy Loss,二分类交叉熵损失)作为损失函数,优化器均采用Adam优化器,其学习率设置为0.0003,betas值设置为(0.5,0.999)。

代码如下:

```python
def setKeyObj(generator, discriminator):
    device = torch.device('cuda' if torch.cuda.is_available() else 'cpu')
    loss = nn.BCELoss().to(device)   # 将损失函数置入合适的计算环境
    optim_G = torch.optim.Adam(generator.parameters(), lr=3e-4, betas=(0.5, 0.999))
    optim_D = torch.optim.Adam(discriminator.parameters(), lr=3e-4, betas=(0.5, 0.999))
    return device, loss, optim_G, optim_D
```

5. 数据加载

对于鉴别器，在训练时既需要生成器生成的图像，又需要 MNIST 数据集中的真实图像。而真实图像读取就需要设计相应的数据加载器，图像读取时直接通过设计相应的 transform 进行转换，便于直接输入鉴别器网络。代码如下：

```python
def getDataLoader(batch_size):
    Transform = transforms.Compose([transforms.Resize(28),
                                    transforms.ToTensor(),
                                    transforms.Normalize([0.5], [0.5])])
    data_loader = torch.utils.data.DataLoader(
        datasets.MNIST("./data", train=True, download=True, transform=Transform),
        batch_size=batch_size,
        shuffle=True
    )
    return data_loader
```

6. 图像保存

为了查看生成器根据随机向量产生的虚假图像，在这里设计了图像保存函数，将 25 个宽度和高度均为 28 的生成图像写入一个文件中。代码如下：

```python
from PIL import Image
import numpy as np
def saveImage(images, filename):   # 按5行5列保存25个图像到一个png文件
    bigImg = np.ones((150, 150)) * 255   # 生成宽和高均为150的全白大图数组
    for i in range(len(images)):
        row = int(i / 5) * 30   # 计算每个子图在大图中的左上角位置
        col = i % 5 * 30
        img = images[i]
        bigImg[col:col + 28, row:row + 28] = (1 - img) * 255/2   # 将子图放入大图中
    f = Image.fromarray(bigImg).convert('L')   # 将数组转换为8位灰度图
    f.save(filename, 'png')   # 保存文件
```

7. 模型训练

接下来就可以进行生成器和判别器的模型训练。训练时针对每批数据，首先计算生成器梯度并进行回传，然后计算判别器梯度并进行回传。

```python
torch.manual_seed(0)    # 设置随机数种子
if __name__ == '__main__':
    batch_size = 4096    # 设置批处理大小
    EPOCH = 200    # 设置迭代次数
    input_size = 100    # 设置生成器输入随机向量维度
    generator = Generator(input_size = input_size).to(device)    # 实例化生成器
    discriminator = Discriminator().to(device)    # 实例化判别器

    os.makedirs('imgs', exist_ok=True)    # 建立生成图像的存储目录

device, loss, optim_G, optim_D = setKeyObj(generator, discriminator)
    data_loader = getDataLoader(batch_size)

    for epoch in range(EPOCH):
        for i, (real_images, _) in enumerate(data_loader):
            img_num = len(real_images)    # 得到一次处理的图像数量,一般为batch_size
            in_random = torch.rand((img_num, input_size)).to(device)    # 输入向量

            optim_G.zero_grad()    # 生成网络优化器梯度清零
            # 得到生成图像及其标签,针对生成器,标签为1表示让判别器认为是真实图像
            nfake_images = generator(in_random).to(device)
            nfake_labels = torch.ones(img_num).view((img_num, 1)).to(device)
            y3 = discriminator(nfake_images)    # 通过判别器得到判别结果

            G_loss = loss(y3, nfake_labels)    # 计算loss
            G_loss.backward()
            optim_G.step()

            optim_D.zero_grad()    # 判别网络优化器梯度清零
            # 设置真实图像和标签,针对判别器,标签为1表示是真实图像
            r_imgs = real_images.to(device)
            r_labels = torch.ones(img_num).view((img_num, 1)).to(device)
            # 设置生成图像和标签,针对判别器,标签为0表示是生成图像
            in_random = torch.rand((img_num, input_size)).to(device)
            f_imgs = generator(in_random).to(device)
            f_labels = torch.zeros(img_num).view((img_num, 1)).to(device)
            y1 = discriminator(r_imgs)    # 针对真实图像得到判别器输出
            r_loss = loss(y1, r_labels)    # 计算loss
            y2 = discriminator(f_imgs)    # 针对生成图像得到判别器输出
            f_loss = loss(y2, f_labels)    # 计算loss
            D_loss = (r_loss + f_loss)/2    # 得到判别器总的loss
            D_loss.backward()
            optim_D.step()
```

```
        if i % 10 == 0:  # 每10个batch打印一下信息
            print("epoch：%d/%d, batch：%d/%d, D_loss：%f, G_loss：%f"
                  %(epoch, EPOCH, i, len(data_loader), D_loss.item(), G_loss.item())
                  )
        if epoch % 5 == 0:  # 每5个epoch保存一下生成图像
            saveImage(f_imgs[:25].detach().cpu().numpy(), "imgs/%d.png"% epoch)
```

在上述代码中，设置的 batch_size 为 4 096。根据实际运行环境，可以进行调整，如使用 CPU 进行训练，可以设置小一些，如 128。对于生成器的输入向量维度也可以进行修改，如 5、10、500 等，读者可以自行设置观察图像生成效果。

图 6-8 给出了不同迭代次数下生成的图像。

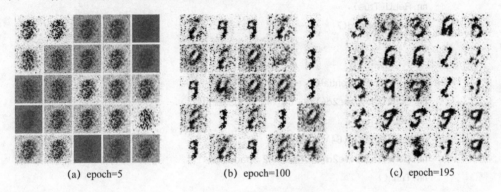

(a) epoch=5　　　　　　(b) epoch=100　　　　　　(c) epoch=195

图 6-8　GAN 生成效果

6.5.3　GAN 网络改进

6.5.2 小节给出的 GAN 网络是非常简单的模型。根据不同任务，在实际应用中可能会遇到梯度消失或梯度爆炸的问题，为此人们设计了各种改进，例如对生成器和判别器的损失函数进行修改，对网络结构进行修改等。

在这里，只给出两个改进，读者可观察改进后的效果。

1. 损失函数的改进

6.5.2 小节中的损失函数采用了 BCELoss 损失函数，在这里改为使用最小平方误差损失 LSLoss(Least Squares Loss)。生成器和判别器对应的 LSLoss 定义如下：

```
def gloss(scores_fake):
    loss = 0.5 * ((scores_fake - 1) ** 2).mean()
    return loss

def dloss(scores_real, scores_fake):
    loss = 0.5 * ((scores_real - 1) ** 2).mean() + 0.5 * (scores_fake ** 2).mean()
    return loss
```

通过定义这两个损失函数，就不再需要单独设置生成图像和真实图像的标签。

2. 修改网络结构

生成器网络的主要作用是根据随机向量生成图片,因此可使用逆卷积操作。而判别器网络对图片进行识别,因此可采用卷积网络。将上例中的生成器和判别器用如下类进行替换:

```python
class Generator(nn.Module):
    def __init__(self, input_size=10):
        super(Generator, self).__init__()
        self.fc = nn.Sequential(
            nn.Linear(input_size, 1024),
            nn.ReLU(True),
            nn.BatchNorm1d(1024),
            nn.Linear(1024, 7 * 7 * 128),
            nn.ReLU(True),
            nn.BatchNorm1d(7 * 7 * 128)
        )

        self.conv = nn.Sequential(
            nn.ConvTranspose2d(128, 64, 4, 2, padding=1),
            nn.ReLU(True),
            nn.BatchNorm2d(64),
            nn.ConvTranspose2d(64, 1, 4, 2, padding=1),
            nn.Tanh()
        )

    def forward(self, x):
        x = self.fc(x)
        x = x.view(x.shape[0], 128, 7, 7)   # reshape 通道是 128,大小是 7x7
        x = self.conv(x)
        return x

class Discriminator(nn.Module):
    def __init__(self):
        super(Discriminator, self).__init__()
        self.conv = nn.Sequential(
            nn.Conv2d(1, 32, 5, 1),
            nn.LeakyReLU(0.01),
            nn.MaxPool2d(2, 2),
            nn.Conv2d(32, 64, 5, 1),
            nn.LeakyReLU(0.01),
            nn.MaxPool2d(2, 2)
        )
        self.fc = nn.Sequential(
            nn.Linear(1024, 1024),
```

```
            nn.LeakyReLU(0.01),
            nn.Linear(1024, 1)
        )

    def forward(self, x):
        x = self.conv(x)
        x = x.view(x.shape[0], -1)
        x = self.fc(x)
        return x
```

经过以上修改，6.5.2 小节训练代码中的生成器损失计算的代码可替换为如下代码：

```
G_loss = gloss(y3)
```

判别器损失计算的代码可替换为如下代码：

```
D_loss = dloss(y1,y2)
```

重新训练新的 GAN 网络，会发现效果明显提升，生成器网络在几十次迭代以后就可以得到非常好的生成图像，如图 6-9 所示。

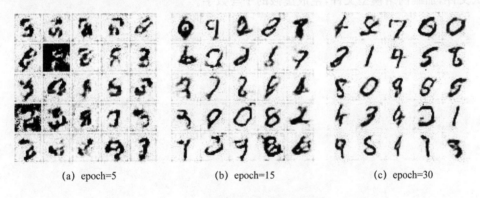

图 6-9　改进 GAN 后的生成效果

本 章 小 结

本章就图像识别、目标检测、实例分割和基于 GAN 的图像生成等几种实际应用给出了相应的 PyTorch 实战示例。读者可通过学习这些实例，举一反三，掌握基于 PyTorch 进行简单的图像识别和处理的基本步骤和方法，为后续更加复杂的模型设计和解决实际应用问题打好基础。

习 题

（1）请分析 MobileNetV1、V2、V3 的网络结构和各自的特点。

（2）6.2.3 小节使用 MobileNetV2 预训练模型时，由于预训练模型需要输入 3 通道样本，因此数据集的构建操作通过调用 torchvision 中的 transforms.Grayscale（num_output_channels=3），将数据变为 3 通道。若在数据集构造时不进行此操作，想想样本在进入模型前，还可以如何处理，以达到此目的？

（3）我们在使用预训练模型时，往往只需要修改最后一层（即全连接层）的网络结构，并且在使用新数据集进行训练时，只需要对模型参数进行微调（finetune），也就是锁定前面各层的权值，只学习最后一层的网络参数。试将 6.2.3 小节使用 MobileNetV2 预训练模型分别按训练全部权值和只训练最后一层训练的方法进行训练，并对比分析测试结果，及引起性能差异的原因。

（4）试应用多种预训练模型应用到目标检测任务，对比分析目标检测效果，并分析各模型在 score 选取不同阈值下的检测效果。

（5）基于 GAN 的手写数字生成实验中，试将训练好的生成网络模型持久化，并编写单独的测试文件，加载网络模型文件，生成虚假的手写数字。

第 7 章

PyTorch 实践——自然语言处理

7.1 概 述

自然语言处理(Natural Language Processing,NLP)是人工智能与计算机科学领域重要的方向之一,主要目标是让计算机充分理解和表达自然语言,能够代替人类完成各种语言类相关问题。

自然语言处理主要探讨如何基于人工智能技术和语言学技术处理及运用自然语言,研究内容丰富,大致可分为自然语言的认知和理解、语言生成以及两者的结合等几大类。

1. 自然语言认知和理解

自然语言认知和理解是让计算机把输入的语言文本变成有含义的符号和关系,然后根据实际任务和目的再处理,下面列举了一些常见的研究方向。

- 文本分类(Text Classification):即根据文本内容确定文本属于哪种类别。例如,根据新闻的标题或内容确定新闻属于政治类、军事类,还是体育类等;根据短信内容判别短信是涉诈短信、商业广告短信,还是不良垃圾短信或正常短信等。意图识别也可以认为是文本分类问题。
- 文本聚类(Text Clustering):即将内容相似或相近的文本聚成一类。例如,针对网上的实时发布内容进行热点话题检测等。
- 文本相似性计算(Text Similarity Computing):即对文本内容的相似度进行计算,以判别哪些文本内容在语义上是相似或相近的。文本相似性计算通常是文本聚类的基础。
- 情感分析(Sentiment Analysis):也称为文本倾向性分析,即对文本中的产品、服务、组织、个人、问题、事件、话题及其属性的观点、情感、情绪、评价和态度的计算研究。
- 命名实体识别(Named Entity Recognition):即判别文本中的各种实体,如姓名、地名、组织机构名、书名、电影名、日期时间等。由于知识图谱中一般都采用实体作为结点,因此命名实体识别技术是构建知识图谱的关键技术之一。
- 实体链接(Entity Linking):也称为实体对齐,即将文本中已经识别到的实体对象(如人名、地名、机构名等),与知识库中已经确定的目标实体进行正确匹配的过程。例如,知识库中存在"北京邮电大学"这个实体,但在一段文本中我们识别到了"北邮"这个实体,这时就需要进行实体链接,将"北邮"连接到"北京邮电大学",表示它们是同一个实体。

- 实体消歧(Entity Disambiguation):命名实体的歧义是指对于同一个实体指称项,对应有多个不同的真实世界的实体。实体消歧就是根据上下文来确定文本中的实体是知识库中的哪一个。例如,名字为"李娜"的人,在知识库中就有多个实体,有表示中国女子网球运动员的实体,也有表示女歌手的实体。若对于给定的一段文字中包含了"李娜",需要根据文本内容判断"李娜"是哪一个具体的实体。
- 关系抽取(Relation Extraction):即从一段文本中抽取出"(主体,关系,客体)"这样的三元组,对于给定的主体和客体,判断这两个实体属于哪种关系。在搜索引擎、机器问答等应用中,常常通过关系抽取技术来提升性能。由于知识图谱中需要表征各个实体间的相互关系,因此关系抽取技术也是构建知识图谱的关键技术之一。
- 槽位填充(Slot Filling):类似于完形填空,通常是指针对一段文字,标记那些对句子有意义的单词或记号,让文字描述的用户意图转化为明确指令而补全信息的过程。例如,通过分析文本内容,得到某个实体的某种属性的值。
- 信息抽取(Information Extraction):即把文本里包含的信息进行结构化处理,变成表格一样的组织形式。算法的输入是原始文本,输出是固定格式的信息点。信息点从各种各样的文档中被抽取出来,然后以统一的形式集成在一起。前面介绍的命名实体识别、关系抽取、槽位填充等,都可以认为是信息抽取的一些特例。

2. 自然语言生成

自然语言生成是通过人工智能技术把数据转化为自然语言,如文本自动生成、诗词自动生成和图像自动描述等。

- 文本自动生成(Automatic Text Generation):文本自动生成是指通过算法自动生成文本句子或文章。算法的输入可以是多种形态,可以是文本、句子、词、图像或某种提示信息等。诗词自动生成和图像自动描述可以认为是文本自动生成的一些特例。
- 诗词自动生成(Poetry Generation):通过对大量诗、词等文本的学习,模型可以自动生成新的诗词或诗歌,新生成的作品往往在押韵、意境、用词等方面接近于诗人的真实作品。
- 图像自动描述(Image Caption):是指给定一张图像,自动生成能够描述该图像场景的文本句子。

3. 自然语言理解与生成结合

自然语言理解与生成结合是通过对输入语言文本的认知和理解,输出人们想要得到的语言文本,因此具有更多的应用场景,如机器翻译、智能问答等。

- 摘要自动生成(Abstract Auto-generation):给定长文本,模型通过对文本的理解,自动生成该文本的摘要文本,通常摘要文本只有几个句子,远远短于输入的长文本。摘要自动生成也可以认为是文本自动生成的一种特例。
- 机器翻译(Machine Translation):顾名思义,机器翻译就是利用人工智能技术将一种自然语言转换为另一种自然语言的过程。例如,将中文句子翻译为英文句子。
- 智能问答(Question Answering):是指人们输入问题,计算机根据输入的问题的文本内容,给出智能回答的文本。

除以上研究内容外,自然语言处理还有很多相关研究,如句法分析、词性标注、中文分词等,可以认为是上述研究内容的基础,也有大量的研究成果不断涌现。

在本章中,我们首先了解了自然语言处理的一般流程和嵌入表示的基本概念,然后学习了中文文本分类、命名实体识别、诗词自动生成等自然语言处理方面的实战示例。

7.2　词嵌入技术

当前,基于深度学习的自然语言处理方法,几乎在各种相关任务上都取得了比传统方法更为优异的性能。自然语言处理的对象主要是字符文本串,无论是英文句子,还是中文句子,或其他语言的文本,都可以看作是字符序列。

无论何种类型的数据,我们在分析任务或计算机在处理时,通常需要将数据转换为可以处理的一维或高维的向量,以便于将要处理的问题用数学模型进行描述,进而较为方便地研究求解方法。因此,将要处理的文本或文档作为字符序列,首先需要将字符序列转换为向量,然后通过分析任务,设计相应的网络模型。大量的标注样本转换为向量后输入到模型,对模型进行迭代训练,最终得到性能上可被接受的模型。最后将模型部署到实际系统中,以便对具体任务进行处理。

文本内容通常都是由字符或词构成,因此文本的向量通常也是由字符或词的向量表示通过组合或转换计算得到。对于英文文本的向量,由于英文都是由一个个单词构成,相邻词用空格隔开,因此多使用词或词组的向量来计算得到。对于中文文本的向量,由于中文是由一个个汉字构成,因此可使用汉字的向量来计算得到,当然也可以使用构成文本的各个词的向量来计算。若用词向量来计算文本向量,首先将文本分隔为词的序列。相邻汉字可能构成汉语词,但相邻词与词之间没有分隔,因此需要分词技术,优秀的分词算法可以将句子中的词分隔得比较合理,不会出现错分的情况。目前已有很多开源的分词工具可以直接使用。

比较简单的文档向量表示方法是 n-gram 模型,即利用文档中连续 n 个词的相互依赖信息(如共现关系)来表示文档向量。n 取 1 时又称为 unigram 模型,即仅使用每个单独的词的权值来构造向量。设所有词的集合为 W,集合长度为 n,可计算文档 t 中每个词 w_i 的权重,因此对于 unigram 模型,文档 t 的向量可表示为 $T=\{w_1,\cdots,w_i,\cdots,w_n\}$。通常,文档 t 中包含的词非常少,远远小于 n,因此这种表示方法会导致向量 T 含有大量的权值为 0 的元素,因此这种向量表示会非常稀疏。各个词的权值可以使用该词在文档 t 中出现的频度(TF 值)或词频-倒文档频率(TF-IDF 值),或者直接使用该词在文档 t 中是否出现(0 或 1 的二值)来表示。这种表示方法也称为向量空间模型(VSM),显然,采用 VSM,所有的文档向量长度是相同的,可以非常方便地计算文档间的相似性。

VSM 有一个明显的缺点,即各个词之间的相似关系无法在文档向量表示中体现。例如,两个文档中分别含有两个不同的词:"北京"和"中国首都",显然这两个词的含义是相同的,但在文档向量中,它们会对应不同位置上的权值。

目前主流的方法是将每个词用一个 k 维的向量来表示,这种表示方法称为词嵌入表示(Word Embedding Representation),得到的每个词的表示向量称为嵌入向量(Embedding Vector)。所谓嵌入,是指用是密集数值表征真实世界的对象和关系,通常表示为向量。生成的向量空间量化了类别之间的语义相似性。真实世界的两个对象具有较大的语义相似性,如"北京"和"中国首都"两个词,其对应的嵌入向量的相似度也较大。

有了词嵌入技术，文档表示就被弱化了，将文档输入模型时，不用再考虑提前计算整个文档的向量表示，而是直接输入文档所包含的每个单词的词嵌入向量。早期传统的词表示法都可以转换为词嵌入表示，如前面介绍的 VSM 模型，每个词的特征可以转换为独热表示（One-hot Representation），即每个词都为 n 维向量，n 即是词的数量，每个词的向量元素只有该词对应的位置上为 1，其他位置都是 0，独热表示的缺点与 VSM 相同，不能表示词的语义相似性。

当前流行的词嵌入技术多采用词分布式表示法（Distributed Representations），目前已有很多深度模型通过训练各类语种大量的文本预料，可以生成各种语言的所有词的嵌入向量。早期的这些模型包括 Word2Vec、GloVe、FastText 等，在实际工程应用中，我们通常直接使用这些模型已经提前生成的词嵌入向量，而无须在实际任务模型前加入词嵌入生成模型进行联合训练。随着人们对文本序列处理研究的深入，各种新的针对序列数据的处理模型不断被提出，如 LSTM、GRU、注意力（Attention）模型、Transformer 模型等，而基于这些底层的处理模型，各种自然语言预训练模型不断被提出，如 ELMo、BERT、GPT、RoBerta、Ernie 等。这些模型可通过输入的文本直接得到各个词的嵌入向量，而且每个词的嵌入向量的生成往往也会受到所在文本中其他词的影响，而不是一成不变的，这样也能得到更为准确的语义表示。例如，"小米"一词，在有的语境中表示的是粮食，在有的语境中表示的是小米科技公司，早期的 Word2Vec 等模型得到的"小米"是一个固定的向量表示，不能很好地区分具体的语义，而如果用 BERT 等模型，可以根据上下文得到具有较为明确语义的向量。

对于 BERT 等预训练好的深度自然语言处理模型，通常要求对输入的文本进行标记化（Tokenization）处理。所谓标记化，类似于中文中的分词，是指将文本切分为标记（Token）序列。对于英文文本，这里的标记类似于单词，但还包括各种符号和时态等形式。对于各种词的变形，如复数形式、时态变形等，需要进行词形还原（Lemmatization）或词干提取（Stemming）。以英文句子"I'm walking."为例，对其标记化后得到的 Token 序列可以为：["I", "am", "walk", "##ing", "."]。Token 序列的每个元素都会对应一个唯一编号，因此最终输入到这些预训练模型的序列是一个数值序列，模型输出得到每个 Token 对应的嵌入向量。在模型中，这种进行标记化处理的模块通常称为标记器或分词器（Tokenizer），每种模型往往会有多种 Tokenizer 可供选择，Tokenizer 返回的结果是由每个 Token 编号构成的序列，而不是 Token 序列。

以 BERT 为例，Token 序列种往往还包括一些特殊的分隔符 Token，如"[MASK]""[SEP]""[CLS]""[UNK]""[PAD]"等。每个分隔符都有特定的含义，例如"[CLS]"一般放在序列最前面，代表整个句子，对应的编号为 101，对应的嵌入向量就是整个句子的向量表示。BERT 输出每个 Token 的嵌入向量都是 768 维，同时"[CLS]"对应的整个句子的嵌入向量也是 768 维，使用该向量可以针对整个句子进行后续任务的处理。

对于中文自然语言处理任务，可以使用传统方法得到的不同粒度的嵌入向量，如词嵌入向量、字嵌入向量。若使用词嵌入向量，首先需要对中文文本进行分词处理。我们可以从互联网中下载各种嵌入向量文件，由于文件包含所有常用字、词或短语的嵌入向量，因此这类文件通常都比较大。若采用当前流行的预训练模型，也可利用各种深度学习框架直接下载针对中文的预训练模型，或从互联网上单独下载此类预训练模型。当然希望自己训练一个模型也是可以的，不过需要大量的文本语料和计算资源。

hugging face 公司（https://huggingface.co/）提供的 transformers 工具包，提供了各种 NLP 预处理模型和工具，可以非常方便地进行各种 NLP 任务。在后面的实战任务中，我们将使用 tansformers 工具包对输入的文本进行 Tokenizer 处理。

在使用 transformers 工具包之前,首先需要安装,命令如下:

```
pip install transformers
```

安装完成后,下面将利用 tansformers 工具包演示 BERT 模型进行 Tokenizer 的处理方法。

首先加载 AutoTokenizer 类:

```
from transformers import AutoTokenizer
```

然后就可以使用 AutoTokenizer 类的 from_pretrained 加载预训练模型对应的分词器,例如:

```
MODEL_NAME = 'bert-base-chinese'
Tokenizer = AutoTokenizer.from_pretrained(MODEL_NAME)
```

以上代码得到一个分词器对象,对应于 bert-base-chinese 预训练模型。hugging face 网站上提供了成千上万个预训练模型,读者可通过其网址进行查看或下载。

接下来演示对句子进行分词并编码为向量的处理,最简单的方式是使用 encode 接口函数,例如:

```
s1="我爱北京天安门。"
s2="I'm walking."
tokens1 = tokenizer.encode(s1)
print(tokens1)
tokens2 = tokenizer.encode(s2)
print(tokens2)
```

执行结果如下:

```
[101, 2769, 4263, 1266, 776, 1921, 2128, 7305, 511, 102]
[101, 100, 112, 155, 165, 11346, 8221, 119, 102]
```

两个句子分别被编码成了两个向量。第一个编码值为 101,对应的 Token 为[CLS],代表整个句子。最后一个编码值为 102,对应的 Token 为[SEP],表示句子分隔符。BERT 在训练时除了对词进行随机掩码外,还有判别两个句子是否是前后关系(Next Sentence Prediction),这就要求两个句子需要句子分隔符进行分割。

若希望指定编码后的向量长度,可添加相应参数,例如:

```
tokens1 = tokenizer.encode(text=s1, max_length=16, truncation=True, padding = "max_length")
print(tokens1)
tokens2 = tokenizer.encode(text=s2, max_length=16, truncation=True, padding = "max_length")
print(tokens2)
```

打印结果如下,不难发现编码的长度为参数指定的 16,后面补 0:

```
[101, 2769, 4263, 1266, 776, 1921, 2128, 7305, 511, 102, 0, 0, 0, 0, 0, 0]
[101, 100, 112, 155, 165, 11346, 8221, 119, 102, 0, 0, 0, 0, 0, 0, 0]
```

对于编码内容,可使用 decode 接口函数,对其解码,得到对应的 Token:

```
t1 = tokenizer.decode(tokens1)
print(t1)
t2 = tokenizer.decode(tokens2)
print(t2)
```

执行结果如下:

```
[CLS] 我 爱 北 京 天 安 门 。 [SEP] [PAD] [PAD] [PAD] [PAD] [PAD] [PAD]
[CLS] [UNK] ' m walking . [SEP] [PAD] [PAD] [PAD] [PAD] [PAD] [PAD] [PAD]
```

当然,我们也可以调用 tokenize 接口,直接对句子进行分词而不编码,示例如下:

```
to1 = tokenizer.tokenize(sentence1)
print(to1)
to2 = tokenizer.tokenize(sentence2)
print(to2)
```

执行结果如下:

```
['我', '爱', '北', '京', '天', '安', '门', '。']
['[UNK]', "'", 'm', 'w', '##alk', '##ing', '.']
```

其中,[UNK]也是一个 Token,表示该预训练模型的此表中不存在该词。
我们也可以直接对 token 序列进行编码,示例如下:

```
t3 = tokenizer.convert_tokens_to_ids(to1)
print(t3)
t4 = tokenizer.convert_tokens_to_ids(to2)
print(t4)
```

执行结果如下:

```
[2769, 4263, 1266, 776, 1921, 2128, 7305, 511]
[100, 112, 155, 165, 11346, 8221, 119]
```

对比两种不同的编码方式,会发现 convert_tokens_to_ids 接口只针对 token 序列中的每个元素进行编码,并不会自动加上[CLS]、[SEP]等 Token 进行编码。

此外,AutoTokenizer 也提供了 encode_plus 接口,可以返回更多的信息。例如:

```
tokens3 = tokenizer.encode_plus(s1)
print(tokens3)
tokens4 = tokenizer.encode_plus(s2)
print(tokens4)
```

执行结果如下：

{'input_ids': [101, 2769, 4263, 1266, 776, 1921, 2128, 7305, 511, 102], 'token_type_ids': [0, 0, 0, 0, 0, 0, 0, 0, 0, 0], 'attention_mask': [1, 1, 1, 1, 1, 1, 1, 1, 1, 1]}
{'input_ids': [101, 100, 112, 155, 165, 11346, 8221, 119, 102], 'token_type_ids': [0, 0, 0, 0, 0, 0, 0, 0, 0], 'attention_mask': [1, 1, 1, 1, 1, 1, 1, 1, 1]}

不难发现，encode_plus 接口返回一个词典对象，其中的 input_ids 键对应的值就是 encode 接口返回的对象，即句子编码后的向量。此外，token_type_ids 键对应的值表示每个词属于第一个句子还是第二个句子，属于第一个句子用 0 表示，属于第二个句子用 1 表示。attention_mask 键对应的值表示每个词是否参与注意力计算，通常句子中的词参与计算，对应的值为 1，而填充的编码不参与计算，因此对应的值为 0。

通过以上的示例，读者应该理解了词嵌入技术是一个分词和编码处理。通常编码后的向量输入到预训练模型，模型便可输出得到每个 Token 的嵌入向量。

我们理解了词嵌入技术后，再解决各种自然语言处理任务，就变得非常容易了。下面各节将给出一些实战任务示例。

7.3 中文文本分类

文本分类问题是自然语言处理领域中一个非常经典的问题，应用广泛，例如垃圾过滤，新闻分类，情感分类，词性标注等都可以应用文本分类方法。文本分类常用方法有多种方法，如朴素贝叶斯分类器、KNN 方法、支持向量机、FastText、TextCNN 等。本节我们使用两个神经网络模型对中文新闻标题文本进行分类。第一个模型采用 TextCNN，其使用的每个汉字的嵌入向量从搜狗发布的汉字嵌入向量文件中获得。第二个模型采用 bert-base-chinese 预训练模型，每个字的嵌入向量由模型运行时生成。

7.3.1 数据集描述

本节将采用 THUCNews 数据集进行实验。该数据集是清华大学根据新浪新闻 RSS 订阅频道 2005 年到 2011 年间的历史数据筛选过滤生成，包含 74 万篇新闻文档(2.19 GB)。在原始新浪新闻分类体系的基础上，数据集被重新整合划分出 14 个分类类别，分别为财经、彩票、房产、股票、家居、教育、科技、社会、时尚、时政、体育、星座、游戏、娱乐等。各类别样本数量分布如图 7-1 所示。

THUCNews 数据集是目前最常用的中文文本分类数据集之一，本示例中从 THUCNews 中抽取样本数量超过 24 000 条的类别对应的的新闻标题，每个标题文本长度在 20 到 30 之间。一共得到 10 个类别,每个类别的训练集、验证集和测试集比例为 10∶1∶1。

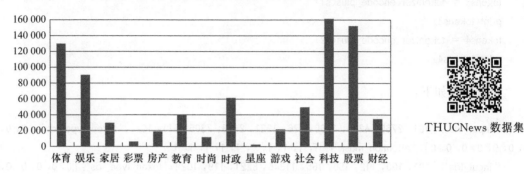

图 7-1　THUCNews 数据集各类别样本数量分布

THUCNews 数据集可以从 http://thuctc.thunlp.org/message 下载,下载的压缩文件解压后,每个类别对应一个目录,目录名称为类别名称,目录中的每个文件是该类别的一个新闻样本,文件的第一行为标题,后续文本为新闻内容。由于本示例我们只对新闻标题文本进行分类,因此需要编写程序转换为本示例使用的数据。

处理代码如下:

```python
import os
from itertools import accumulate
from bisect import bisect_right
import random
random.seed(0)
path = './'    # 设置数据集路径
wfilenames = ['train.txt','test.txt','dev.txt']    # 设置训练集、验证集和测试集文件
num = [20000,2000,2000]    # 设置各数据集样本数量
allnum = list(accumulate(num))    # allnum 为[20000,22000,24000]
wfiles = [open(path+f,'w', encoding='utf-8') for f in wfilenames]    # 打开数据集文件

subpaths = os.listdir(path)    # 得到各个目录,即类别名称
for classname in subpaths:
    subpath = os.path.join(path, classname)
    if os.path.isdir(subpath):    # 如果是目录
        files = os.listdir(subpath)    # 得到所有的样本文件名称
        print(classname, len(files))    # 打印该类别名称及样本数量
        if len(files)< allnum[-1]: continue    # 样本量不足 24000 不提取该类别样本
        topics = []
        for i in range(allnum[-1]):
            with open(os.path.join(subpath, files[i]),'r', encoding='utf-8') as f:
                line = f.readline().strip()    # 只读第一行标题文本
                if len(line)< 3: continue    # 标题太短则丢弃
                topics.append(line+'\n')
                f.close()
```

```
            random.shuffle(topics)    # 打乱标题顺序
            for i,t in enumerate(topics):
                tag = bisect_right(allnum, i)
                wfiles[tag].write(classname+'\t'+t)    # 写入对应的数据集文件
for f in wfiles:    # 关闭所有的数据集文件
    f.close()
```

通过上述代码，我们就分别得到了训练集、验证集和测试集对应的文本文件，分别为 train.txt，test.txt，dev.txt。每个文件中，每一行为一个样本，首先是类别名称，其次是标题文本，中间使用制表符（即"\t"）隔开。

7.3.2 构建训练集词向量

本节介绍如何对训练集文本中的汉字进行词嵌入向量构建。这里所说的"词向量"实际为每个汉字的向量，为了统一概念，对于字的向量，我们也统称为词向量。每个汉字的向量采用搜狗发布的汉字嵌入向量，该向量对应文件 sgns.sogou.char 可从地址 https://github.com/Embedding/Chinese-Word-Vectors 下载，或从国内网站 https://gitee.com/ 中搜索 Chinese-Word-Vectors，可得到相应下载地址。该文件解压缩后文件大小约为 996MB。

Chinese-Word-Vectors 数据集

构建训练集词向量的好处是在训练模型时，可以直接加载提前准备好的词向量，不必训练时从原始的预训练文件中从头构建，因此加快了训练的速度。

构建构建训练集词向量的代码如下：

```
import numpy as np
import pickle as pkl


train_file = "train.txt"    # 要读取的训练文本文件
orig_embedding_file = "sgns.sogou.char"    # 预训练的词嵌入向量文件,每行一个字和对应的向量值,全部用空格隔开
vocab_file = "vocab.pkl"    # 用于存储词及其 id 的文件
filename_trimmed_file = "embedding_SougouNews"    # 用于存储词嵌入向量的文件

max_vocab_size = 10000    # 词表长度限制
emb_dim = 300    # 嵌入向量长度
min_freq = 1    # 最小出现频率,小于该值的字将被忽略
np.random.seed(0)    # 设置随机数种子

word_count = {}    # 存储每个词的数量
with open(train_file,'r', encoding='UTF-8') as f:
    for line in f:
        lin = line.strip()
        if not lin: continue
        content = lin.split('\t')    # 分别得到类别和新闻标题
```

```
            if len(content)!=2: continue
            for word in content[1]:    # 对于新闻标题,以字为单位构建词表
                word_count[word] = word_count.get(word, 0) + 1
    # 得到词表,按词频由大到小有序存储,最多 max_vocab_size 个
    vocab_list = sorted([_ for _ in word_count.items() if _[1] >= min_freq], key=lambda x: x[1], reverse=True)[:max_vocab_size]
    # 对词从 0 开始编号
    word_to_id = {word_count[0]: idx for idx, word_count in enumerate(vocab_list)}
    # 添加特殊的 Token
    word_to_id.update({'[UNK]': len(word_to_id), '[PAD]': len(word_to_id) + 1})
    # 存储词及其 id 到文件
    pkl.dump(word_to_id, open(vocab_file, 'wb'))
f.close()

# 随机初始化每个词 id 对应的嵌入向量
embeddings = np.random.rand(len(word_to_id), emb_dim)
# 读取预训练词向量文件
with open(orig_embedding_file, "r", encoding='UTF-8') as f:
    for i, line in enumerate(f.readlines()):
        lin = line.strip().split(" ")
        if lin[0] in word_to_id:    # 如果字在 word_to_id 列表中
            idx = word_to_id[lin[0]]    # 得到该字的 id
            emb = [float(x) for x in lin[1:emb_dim+1]]    # 得到嵌入向量
            embeddings[idx] = np.asarray(emb, dtype='float32')    # 替换初始化的嵌入向量
f.close()
# 保存训练文件中各词的嵌入向量,在训练时直接读取,以加快处理速度
np.savez_compressed(filename_trimmed_file, embeddings=embeddings)
```

通过代码中的注释,比较容易理解每行代码的作用。分析代码可知,程序分别读取训练文本文件(train.txt)和搜狗预训练的词嵌入向量文件(sgns.sogou.char),分别生成词和 id 对应文件(vocab.pkl 文件)和训练文件对应的词嵌入向量文件(embedding_SougouNews.npz)。在实际训练或推理应用中,可直接加载代码生成的词嵌入向量文件。

7.3.3 使用 TextCNN 进行新闻标题文本分类

Yoon Kim 等人在 2014 年将图像处理中的卷积神经网络 CNN 应用到文本分类任务中,在论文《Convolutional Neural Networks for Sentence Classification》中提出了 TextCNN 模型。该模型利用多个不同大小的卷积核来提取句子中的关键信息,从而能够更好地捕捉局部相关性,提升了文本分类性能。

1. 模型定义

TextCNN 模型如图 7-2 所示。设句子中有 n 个词,每个词的嵌入向量长度为 k,则每个句子可用 $n*k$ 的矩阵表示。为了学习每个词和临近词的关系,模型设计了不同高度的卷积核,

如高度为 2，表示学习相邻词的关系。卷积核的宽度应与嵌入向量长度相同。对于模型的细节，读者可自行阅读论文。

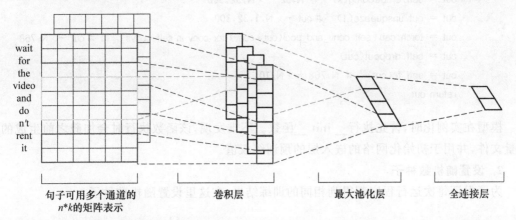

图 7-2　TextCNN 模型

下面给出具体的代码，首先定义模型：

```
from torch import nn
from torch.nn import functional as F
import numpy as np


class TextCNNModel(nn.Module):   # 定义模型
    def __init__(self, embedding_file='embedding_SougouNews.npz'):
        super(TextCNNModel, self).__init__()
        # 加载词向量文件
        embedding_pretrained = torch.tensor(
            np.load(embedding_file)["embeddings"].astype('float32'))
        # 定义词嵌入层
        self.embedding = nn.Embedding.from_pretrained(embedding_pretrained, freeze=False)
        # 定义三个卷积
        self.convs = nn.ModuleList(
            [nn.Conv2d(1, 256, (k, 300)) for k in [2, 3, 4]])
        # 定义dropout层
        self.dropout = nn.Dropout(0.5)
        # 定义全连接层
        self.fc = nn.Linear(256 * 3, 10)

    def conv_and_pool(self, x, conv):   # 定义卷积+激活函数+池化层构成的一个操作块
        x = conv(x)   # N,1,32,300 -> N,256,31/30/29,1
        x = F.relu(x).squeeze(3)   # x -> N,256,31/30/29
        x = F.max_pool1d(x, x.size(2)).squeeze(2)   # x -> N,256,1 -> N,256
        return x
```

```python
def forward(self, x):    # 前向传播
    out = self.embedding(x)    # N,32 -> N,32,300
    out = out.unsqueeze(1)    # out -> N,1,32,300
    out = torch.cat([self.conv_and_pool(out, conv) for conv in self.convs], 1) # out -> N,768
    out = self.dropout(out)
    out = self.fc(out)    # N,768 -> N,10
    return out
```

模型在实例化时,首先执行__init__函数。不难发现,该函数执行时会加载之前生成的词向量文件,并用于初始化网络的嵌入层的预训练权值。

2. 设置随机数种子

为了保证每次运行程序都得到相同的训练结果,在这里设置随机数种子。

```python
import torch
def setSeed(seed):
    np.random.seed(seed)
    torch.manual_seed(seed)
    torch.cuda.manual_seed_all(seed)
    torch.backends.cudnn.deterministic = True    # 保证每次结果一样
setSeed(seed=1)
```

通过以上代码,读者重复该实验可以得到相同的执行结果和训练模型。

3. 数据集定义

如前所述,基于 PyTorch 框架编写深度网络训练程序,通常需要定义自己的数据集。在以下代码中,通过继承 torch.utils.data 中的 Dataset 类,定义了 MyData 类。

```python
import torch
from torch.utils.data import Dataset

labels = ['体育','娱乐','家居','教育','时政','游戏','社会','科技','股票','财经']
LABEL2ID = { x:i for (x,i) in zip(labels,range(len(labels)))}

class MyData(Dataset):    # 继承 Dataset
    def __init__(self, tokenize_fun, filename):
        self.filename = filename    # 要加载的数据文件名
        self.tokenize_function = tokenize_fun    # 实例化时需传入分词器函数
        print("Loading dataset " + self.filename + " ...")
        self.data, self.labels = self.load_data()    # 得到分词后的 id 序列和标签
    # 读取文件,得到分词后的 id 序列和标签,返回的都是 tensor 类型的数据
    def load_data(self):
        labels = []
        data = []
        with open(self.filename, mode='r', encoding='utf-8') as f:
```

```
            lines = f.readlines()
            for line in lines:
                fields = line.strip().split('\t')
                if len(fields)!=2:
                    continue
                labels.append(LABEL2ID[fields[0]])    # 标签转换为序号
                data.append(self.tokenize_function(fields[1])))    # 样本为词 id 序列
        f.close()
        return torch.tensor(data), torch.tensor(labels)
    def __len__(self):    # 返回整个数据集的大小
        return len(self.data)
    def __getitem__(self, index):    # 根据索引 index 返回 dataset[index]
        return self.data[index], self.labels[index]
```

该类在实例化时,需要传入分词器函数和要加载的文件名称。通过该类实例化后的对象可构造 DataLoader 对象,用于分批加载数据训练或测试。

4. 分词器函数定义

在这里,我们自己定义分词器函数。利用加载前面生成的词和 id 的对应文件 vocab.pkl,可对每个句子分词得到设定长度的 id 向量。

```
import pickle as pkl
vocab_file = "vocab.pkl"    # 之前生成的存储词及其 id 的文件
word_to_id = pkl.load(open(vocab_file,'rb'))    # 加载词典

def tokenize_textCNN(s):    # 输入句子 s
    max_size = 32    # 句子分词最大长度
    ts = [w for i, w in enumerate(s) if i < max_size]    # 得到字符列表,最多 32 个
    ids = [word_to_id[w] if w in word_to_id.keys() else word_to_id['[UNK]'] for w in ts]    # 根据词典,将字符列表转换为 id 列表
    ids += [0 for _ in range(max_size-len(ts))]    # 若 id 列表达不到最大长度,则补 0
    return ids
```

5. DataLoader 类实例化

分词器函数和数据集类定义好后,就可以实例化 DataLoader 类得到相应的训练数据对象和测试数据对象。代码如下:

```
from torch.utils.data import DataLoader
def getDataLoader(train_dataset, dev_dataset):
    batch_size = 128
    train_dataloader = DataLoader(
        dataset=train_dataset,
        batch_size=batch_size,    # 从数据集合中每次抽出 batch_size 个样本
        shuffle=True,    # 加载数据时打乱样本顺序
    )
```

```
    dev_dataloader = DataLoader(
        dataset = dev_dataset,
        batch_size = batch_size,
        shuffle = False,    # 按原始数据集样本顺序加载
    )
    return train_dataloader, dev_dataloader
```

上述代码定义了 getDataLoader 函数，该函数分别输入训练数据集和测试数据集对象，返回相应的训练数据加载器对象和测试数据加载器对象。需要注意的是，该函数中定义了 batch-size 的大小，读者可根据机器计算资源灵活配置。

6. 训练和验证函数设计

通常，训练过程中经过若干次迭代后，模型性能便得到提升。因此，可以在编写训练代码时，每隔一定周期，如代码中设定了每训练 100 批数据后，就可以将模型在验证集上进行验证，观测性能，及时发现模型学习过程中出现梯度爆炸或消失而引起的无效学习。

验证函数设计了三个输入参数，第一个参数 model 表示要评估的模型，第二个参数 dataload 表示验证数据集加载器，第三个参数 postProc 代表一个函数，用于从模型的输出结果中提取出代表各个类别的 logits 值，加入该参数增强了函数的通用性。本小节的模型输出已经是 logits 值，因此 postProc 参数在本小节的实验中不使用，在 7.3.4 小节和 7.3.5 小节中，该参数将会被使用。

验证函数定义如下：

```
from sklearn import metrics    # 从 sklearn 工具包中导入指标评价模块
def evaluate(model, device, dataload, postProc=None):
    model.eval()    # 设置模型为评估模式，该模式下不会更新模型参数
    loss_total = 0    # 总损失
    predict_all = np.array([], dtype=int)    # 存储所有样本的总预测类别
    labels_all = np.array([], dtype=int)    # 存储所有样本的总标注类别
    with torch.no_grad():
        for texts, labels in dataload:    # 循环加载每批验证数据
            outputs = model(texts.to(device))    # 将数据输入模型，得到输出结果
            if postProc:    # 可以对输出结果自定义后处理，得到实际的每样本各类别 logits
                outputs = postProc(outputs)
            loss = F.cross_entropy(outputs, labels.to(device))    # 计算本批样本损失
            loss_total += loss    # 累加到总损失上
            labels = labels.data.cpu().numpy()    # 得到标注类别
            predic = torch.max(outputs.data, 1)[1].cpu().numpy()    # 得到预测类别
            labels_all = np.append(labels_all, labels)    # 添加到总标注类别
            predict_all = np.append(predict_all, predic)    # 添加到总预测类别
    # 得到在验证集上的精确率(accuracy)
    acc = metrics.accuracy_score(labels_all, predict_all)
    model.train()    # 恢复为训练模式
    # 返回精确率和平均 loss 值
    return acc, loss_total/len(dataload), (labels_all, predict_all)
```

在 evaluate 函数中，使用了 sklearn 工具包中的 metrics 模块，可以方便地计算各种评价指标。在代码中，利用 metrics 模块计算了针对测试集的精确率指标和损失值。函数除了返回这两个参数之外，还返回了存储实际类别标签和预测标签的 tuple 对象，也用于后续进一步的性能指标分析，在 3.7.5 小节中，将使用该返回对象。

在训练过程中，代码采用了第三方可视化工具包 tensorboardX。该工具包类似于 Tensorflow 深度框架中的 tensorboard 可视化工具，可通过记录训练过程信息，并可通过浏览器直观地查看损失、精确率等指标随着迭代次数的变化。使用 tensorboardX 之前，首先要进行安装：

```
pip install tensorboardX
```

安装完成后，便可以随时执行，对各种程序的训练过程进行可视化。执行方法如下：

```
tensorboard --logdir log
```

其中，参数 log 是代码执行的路径。不同的训练程序路径不同，可以根据实际存储情况设置相应日志路径即可。在本例中，训练过程的存储信息全部存储在 log 目录下。

信息的存储使用了 tensorboardX 工具包中的 SummaryWriter 类。在使用该类时首先进行实例化，实例化时需设置相应的日志目录。在后续写入日志信息时，可调用其 add_scalar 函数。

训练函数的处理代码如下：

```
from tensorboardX import SummaryWriter
import time
from datetime import timedelta

def get_time_dif(start_time):    # 获取已使用时间
    end_time = time.time()
    time_dif = end_time - start_time
    return timedelta(seconds=int(round(time_dif)))


def train(model, device, model_name, train_dataloader, dev_dataloader, postProc=None):
    start_time = time.time()    # 记录起始时间
    model.train()    # 设置 model 为训练模式
    optimizer = torch.optim.Adam(model.parameters(), lr=1e-5)    # 定义优化器
    total_batch = 0    # 记录进行到多少 batch
    dev_best_loss = float('inf')    # 记录验证集上的最优损失
    last_improve = 0    # 记录上次验证集 loss 下降的 batch 数
    flag = False    # 记录是否效果很久没有提升
    writer = SummaryWriter(log_dir='./log/%s.'%(model_name) + time.strftime('%m-%d_%H.%M', time.localtime()))    # 实例化 SummaryWriter
    num_epochs = 3    # 设置训练次数
    for epoch in range(num_epochs):
```

```python
            print('Epoch [{}/{}]'.format(epoch + 1, num_epochs))
            for i, (trains, labels) in enumerate(train_dataloader):
                outputs = model(trains.to(device))    # 将数据输入模型,得到输出结果
                if postProc:
                    outputs = postProc(outputs) # 对输出结果进行后处理,得到每样本各类别 logits
                model.zero_grad()    # 模型梯度清零
                loss = F.cross_entropy(outputs, labels.to(device))    # 计算交叉熵损失
                loss.backward()    # 梯度回传
                optimizer.step()    # 更新参数
                if total_batch % 100 == 0:
                    # 每 100 轮输出在训练集和验证集上的效果
                    true = labels.data.cpu()
                    predic = torch.max(outputs.data, 1)[1].cpu()
                    train_acc = metrics.accuracy_score(true, predic)    # 训练集精确度
                    # 调用函数得到测试集精确度等指标
                    dev_acc, dev_loss, _ = evaluate(model, dev_dataloader, postProc)
                    # 记录验证集当前的最优损失,并保存模型参数
                    if dev_loss < dev_best_loss:
                        dev_best_loss = dev_loss
                        torch.save(model, 'check_point/textcnn_model.%.2f'%dev_loss)
                        improve = '*'    # 设置标记
                        last_improve = total_batch
                    else:
                        improve = ''
                    time_dif = get_time_dif(start_time)    # 得到当前运行时间
                    msg = 'Iter:{0:>4}, Tr-Loss:{1:>4.2}, Tr-Acc:{2:>6.2%}, Va-Loss:{3:>4.2}, Va-Acc:{4:>6.2%}, Time:{5}{6}'
                    # 打印训练过程信息
                    print(msg.format(total_batch, loss.item(), train_acc, dev_loss, dev_acc, time_dif, improve))
                    # 写入 tensorboardX 可视化用的日志信息
                    writer.add_scalar("loss/train", loss.item(), total_batch)
                    writer.add_scalar("loss/dev", dev_loss, total_batch)
                    writer.add_scalar("acc/train", train_acc, total_batch)
                    writer.add_scalar("acc/dev", dev_acc, total_batch)
                total_batch += 1
                if total_batch - last_improve > 1000:
                    # 验证集 loss 超过 1000batch 没下降,结束训练
                    print("No optimization for a long time, auto-stopping...")
                    flag = True
                    break
            if flag:
                break
```

```
writer.close()    # 关闭 writer 对象
```

7. 主要处理流程设计

训练过程的主要处理程序设计流程如下：
(1) 构建训练数据集和验证数据集,在构建时需要传入分词器函数；
(2) 构建训练数据加载器和验证数据加载器；
(3) 定义模型对象,并加载到计算资源中；
(4) 调用训练函数,进行模型训练和验证。
相关代码如下：

```
def trainTextCNN():
    train_dataset = MyData(tokenize_fun=tokenize_textCNN, filename='train.txt')
    dev_dataset = MyData(tokenize_fun=tokenize_textCNN, filename='dev.txt')
    train_dataset, dev_dataset = getDataLoader(train_dataset, dev_dataset)
    device = torch.device('cuda' if torch.cuda.is_available() else 'cpu')   # 设备
    model = TextCNNModel().to(device)
    print(model)
    lr = 1e-3   # Adam 优化器学习率
    train(model, device, 'textcnn', lr, train_dataset, dev_dataset)   # 开始训练

if __name__ == '__main__':
    trainTextCNN()
```

8. 程序执行结果

程序执行结果如下：

```
Loading dataset ./train.txt ...
Loading dataset train.txt ...
Loading dataset dev.txt ...
TextCNNModel(
  (embedding): Embedding(4802, 300)
  (convs): ModuleList(
    (0): Conv2d(1, 256, kernel_size=(2, 300), stride=(1, 1))
    (1): Conv2d(1, 256, kernel_size=(3, 300), stride=(1, 1))
    (2): Conv2d(1, 256, kernel_size=(4, 300), stride=(1, 1))
  )
  (dropout): Dropout(p=0.5, inplace=False)
  (fc): Linear(in_features=768, out_features=10, bias=True)
)
Epoch [1/3]
Iter:   0, Tr-Loss: 2.3, Tr-Acc: 7.81%, Va-Loss: 2.4, Va-Acc:10.01%, Time:0:00:03 *
Iter: 100, Tr-Loss: 0.8, Tr-Acc:71.88%, Va-Loss:0.64, Va-Acc:80.25%, Time:0:00:44 *
Iter: 200, Tr-Loss:0.43, Tr-Acc:88.28%, Va-Loss:0.45, Va-Acc:86.25%, Time:0:01:26 *
```

Iter: 300, Tr-Loss:0.49, Tr-Acc:83.59%, Va-Loss: 0.4, Va-Acc:87.82%, Time:0:02:09 *
Iter: 400, Tr-Loss:0.51, Tr-Acc:85.94%, Va-Loss:0.35, Va-Acc:89.19%, Time:0:02:52 *
Iter: 500, Tr-Loss:0.39, Tr-Acc:87.50%, Va-Loss:0.34, Va-Acc:89.29%, Time:0:03:36 *
Iter: 600, Tr-Loss:0.38, Tr-Acc:89.06%, Va-Loss:0.31, Va-Acc:90.38%, Time:0:04:19 *
Iter: 700, Tr-Loss: 0.3, Tr-Acc:89.06%, Va-Loss: 0.3, Va-Acc:90.73%, Time:0:05:02 *
Iter: 800, Tr-Loss:0.29, Tr-Acc:89.06%, Va-Loss:0.29, Va-Acc:91.01%, Time:0:05:46 *
Iter: 900, Tr-Loss:0.33, Tr-Acc:90.62%, Va-Loss:0.28, Va-Acc:91.08%, Time:0:06:30 *
Iter:1000, Tr-Loss:0.36, Tr-Acc:88.28%, Va-Loss:0.27, Va-Acc:91.43%, Time:0:07:13 *
Iter:1100, Tr-Loss:0.34, Tr-Acc:89.84%, Va-Loss:0.26, Va-Acc:91.89%, Time:0:07:57 *
Iter:1200, Tr-Loss:0.15, Tr-Acc:95.31%, Va-Loss:0.27, Va-Acc:91.74%, Time:0:08:41
Iter:1300, Tr-Loss:0.24, Tr-Acc:90.62%, Va-Loss:0.27, Va-Acc:91.75%, Time:0:09:24
Iter:1400, Tr-Loss:0.35, Tr-Acc:90.62%, Va-Loss:0.25, Va-Acc:92.24%, Time:0:10:08 *
Iter:1500, Tr-Loss:0.44, Tr-Acc:88.28%, Va-Loss:0.26, Va-Acc:92.04%, Time:0:10:52
Epoch [2/3]
Iter:1600, Tr-Loss:0.22, Tr-Acc:95.31%, Va-Loss:0.25, Va-Acc:92.52%, Time:0:11:36 *
Iter:1700, Tr-Loss:0.26, Tr-Acc:94.53%, Va-Loss:0.24, Va-Acc:92.71%, Time:0:12:20 *
Iter:1800, Tr-Loss:0.12, Tr-Acc:96.09%, Va-Loss:0.24, Va-Acc:92.54%, Time:0:13:04
Iter:1900, Tr-Loss:0.26, Tr-Acc:92.97%, Va-Loss:0.24, Va-Acc:92.57%, Time:0:13:48 *
Iter:2000, Tr-Loss:0.18, Tr-Acc:95.31%, Va-Loss:0.24, Va-Acc:92.70%, Time:0:14:32
Iter:2100, Tr-Loss:0.26, Tr-Acc:93.75%, Va-Loss:0.24, Va-Acc:92.78%, Time:0:15:16
Iter:2200, Tr-Loss:0.25, Tr-Acc:90.62%, Va-Loss:0.23, Va-Acc:92.88%, Time:0:16:00 *
Iter:2300, Tr-Loss:0.23, Tr-Acc:92.19%, Va-Loss:0.23, Va-Acc:92.75%, Time:0:16:44 *
Iter:2400, Tr-Loss:0.18, Tr-Acc:93.75%, Va-Loss:0.23, Va-Acc:93.03%, Time:0:17:28 *
Iter:2500, Tr-Loss:0.16, Tr-Acc:96.09%, Va-Loss:0.23, Va-Acc:92.99%, Time:0:18:12
Iter:2600, Tr-Loss:0.34, Tr-Acc:89.06%, Va-Loss:0.22, Va-Acc:93.15%, Time:0:18:56 *
Iter:2700, Tr-Loss: 0.2, Tr-Acc:92.97%, Va-Loss:0.22, Va-Acc:93.17%, Time:0:19:40
Iter:2800, Tr-Loss:0.39, Tr-Acc:88.28%, Va-Loss:0.22, Va-Acc:93.07%, Time:0:20:24 *
Iter:2900, Tr-Loss:0.25, Tr-Acc:93.75%, Va-Loss:0.22, Va-Acc:93.12%, Time:0:21:08 *
Iter:3000, Tr-Loss:0.18, Tr-Acc:93.75%, Va-Loss:0.22, Va-Acc:93.32%, Time:0:21:52
Iter:3100, Tr-Loss:0.17, Tr-Acc:96.09%, Va-Loss:0.22, Va-Acc:93.19%, Time:0:22:37
Epoch [3/3]
Iter:3200, Tr-Loss:0.19, Tr-Acc:94.53%, Va-Loss:0.21, Va-Acc:93.54%, Time:0:23:21 *
Iter:3300, Tr-Loss:0.067, Tr-Acc:96.88%, Va-Loss:0.21, Va-Acc:93.35%, Time:0:24:05
Iter:3400, Tr-Loss:0.23, Tr-Acc:92.97%, Va-Loss:0.21, Va-Acc:93.55%, Time:0:24:49
Iter:3500, Tr-Loss:0.23, Tr-Acc:93.75%, Va-Loss:0.21, Va-Acc:93.61%, Time:0:25:33 *
Iter:3600, Tr-Loss:0.22, Tr-Acc:92.19%, Va-Loss:0.21, Va-Acc:93.49%, Time:0:26:17
Iter:3700, Tr-Loss:0.18, Tr-Acc:96.09%, Va-Loss:0.22, Va-Acc:93.26%, Time:0:27:01
Iter:3800, Tr-Loss:0.14, Tr-Acc:96.09%, Va-Loss:0.21, Va-Acc:93.46%, Time:0:27:45
Iter:3900, Tr-Loss:0.16, Tr-Acc:93.75%, Va-Loss:0.21, Va-Acc:93.58%, Time:0:28:30
Iter:4000, Tr-Loss:0.12, Tr-Acc:96.88%, Va-Loss:0.21, Va-Acc:93.69%, Time:0:29:14 *
Iter:4100, Tr-Loss:0.14, Tr-Acc:95.31%, Va-Loss:0.21, Va-Acc:93.69%, Time:0:29:58
Iter:4200, Tr-Loss:0.07, Tr-Acc:99.22%, Va-Loss:0.21, Va-Acc:93.77%, Time:0:30:42
Iter:4300, Tr-Loss:0.12, Tr-Acc:96.09%, Va-Loss:0.21, Va-Acc:93.63%, Time:0:31:26

```
Iter:4400，Tr-Loss：0.2，Tr-Acc:92.19%，Va-Loss:0.21，Va-Acc:93.80%，Time:0:32:10
Iter:4500，Tr-Loss：0.1，Tr-Acc:96.09%，Va-Loss:0.21，Va-Acc:93.84%，Time:0:32:54 *
Iter:4600，Tr-Loss:0.18，Tr-Acc:96.09%，Va-Loss:0.21，Va-Acc:93.59%，Time:0:33:38
```

从以上结果可以看到，TextCNN 模型非常简单，却也取得了较好的性能。即使所有训练集没有全部参与训练，仅仅训练了 600 个批次，模型在验证集上的精确率就已经达到了 90% 以上。在第 3 个迭代周期内，验证集上的损失基本稳定在 0.21，精确率稳定在 93% 以上。

9. 使用 TensorBoardX 可视化

在当前路径为程序所在目录的命令行下，输入如下命令：

```
tensorboard --logdir log
```

会提示如下信息：

```
TensorFlow installation not found - running with reduced feature set.
Serving TensorBoard on localhost; to expose to the network, use a proxy or pass --bind_all
TensorBoard 2.10.0 at http://localhost:6006/ (Press CTRL+C to quit)
```

打开浏览器，访问如上提示信息最后一行中的网址，即可看到训练过程中，模型针对训练集和验证集的损失（loss）和精确率（acc）随训练批次（代码中的 total_batch）的变化情况，如图 7-3 所示。

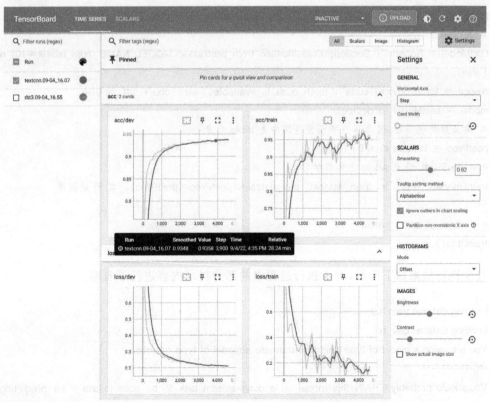

图 7-3　TensorBoardX 可视化结果

7.3.4 使用预训练模型进行新闻标题文本分类

本节我们使用 huggingface.co 网站上的预训练模型进行训练。如前所示,网站上的模型仓库中有大量预训练模型,我们选择 hfl/rbt3 模型。该模型是哈尔滨工业大学开源的基于 roberta 模型开发的一个3层轻量级模型,可以进行快速的训练。

训练代码依然复用前一小节针对 TextCNN 模型进行训练的代码,只是添加相应的处理函数,并将主程序进行了替换。代码如下:

```python
from transformers import AutoTokenizer, RobertaForSequenceClassification
def trainRbt3():
    MODEL_NAME = 'hfl/rbt3'
    tokenizer = AutoTokenizer.from_pretrained(MODEL_NAME)   # 实例化分词器
    # 定义分词函数
    def tokenize_BERT(s):
        return tokenizer.encode(s, max_length=32, truncation=True, padding="max_length")

    # 得到数据集
    train_dataset = MyData(tokenize_fun=tokenize_BERT, filename='train.txt')
    dev_dataset = MyData(tokenize_fun=tokenize_BERT, filename='dev.txt')
    # 得到数据加载器
    train_dataset, dev_dataset = getDataLoader(train_dataset, dev_dataset)
    # 定义模型
    bertModel = RobertaForSequenceClassification.from_pretrained(MODEL_NAME, num_labels=10, return_dict=False)
    device = torch.device('cuda' if torch.cuda.is_available() else 'cpu')   # 设备
    model = bertModel.to(device)
    # 定义后处理函数,因为预训练模型返回的是 triple 对象
    postProc = lambda x: x[0]
    lr = 1e-5   # 设置 Adam 优化器学习率
    train(model, 'rbt3', lr, train_dataset, dev_dataset, postProc=postProc)   # 开始训练

if __name__ == '__main__':
    trainRbt3()
```

程序执行结果如下所示,对于执行过程中的部分提示内容进行了省略。

```
Loading dataset train.txt ...
Loading dataset dev.txt ...
You are using a model of type bert to instantiate a model of type roberta.
..................
You should probably TRAIN this model on a down-stream task to be able to use it for predictions and inference.
```

Epoch [1/3]
Iter: 0, Tr-Loss: 2.3, Tr-Acc:13.28%, Va-Loss: 2.6, Va-Acc:10.06%, Time:0:00:06 *
Iter: 100, Tr-Loss:0.92, Tr-Acc:67.19%, Va-Loss:0.85, Va-Acc:73.51%, Time:0:00:19 *
Iter: 200, Tr-Loss:0.74, Tr-Acc:73.44%, Va-Loss:0.47, Va-Acc:85.44%, Time:0:00:33 *
Iter: 300, Tr-Loss:0.41, Tr-Acc:88.28%, Va-Loss: 0.4, Va-Acc:87.36%, Time:0:00:47 *
Iter: 400, Tr-Loss:0.42, Tr-Acc:89.84%, Va-Loss:0.38, Va-Acc:88.17%, Time:0:01:01 *
Iter: 500, Tr-Loss: 0.3, Tr-Acc:91.41%, Va-Loss:0.33, Va-Acc:89.87%, Time:0:01:16 *
Iter: 600, Tr-Loss:0.36, Tr-Acc:89.84%, Va-Loss: 0.3, Va-Acc:90.72%, Time:0:01:31 *
Iter: 700, Tr-Loss:0.36, Tr-Acc:91.41%, Va-Loss:0.29, Va-Acc:91.04%, Time:0:01:46 *
Iter: 800, Tr-Loss:0.37, Tr-Acc:87.50%, Va-Loss:0.27, Va-Acc:91.75%, Time:0:02:01 *
Iter: 900, Tr-Loss:0.33, Tr-Acc:89.06%, Va-Loss: 0.3, Va-Acc:90.61%, Time:0:02:15
Iter:1000, Tr-Loss:0.22, Tr-Acc:92.19%, Va-Loss:0.28, Va-Acc:91.12%, Time:0:02:30
Iter:1100, Tr-Loss:0.38, Tr-Acc:87.50%, Va-Loss:0.26, Va-Acc:91.70%, Time:0:02:45 *
Iter:1200, Tr-Loss:0.28, Tr-Acc:92.97%, Va-Loss:0.25, Va-Acc:92.14%, Time:0:03:01 *
Iter:1300, Tr-Loss:0.29, Tr-Acc:90.62%, Va-Loss:0.25, Va-Acc:92.18%, Time:0:03:16 *
Iter:1400, Tr-Loss:0.21, Tr-Acc:91.41%, Va-Loss:0.27, Va-Acc:91.59%, Time:0:03:31
Iter:1500, Tr-Loss:0.19, Tr-Acc:92.97%, Va-Loss:0.26, Va-Acc:92.03%, Time:0:03:46
Epoch [2/3]
Iter:1600, Tr-Loss:0.17, Tr-Acc:96.09%, Va-Loss:0.25, Va-Acc:92.29%, Time:0:04:01 *
Iter:1700, Tr-Loss:0.15, Tr-Acc:94.53%, Va-Loss:0.25, Va-Acc:92.28%, Time:0:04:16
Iter:1800, Tr-Loss:0.16, Tr-Acc:92.97%, Va-Loss:0.24, Va-Acc:92.63%, Time:0:04:31 *
Iter:1900, Tr-Loss:0.31, Tr-Acc:91.41%, Va-Loss:0.26, Va-Acc:92.14%, Time:0:04:46
Iter:2000, Tr-Loss:0.16, Tr-Acc:96.09%, Va-Loss:0.24, Va-Acc:92.51%, Time:0:05:01
Iter:2100, Tr-Loss:0.24, Tr-Acc:89.06%, Va-Loss:0.23, Va-Acc:92.76%, Time:0:05:16 *
Iter:2200, Tr-Loss:0.17, Tr-Acc:94.53%, Va-Loss:0.24, Va-Acc:92.76%, Time:0:05:31
Iter:2300, Tr-Loss:0.19, Tr-Acc:94.53%, Va-Loss:0.25, Va-Acc:92.40%, Time:0:05:47
Iter:2400, Tr-Loss:0.26, Tr-Acc:92.19%, Va-Loss:0.24, Va-Acc:92.67%, Time:0:06:02
Iter:2500, Tr-Loss:0.28, Tr-Acc:89.84%, Va-Loss:0.25, Va-Acc:92.52%, Time:0:06:17
Iter:2600, Tr-Loss:0.19, Tr-Acc:91.41%, Va-Loss:0.25, Va-Acc:92.37%, Time:0:06:32
Iter:2700, Tr-Loss:0.19, Tr-Acc:95.31%, Va-Loss:0.22, Va-Acc:92.88%, Time:0:06:48 *
Iter:2800, Tr-Loss:0.27, Tr-Acc:92.97%, Va-Loss:0.25, Va-Acc:92.34%, Time:0:07:03
Iter:2900, Tr-Loss:0.21, Tr-Acc:95.31%, Va-Loss:0.23, Va-Acc:92.88%, Time:0:07:18
Iter:3000, Tr-Loss:0.14, Tr-Acc:96.88%, Va-Loss:0.22, Va-Acc:93.09%, Time:0:07:33 *
Iter:3100, Tr-Loss:0.07, Tr-Acc:97.66%, Va-Loss:0.22, Va-Acc:93.33%, Time:0:07:49 *
Epoch [3/3]
Iter:3200, Tr-Loss:0.13, Tr-Acc:96.09%, Va-Loss:0.23, Va-Acc:93.05%, Time:0:08:04
Iter:3300, Tr-Loss:0.19, Tr-Acc:93.75%, Va-Loss:0.25, Va-Acc:92.80%, Time:0:08:19
Iter:3400, Tr-Loss:0.16, Tr-Acc:95.31%, Va-Loss:0.23, Va-Acc:93.21%, Time:0:08:34
Iter:3500, Tr-Loss:0.16, Tr-Acc:95.31%, Va-Loss:0.26, Va-Acc:92.57%, Time:0:08:50
Iter:3600, Tr-Loss:0.15, Tr-Acc:93.75%, Va-Loss:0.23, Va-Acc:93.04%, Time:0:09:05
Iter:3700, Tr-Loss:0.069, Tr-Acc:98.44%, Va-Loss:0.24, Va-Acc:92.79%, Time:0:09:20
Iter:3800, Tr-Loss:0.14, Tr-Acc:96.88%, Va-Loss:0.23, Va-Acc:93.12%, Time:0:09:35
Iter:3900, Tr-Loss:0.13, Tr-Acc:95.31%, Va-Loss:0.23, Va-Acc:93.18%, Time:0:09:51

```
Iter:4000, Tr-Loss: 0.2, Tr-Acc:92.97%, Va-Loss:0.22, Va-Acc:93.28%, Time:0:10:06
Iter:4100, Tr-Loss: 0.1, Tr-Acc:95.31%, Va-Loss:0.23, Va-Acc:93.08%, Time:0:10:21
No optimization for a long time, auto-stopping...
```

分析以上执行结果，会发现模型也可以很快地收敛。模型的性能与 TextCNN 相差不大，并且模型长时间在验证集上未得到更优的损失值，因此最后自动终止了训练。

TensorBoardX 可视化结果如图 7-4 所示。图中将 rbt3 和 TextCNN 的训练指标进行了对比展示。

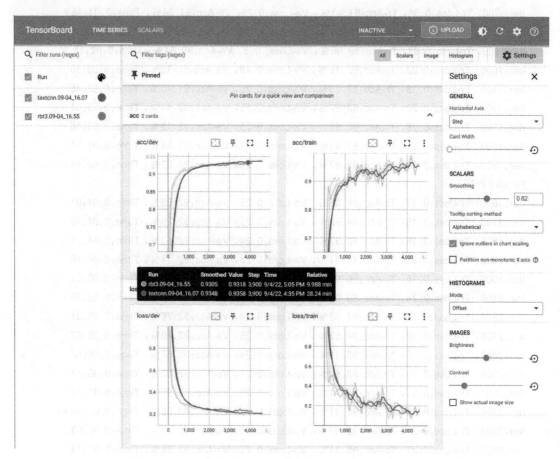

图 7-4 rbt3 与 TextCNN 训练过程可视化对比

7.3.5 模型部署与测试

模型训练完成后，可将训练过程中持久化的模型文件部署到实际应用中。依然复用 7.3.3 小节的代码，添加测试程序，即可完成部署测试。

以下代码实现了加载 7.3.4 小节训练的 rbt3 模型并进行测试的过程，代码如下：

```
from transformers import AutoTokenizer
def testModel(model_file, test_file):
```

```python
    MODEL_NAME = 'hfl/rbt3'
    tokenizer = AutoTokenizer.from_pretrained(MODEL_NAME)  # 实例化分词器
    # 定义分词函数
    def tokenize_BERT(s):
        return tokenizer.encode(s, max_length=32, truncation=True, padding="max_length")

    # 得到数据集
    test_dataset = MyData(tokenize_fun=tokenize_BERT, filename=test_file)
    batch_size = 128
    test_dataloader = DataLoader(
        dataset=test_dataset,
        batch_size=batch_size,  # 从数据集合中每次抽出 batch_size 个样本
        shuffle=False,  # 加载数据时不打乱样本顺序
    )
    model = torch.load(model_file, map_location=lambda s,l:s)  # 先加载到 cpu
    device = torch.device('cuda' if torch.cuda.is_available() else 'cpu')
    # 设备 model.to(device).eval()
    postProc = lambda x: x[0]
    acc, loss, allInfo = evaluate(model, device, test_dataloader, postProc)
    report = metrics.classification_report(allInfo[0], allInfo[1], target_names=labels, digits=4)
    # 得到各类别性能指标
    confusion = metrics.confusion_matrix(allInfo[0], allInfo[1])  # 得到混淆矩阵
    # 打印测试结果
    print('Test Loss:{0:>5.2}, Test Acc:{1:>6.2%}'.format(loss, acc))
    print("Precision, Recall and F1-Score...")
    print(report)
    print("Confusion Matrix...")
    print(confusion)

if __name__ == '__main__':
    testModel(model_file='checkpoint/rbt3_model.0.22', test_file='test.txt')
```

以上代码的测试处理流程前面部分和训练差不多,也是首先定义分词器函数,然后构造测试集,最后加载模型。在测试时,直接调用 evaluate 函数,函数测试完成,返回相应测试结果,最后通过 metrics 模型统计各种性能指标并显示。

代码执行结果如下:

```
Loading dataset test.txt ...
Test Loss: 0.21, Test Acc:93.50%
Precision, Recall and F1-Score...
            precision    recall  f1-score   support

       体育     0.9759    0.9900    0.9829      2000
```

```
            娱乐     0.9395     0.9625     0.9509      2000
            家居     0.9402     0.9200     0.9300      2000
            教育     0.9246     0.9560     0.9400      2000
            时政     0.8867     0.9035     0.8950      2000
            游戏     0.9704     0.9350     0.9524      2000
            社会     0.9259     0.9190     0.9225      2000
            科技     0.9328     0.9370     0.9349      2000
            股票     0.9308     0.9075     0.9190      2000
            财经     0.9251     0.9195     0.9223      2000

      accuracy                             0.9350     20000
     macro avg     0.9352     0.9350     0.9350      20000
  weighted avg     0.9352     0.9350     0.9350      20000

Confusion Matrix...
[[1980   10    2    1    3    0    2    1    1    0]
 [  16 1925   13    7   13    8    6    7    0    5]
 [   4   25 1840   23   25    7   17   24   19   16]
 [   6    6   10 1912   13    2   36   12    3    0]
 [   8   22   14   44 1807    5   28   35   23   14]
 [   1   20   19   13   13 1870   26   23   10    5]
 [   4   22   17   27   57    4 1838   24    2    5]
 [   2    5   16   23   29   23   13 1874    9    6]
 [   3    2   12   11   50    5    2    2 1815   98]
 [   5   12   14    7   28    3   17    7   68 1839]]
```

从针对测试集的测试性能来看,模型的精确率为 93.50%,基本达到了可用的性能。从各类别的 F1-score 指标来看,模型针对"体育"类别的分类效果最好,对于"时政"类别的分类效果最差。观察混淆矩阵,不难发现,"股票"类别中的很多样本被判别为了"财经"类别。

7.3.6 小结

本节介绍了利用深度学习技术进行文本分类的一般方法,从数据集构建、词嵌入向量原理、模型训练方法等方面进行了详细的讲解,并分别给出了采用了 TextCNN 和 rbt3 两种模型进行文本分类的示例,同时也给出了在实际应用中,通过持久化的模型文件进行分类的示例。

读者可通过这些示例,逐步掌握文本分类的处理思路,掌握应用各种模型进行训练和测试的方法,掌握应用 TensorBoardX 可视化模型训练性能方法,以及使用 Sklearn 的 metrics 模块计算和展示模型测试性能的方法。

7.4 命名实体识别

命名实体识别(Name Entity Recognition,NER)是指在一段文本中,将预先定义好的实体类型识别出来。实体类型主要包括人名、地名、机构名、专有名词等,以及时间、数量、货币、比例数值等文字。命名实体识别是自然语言处理中一个非常重要且基础的问题,很多实际应用都需要该技术,如知识图谱构建、搜索引擎平台、信息内容安全等。

早期的命名实体识别任务主要采用统计学习的方法来实现,代表性的模型包括隐马尔可夫模型(Hidden Markov Model,HMM)、条件随机场(Conditional Random Field,CRF)等。这些传统的统计学习方法主要是基于概率图模型,需要进行复杂的特征工程。

相比于传统的统计学习方法,深度学习方法在命名实体识别任务上逐步占据优势。长短时记忆(Long Short-Term Memory,LSTM)模型、门控循环单元(Gated Recurrent Unit,GRU)模型等循环神经网络模型常常被用来解决序列标注问题。与 HMM、CRF 等传统模型不同的是,LSTM 是依靠神经网络超强的非线性拟合能力,在训练时将样本通过高维空间中的复杂非线性变换,学习到从样本到标注的函数,之后使用这个函数为指定的样本预测每个 token 的实体类型。

本节中,我们应用双向 LSTM(BiLSTM)模型,对中文简历文本中的命名实体进行识别。

7.4.1 数据集描述

Chinese NER using Lattice LSTM 论文

Lattice Lstm 数据集

本节采用的数据集是 Zhang 等人发表在 ACL 2018 的会议论文《Chinese NER using Lattice LSTM》(https://arxiv.org/pdf/1805.02023.pdf)上的中文简历数据集。该数据集可从 https://github.com/jiesutd/LatticeLSTM 下载,或从 gitee.com 网站上搜索"LatticeLSTM"进行下载。数据集已经被分为训练集、验证集和测试集,分别为 train.char.bmes、dev.char.bmes、test.char.bmes 文件。

数据集文件格式非常简单,每个句子由若干行构成,句子之间用一个空行隔开。句子中的每一行由一个字及其对应的标签组成,中间用空格隔开,如图 7-5 所示。

```
张 B-NAME
三 E-NAME
, O
男 O
, O
汉 B-RACE
族 E-RACE
, O
本 B-EDU
科 M-EDU
学 M-EDU
历 E-EDU
```

图 7-5 命名实体标注示例

句子中每个字的标注采用 BIOES 标注方法。在本数据集中,实体词的开头字符用"B-实体类型"标注,中间字符用"M-实体类型"标注,结尾字符用"E-实体类型"标注,非实体字符用"O"标注,单字符实体用"S-实体类型"标注。具体的标签如表 7-1 所示,从表中可以看出,数据集共有 28 种标签。

表 7-1　命名实体标签

字符	实体类别							
	姓名	国籍	种族	职位	教育程度	组织机构	专业	籍贯
实体起始字符	B-NAME	B-CONT	B-RACE	B-TITLE	B-EDU	B-ORG	B-PRO	B-LOC
实体中间字符	M-NAME	M-CONT	M-RACE	M-TITLE	M-EDU	M-ORG	M-PRO	M-LOC
实体结尾字符	E-NAME	E-CONT	E-RACE	E-TITLE	E-EDU	E-ORG	E-PRO	E-LOC
单字符实体	S-NAME		S-RACE			S-ORG		
非实体字符	O							

对于测试数据来说，命名实体识别就是对文本数据中的每个字符，给出标签分类结果。因此，命名实体识别本质上可认为是一个分类问题。但与一般的分类问题不同的是，分类的数据是序列中的符号，每个符号的类别结果会受到前后若干字符的影响。

7.4.2　导入必要的包

为了便于后续程序的执行，在这里将代码用到的所有第三方的包、模块或类进行导入，代码如下：

```
import os    # 用于目录操作
import pickle    # 用于对象持久化或加载
import time
from copy import deepcopy    # 用于对象深拷贝
import torch
import torch.nn as nn
import torch.nn.functional as F
from torch import optim
from torch.nn.utils.rnn import pad_packed_sequence, pack_padded_sequence
from sklearn import metrics    # 用于评价指标计算
```

以上导入的第三库，大部分在前面章节都已使用。有些库的作用读者可能不熟悉，在后续的代码讲解过程中会进行解释。

7.4.3　构建数据集对象

了解了数据集文件的结构后，就可以读取文件，构建训练、验证或测试用到的相关数据集对象。首先，我们设计了 build_corpus 函数，该函数通过读取相应的文件，将文件中的数据转换为两个二维列表 word_lists 和 tag_lists，word_lists 列表的每行代表一个简历文本(后续简称一个句子，不关心其中是否含有句号)，一行中的每个元素就是一个字符。tag_lists 列表的每行代表对应句子中的标签(在此称为 tag)列表。标签列表的每个元素就是相应字符对应的标签，如 B-NAME、E-EDU 等。word_lists 和 tag_lists 返回给调用程序后，就可以对其进行模型训练、验证或测试了。

build_corpus 函数定义如下：

```
def build_corpus(filename, make_vocab=True):
    # 如果是训练集,make_vocab 应为 True
    word_lists = []
    tag_lists = []
    # 读取数据
    with open(filename, 'r', encoding='utf-8') as f:
        word_list = []
        tag_list = []
        for line in f:
            if line != '\n':
                word, tag = line.strip('\n').split()
                word_list.append(word)
                tag_list.append(tag)
            else:
                word_lists.append(word_list)
                tag_lists.append(tag_list)
                word_list = []
                tag_list = []

    # 如果是训练集,除字符(word)列表和标签(tag)列表外,还需要返回 word2id 和 tag2id
    if make_vocab:
        word2id = build_map(word_lists)    # 得到字符和其 id 的对应关系词典
        tag2id = build_map(tag_lists)      # 得到 tag 和其 id 的对应关系词典
        return word_lists, tag_lists, word2id, tag2id
    else:
        return word_lists, tag_lists
```

build_corpus 函数第二个参数 make_vocab 表示是否构建字符(word)或标签(tag)的词典。对于训练集，需要将其设置为 True，表示需要通过训练集构建所有字符和标签及其编号的词典。而对于验证集和测试集，则不需要再次构建，在验证或测试时，直接使用训练集生成的词典即可。

构建相应词典需要调用 build_map 函数，用于得到每个字符或标签和其编号(id)的对应关系。该函数的实现比较简单，定义如下：

```
def build_map(lists):
    maps = {}
    for list_ in lists:
        for e in list_:
```

```
        if e not in maps：
            maps[e] = len(maps)
    return maps
```

对于训练集，build_corpus 函数第二个参数 make_vocab 需要设置为 True，此时函数除返回两个二维列表 word_lists 和 tag_lists 外，还返回了 word2id 和 tag2id 两个词典。

我们在使用模型进行训练、验证和测试的时候，需要将 word2id 和 tag2id 两个词典进行扩展，加入[PAD]和[UNK]两个特殊符号。[PAD]表示填充，用于将短句补长到指定长度。例如句字长度为 20，指定长度为 120，则需要后面补充 100 个[PAD]符号。[UNK]表示未知字符，通常在验证集和测试集中出现了训练集中没有的字符时，就用[UNK]来代表，以便于对其进行编码。

对两个词典进行扩展的函数如下：

```
def extend_maps(word2id，tag2id)：
    word2id['[UNK]'] = len(word2id)
    word2id['[PAD]'] = len(word2id)
    tag2id['[UNK]'] = len(tag2id)
    tag2id['[PAD]'] = len(tag2id)
    return word2id，tag2id
```

7.4.1 小节曾分析过，对于训练集，共有 28 个标签。通过如上扩展函数不难得到，[PAD]和[UNK]的编码分别为 28 和 29。

7.4.4 模型设计

命名实体识别任务的模型有多种，如 HMM 模型、CRF 模型、LSTM 模型、BiLSTM 模型、BiLSTM+CRF 模型、BERT+BiLSTM+CRF 模型等。在本小节中，我们学习使用双向 LSTM（BiLSTM）模型命名实体识别。

LSTM 模型如图 7-6 所示。该模型在 RNN 的基础结构上增加了输入门限（Input Gate）、输出门限（Output Gate）、遗忘门限（Forget Gate）3 个逻辑控制单元，解决了 RNN 的短期记忆的问题，使得循环神经网络能够真正有效地分别利用长距离和短距离的时序信息。模型有两种隐状态，即图中的上、下两路，分别存储长距离时序信息和短距离时序信息。

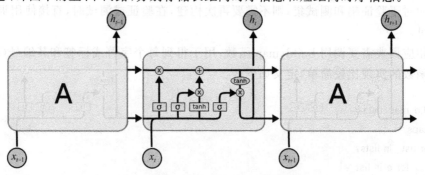

图 7-6 LSTM 模型

所谓双向 LSTM，是指序列按正序输入一个 LSTM 模型，按反序输入另一个 LSTM 模型，两个模型的输出连接（concat）后作为总的输出。显然，双向 LSTM 同时也学习到了反向的时序信息，对于很多分析序列任务也是有意义的。

本示例中双向 LSTM 模型类的设计代码如下：

```
class BiLSTM(nn.Module):
    def __init__(self, vocab_size, emb_len, hidden_size, output_size):
        # 参数说明：vocab_size 为字典的大小，emb_size 为字符向量的维数，hidden_size 为隐向量的维数，out_size 为标注的种类
        super(BiLSTM, self).__init__()
        self.embedding = nn.Embedding(vocab_size, emb_len)   # 定义嵌入层
        # 定义 LSTM 层，因为是双向 LSTM，所以输出是 2 * hidden_size
        self.bilstm = nn.LSTM(emb_len, hidden_size,
                              batch_first=True, bidirectional=True)
        self.bilstm.flatten_parameters()    # 为提高内存的利用率和效率
        self.linear = nn.Linear(2 * hidden_size, output_size)   # 定义线性层

    def forward(self, sents_tensor, lengths):
        # 首先经过嵌入层，N 表示句子数量，senMLen 表示最大句子长度
        emb = self.embedding(sents_tensor)   # [N, senMLen] -> [N, senMLen, emb_size]

        # 根据 lengths 去掉每个句子的 PAD，返回的 packed 为 PackedSequence 类型
        # 其中主要的两个成员作用如下：
        # data 成员 shape 为 [所有句子字符总数，senMLen]
        # batch_sizes 成员存储了每次进入 bilstm 的字符嵌入向量数，共有 senLen 次
        packed = pack_padded_sequence(emb, lengths, batch_first=True)

        # 进入 bilstm 层，将正向和反向的隐层输出连接（concat）作为输出
        rnn_out, _ = self.bilstm(packed)

        # 将结果恢复为 [N, senMLen, hidden_size * 2]
        rnn_out, _ = pad_packed_sequence(rnn_out, batch_first=True)

        # 经过全连接层，得到输出
        logits = self.linear(rnn_out)    # [N, senMLen, output_size]
        return logits
```

分析以上代码，不难发现该模型只有三层，分别为 embedding 嵌入层、bilstm 层和全连接层。需要注意的是，forward 函数的 sents_tensor 参数，表示 N 个句子的 senMLen 个字符构成的张量，长度不够的后面全部补 PAD 对应的编号，且 N 个句子要求长度由大到小排序。有了此限制，在进入 bilstm 层之前，便可对数据进行 pack_padded_sequence 操作，即每次进入 bilstm 的批次（batch size）就可以不需要固定为 N，而是变化的。例如，64（N=64）个句子中只有 30 个长度大于或等于 20，这样在向 bilstm 层输入第 20 个字符时，batch size 实际仅为 30 即可，即仅并行输入 30 个字符即可，从而避免了短句中过多 PAD 进入 bilstm 层引起无效的

学习。

7.4.5 定义命名实体识别类

下面定义命名实体识别类 NER_Model,该类含有前面定义的双向 BiLSTM 模型实例,同时给出了训练、验证和测试的接口,便于主程序直接调用。

为了便于读者理解该类,下面简单介绍一下 NER_Model 类的结构。

首先,__init__函数用于初始化相关参数,如 bilstm 模型的网络结构参数、训练相关的参数等。cal_loss_func 函数定义了损失函数的计算方法。train 函数完成了所有的训练过程,该函数调用了 train_step 函数用于完成一个批次的训练,也调用了 validate 函数,用于使用验证集对模型进行验证。最后的 test 函数,用于对模型进行测试,该函数也调用了 validate 函数。

以上这些函数是主要的处理函数,它们的执行也调用了一些辅助函数。例如,toTensor 函数,用于将 N 个按长度倒排序后句子的字符列表转换为相同长度的 tensor。sort_by_lengths 函数将所有句子按长度倒排序,这也是进入 bilstm 模型的要求。batch2ListNoPad 函数将 N 个句子的预测结果,去掉最后的 PAD 后,转换为实际长度,变为一个列表,用于计算 metrics 指标。

具体代码如下:

```python
class NER_Model(object):
    # 初始化函数
    def __init__(self, vocab_size, out_size):
        self.device = torch.device(
            "cuda" if torch.cuda.is_available() else "cpu")

        # 加载模型参数
        self.emb_size = 128
        self.hidden_size = 128
        self.model = BiLSTM(vocab_size, self.emb_size,
                            self.hidden_size, out_size).to(self.device)

        # 加载训练参数:
        self.epoches = 20
        self.print_step = 30
        self.lr = 1e-3
        self.batch_size = 64

        # 初始化优化器
        self.optimizer = optim.Adam(self.model.parameters(), lr=self.lr)

        # 初始化其他指标
        self.step = 0
```

```python
        self._best_val_loss = 1e18
        self.best_model = None

    # 损失函数
    def cal_loss_func(self, logits, targets, tag2id):
        # 参数 logits: [N, senMLen, output_size]
        # 参数 targets: [N, senMLen]
        # 参数 tag2id: tag 对应 id 的词典
        PAD = tag2id.get('[PAD]')
        mask = (targets != PAD)  # 得到掩码[N, senMLen],句子含有字符的位置为1,含有PAD的位置为0
        targets = targets[mask]  # 得到 N 个句子对应的实际 tag 列表(一维),设长度为 lenAll
        out_size = logits.size(2)  # 得到类别数
        logits = logits.masked_select(
            mask.unsqueeze(2).expand(-1, -1, out_size)
        ).contiguous().view(-1, out_size)  # [lenAll, out_size]
        loss = F.cross_entropy(logits, targets)  # 计算交叉熵损失
        return loss

    # 训练函数
    def train(self, word_lists, tag_lists,
              dev_word_lists, dev_tag_lists,
              word2id, tag2id):
        # 对数据集按照长度进行排序
        word_lists, tag_lists, _ = self.sort_by_lengths(word_lists, tag_lists)
        dev_word_lists, dev_tag_lists, _ = self.sort_by_lengths(
            dev_word_lists, dev_tag_lists)

        N = self.batch_size
        for e in range(1, self.epoches + 1):
            self.step = 0
            losses = 0.
            for ind in range(0, len(word_lists), N):
                batch_sents = word_lists[ind:ind+N]
                batch_tags = tag_lists[ind:ind+N]
                # 训练一批次数据
                losses += self.train_step(batch_sents,
                                          batch_tags, word2id, tag2id)
                # 打印训练过程中的信息
                if self.step % self.print_step == 0:
                    total_step = (len(word_lists) // N + 1)
                    print("Epoch {}, step/total_step: {}/{} {:.2f}% Loss:{:.4f}".format(
                        e, self.step, total_step,
```

```python
                    100. * self.step / total_step,
                    losses / self.print_step
                ))
                losses = 0.

            # 每轮训练结束后,测试在验证集上的性能,保存最好的模型
            val_loss, pred_tag_id_lists, tag_id_lists = self.validate(
                dev_word_lists, dev_tag_lists, word2id, tag2id)
            tag = ''
            if val_loss < self._best_val_loss:
                tag = '*'
                self.best_model = deepcopy(self.model)
                self._best_val_loss = val_loss
            # 计算精确度指标 acc
            acc = metrics.accuracy_score(pred_tag_id_lists, tag_id_lists)
            print("Epoch {}, Val Loss:{:.4f} Val acc:{:.4f} {}".format(e, val_loss, acc, tag))


# 转换函数:将N个按长度倒排序后句子的字符列表转换为相同长度的 tensor
def toTensor(self, batch, maps):
    PAD = maps.get('[PAD]')
    UNK = maps.get('[UNK]')
    senMLen = len(batch[0])   # 得到最大句子长度,第一个句子最长
    batch_size = len(batch)   # 得到句子数量
    # 初始化 tensor:[N, senMLen]
    batch_tensor = torch.ones(batch_size, senMLen).long() * PAD
    # 每个字符转换为 id
    for i, l in enumerate(batch):
        for j, e in enumerate(l):
            batch_tensor[i][j] = maps.get(e, UNK)
    # 存储每个句子原始长度,lengths 的长度为 N
    lengths = [len(l) for l in batch]
    return batch_tensor, lengths


# 排序函数:将所有句子按长度倒排序,tag 也应句子顺序对应
def sort_by_lengths(self, word_lists, tag_lists):
    pairs = list(zip(word_lists, tag_lists))
    # 按句子长度由大到小对句子原始序号排序,indices 存储倒排后句子的原始序号
    indices = sorted(range(len(pairs)),
                     key=lambda k: len(pairs[k][0]),
                     reverse=True)
    # 得到倒排序后的 pairs
    pairs = [pairs[i] for i in indices]
    # 得到倒排序后的所有句子字符列表和 tag 列表
    word_lists, tag_lists = list(zip(*pairs))
```

```python
        return word_lists, tag_lists, indices

    # 单批次训练函数:对一个批次的数据进行训练
    def train_step(self, batch_sents, batch_tags, word2id, tag2id):
        self.model.train()
        self.step += 1
        # N个句子转为长度相同的tensor
        tensorized_sents, lengths = self.toTensor(batch_sents, word2id)
        tensorized_sents = tensorized_sents.to(self.device)
        # N个句子对应的tag转为长度相同的tensor
        targets, lengths = self.toTensor(batch_tags, tag2id)
        targets = targets.to(self.device)

        # forward
        logits = self.model(tensorized_sents, lengths)
        # 计算损失
        loss = self.cal_loss_func(logits, targets, tag2id).to(self.device)

        #更新参数
        self.optimizer.zero_grad()
        loss.backward()
        self.optimizer.step()
        return loss.item()


    # 验证函数:对验证集或测试集进行验证
    def validate(self, dev_word_lists, dev_tag_lists, word2id, tag2id):
        self.model.eval()
        self.model.bilstm.flatten_parameters()   # 为提高内存的利用率和效率
        with torch.no_grad():
            val_losses = 0.
            val_step = 0
            tag_id_lists = []
            pred_tag_id_lists = []
            # 循环按每批次处理
            for ind in range(0, len(dev_word_lists), self.batch_size):
                val_step += 1
                # 准备当前批次N个句子数据
                batch_sents = dev_word_lists[ind:ind+self.batch_size]
                batch_tags = dev_tag_lists[ind:ind+self.batch_size]
                # N个句子转为长度相同的tensor
                tensorized_sents, lengths = self.toTensor(
                    batch_sents, word2id)
```

```python
            tensorized_sents = tensorized_sents.to(self.device)
            # N个句子对应的tag转为长度相同的tensor
            targets, lengths = self.toTensor(batch_tags, tag2id)
            targets = targets.to(self.device)

            # forward
            logits = self.model(tensorized_sents, lengths)

            # 计算损失
            loss = self.cal_loss_func(
                logits, targets, tag2id).to(self.device)
            val_losses += loss.item()

            # 得到预测的tag[N, senMLen],带有最后的PAD
            _, batch_tagids = torch.max(logits, dim=2)

            # 都去掉最后的PAD,转换为实际长度,变为一个list,用于计算metrics指标
            tag_id_list = self.batch2ListNoPad(targets, lengths)
            pred_tag_id_list = self.batch2ListNoPad(batch_tagids, lengths)

            tag_id_lists += tag_id_list
            pred_tag_id_lists += pred_tag_id_list

        val_loss = val_losses / val_step
    self.model.train()
    return val_loss, pred_tag_id_lists, tag_id_lists

# 转换函数:对于N个句子的预测结果,去掉最后的PAD,转换为实际长度,变为一个list,用于计算metrics指标
def batch2ListNoPad(self, tagids, lengths):
    return [i.item() for j, sentence in enumerate(tagids) for k, i in enumerate(sentence) if k < lengths[j]]

# 测试函数:针对测试集进行模型测试
def test(self, word_lists, tag_lists, word2id, tag2id):
    # 准备数据
    word_lists, tag_lists,_ = self.sort_by_lengths(word_lists, tag_lists)
    _, pred_tagids, real_tagids = self.validate(word_lists, tag_lists, word2id, tag2id)
    # 返回预测tag列表和真实tag列表,以便于计算评价指标
    return pred_tagids, real_tagids
```

读者可通过代码中的注释，深入理解处理的流程和细节。

7.4.6 模型训练

数据集对象构建函数和命名实体识别类模型设计完成后，就可以设计训练函数，对模型应用训练集进行训练，应用验证集进行验证。

训练和验证函数设计如下：

```python
# 持久化对象函数
def save_file(model, filename):
    pickle.dump(model, open(filename, "wb"))


# 训练和验证函数
def bilstm_train_and_eval(train_data, dev_data, word2id, tag2id):
    train_word_lists, train_tag_lists = train_data
    dev_word_lists, dev_tag_lists = dev_data

    start = time.time()
    vocab_size = len(word2id)
    out_size = len(tag2id)
    bilstm_model = NER_Model(vocab_size, out_size)
    bilstm_model.train(train_word_lists, train_tag_lists,
                       dev_word_lists, dev_tag_lists, word2id, tag2id)

    save_file(bilstm_model, "./ckpts/ner.pkl")
    print("训练完毕,共用时{}秒.".format(int(time.time()-start)))
```

分析代码不难发现，该处理流程非常简单。首先分别得到训练集和验证集的二维字符列表和标签列表，然后实例化命名实体识别类 NER_Model，调用该类的 train 成员函数进行测试和验证，最后将实例化对象 bilstm_model 存储为文件进行持久化。

最终的执行代码如下：

```python
def main():
    # 读取数据
    print("读取数据...")
    train_word_lists, train_tag_lists, word2id, tag2id = \
        build_corpus("./ResumeNER/train.char.bmes")
    dev_word_lists, dev_tag_lists = build_corpus("./ResumeNER/dev.char.bmes", make_vocab=False)

    # 模型训练时,需要在 word2id 和 tag2id 加入 PAD 和 UNK
    extend_maps(word2id, tag2id)
```

```
# 保存词典文件,用于部署测试
os.makedirs("./ckpts", exist_ok=True)    # 若目录不存在,则先创建
save_file([word2id, tag2id], "./ckpts/WordTag2id.pkl")

# 训练评估 BI-LSTM 模型,最优模型在 bilstm_train_and_eval 函数中保存
print("正在训练评估 NER 模型...")
bilstm_train_and_eval(
    (train_word_lists, train_tag_lists),
    (dev_word_lists, dev_tag_lists),
    word2id, tag2id,
)

if __name__ == "__main__":
    main()
```

main 函数处理流程总结如下:
(1) 分别加载训练数据集和测试数据集;
(2) 将特殊字符[UNK]和[PAD]加入,扩展字符词典和标签词典;
(3) 保存词典文件,用于后续的部署测试;
(4) 调用 bilstm_train_and_eval 函数,进行模型训练。

代码执行的结果如下(中间省略了部分输出结果):

```
读取数据...
正在训练评估 NER 模型...
Epoch 1, step/total_step: 30/60 50.00% Loss:2.1008
Epoch 1, step/total_step: 60/60 100.00% Loss:1.1747
Epoch 1, Val Loss:0.9477 Val acc:0.6804 *
Epoch 2, step/total_step: 30/60 50.00% Loss:0.7284
Epoch 2, step/total_step: 60/60 100.00% Loss:0.5763
Epoch 2, Val Loss:0.4787 Val acc:0.8694 *
Epoch 3, step/total_step: 30/60 50.00% Loss:0.3975
Epoch 3, step/total_step: 60/60 100.00% Loss:0.3404
Epoch 3, Val Loss:0.3251 Val acc:0.9094 *
Epoch 4, step/total_step: 30/60 50.00% Loss:0.2618
Epoch 4, step/total_step: 60/60 100.00% Loss:0.2343
Epoch 4, Val Loss:0.2488 Val acc:0.9284 *
Epoch 5, step/total_step: 30/60 50.00% Loss:0.1936
Epoch 5, step/total_step: 60/60 100.00% Loss:0.1665
Epoch 5, Val Loss:0.2082 Val acc:0.9362 *
……
```

```
Epoch 19,step/total_step：30/60 50.00% Loss：0.0284
Epoch 19,step/total_step：60/60 100.00% Loss：0.0102
Epoch 19,Val Loss：0.1335 Val acc：0.9586
Epoch 20,step/total_step：30/60 50.00% Loss：0.0234
Epoch 20,step/total_step：60/60 100.00% Loss：0.0089
Epoch 20,Val Loss：0.1345 Val acc：0.9582
```

训练完毕,共用时55秒。

训练完成后,模型已经被存储到ckpts目录下的ner.pkl文件中。在实际部署和测试中可以直接加载该文件。

7.4.7 模型部署与测试

在实际系统进行模型部署或测试时,只需要训练模型时得到的在ckpts目录下的模型文件ner.pkl和词典文件WordTag2id.pkl。

因此,代码中定义了加载对象函数load_file,用于加载对象文件。而测试函数bilstm_test的处理流程中,首先调用load_file函数,将模型和词典加载;然后调用模型对象的test函数,完成测试,得到预测结果;最后将预测结果与真实结果进行对比,得到评价指标,同时打印测试集中未出现的标签类别。

测试关键代码如下,代码执行中需要的其他函数或类同前,在此不重复论述。

```
# 加载对象函数：从文件加载对象
def load_file(filename)：
    return pickle.load(open(filename，"rb"))

# 测试函数：对测试集进行测试
def bilstm_test(test_word_lists, test_tag_lists)：
    # 加载model和两个词典
    ner_model = load_file("./ckpts/ner.pkl")
    bilstm_word2id, bilstm_tag2id = load_file("./ckpts/WordTag2id.pkl")

    # 得到预测结果和实际结果列表,以计算评价指标
    pred_tagids, real_tagids = ner_model.test(
        test_word_lists, test_tag_lists, bilstm_word2id, bilstm_tag2id)

    # 得到预测结果和实际结果中包含的所有实体标注类别名称
    names = [word for word, id in bilstm_tag2id.items() if id in real_tagids+pred_tagids]
    # 得到各类别性能指标
    report = metrics.classification_report(real_tagids, pred_tagids, target_names=names, digits=4,
zero_division=0)
    print(report)
```

```
# 得到实际结果中包含的所有实体标注类别
test_names = [word for word, id in bilstm_tag2id.items() if id in real_tagids]
# 打印测试集中未包含的实体标注类别
print("tags not in dataset:", [w for w in bilstm_tag2id.keys() if w not in test_names and w not in ['[UNK]','[PAD]']])

if __name__ == "__main__":
    print("测试模型中...")
    # 加载测试数据
    test_word_lists, test_tag_lists = build_corpus("./ResumeNER/test.char.bmes", make_vocab=False)
    # 测试
    bilstm_test(test_word_lists, test_tag_lists)
```

在代码中,使用了 sklearn 中的 metric 类进行评价指标计算。需要注意的是,测试集中有可能不包括训练集中的所有 28 种标签,但在识别时被识别成测试集中不存在的标签。因此,代码中 metrics.classification_report 函数的第三个参数 target_names 的值应为测试集实际标签和预测标签集合的并集,并且 zero_division 设置为 0。

执行上述代码,执行结果给出了各个标签的性能指标,以及总的分类性能指标。结果信息显示如下:

```
测试模型中...
             precision    recall  f1-score   support

     B-NAME     0.9901    0.8929    0.9390       112
     E-NAME     1.0000    0.9554    0.9772       112
          O     0.9683    0.9829    0.9755      5190
     B-CONT     1.0000    1.0000    1.0000        28
     M-CONT     0.9815    1.0000    0.9907        53
     E-CONT     1.0000    1.0000    1.0000        28
     B-RACE     1.0000    1.0000    1.0000        14
     E-RACE     1.0000    1.0000    1.0000        14
    B-TITLE     0.9237    0.9404    0.9320       772
    M-TITLE     0.9345    0.9058    0.9199      1922
    E-TITLE     0.9883    0.9845    0.9864       772
      B-EDU     0.9730    0.9643    0.9686       112
      M-EDU     0.9822    0.9274    0.9540       179
      E-EDU     0.9909    0.9732    0.9820       112
      B-ORG     0.9549    0.9566    0.9557       553
      M-ORG     0.9672    0.9616    0.9644      4325
      E-ORG     0.9271    0.9204    0.9238       553
     M-NAME     0.9390    0.9390    0.9390        82
      B-PRO     0.8529    0.8788    0.8657        33
```

M-PRO	0.7143	0.9559	0.8176	68
E-PRO	0.8611	0.9394	0.8986	33
S-NAME	0.0000	0.0000	0.0000	0
B-LOC	1.0000	0.8333	0.9091	6
M-LOC	1.0000	0.8571	0.9231	21
E-LOC	1.0000	0.8333	0.9091	6
accuracy			0.9591	15100
macro avg	0.9180	0.9041	0.9092	15100
weighted avg	0.9597	0.9591	0.9592	15100

tags not in dataset: ['S-RACE', 'S-NAME', 'M-RACE', 'S-ORG']

可以看出,在测试集上,模型总体的精确率为 0.959 1,基本满足可用条件。S-NAME 标签的 support 指标为 0,表示实际标注中无此标签,但预测结果中,将某字符误判成该标签,所以 S-NAME 一行的指标全部为 0。在打印结果最后,给出了测试集中未包含的 4 个标签名称。

7.4.8 小结

本节介绍了利用双向 LSTM 模型进行命名实体识别的一般方法,从数据集构建、模型设计、模型训练方法等方面进行了详细的讲解,并给出了相应的详细代码示例,同时也给出了在实际应用中,通过持久化的模型文件进行命名实体识别的示例。读者可通过这些示例,逐步掌握命名实体识别的处理思路、训练和测试的方法。

实际上,LSTM 模型不仅仅用于命名实体识别,只要是与序列数据相关的任务,如文本分类等,都可以应用 LSTM 模型。而对于命名实体识别任务,在双向 LSTM 模型之前添加诸如 BERT 之类的 Transformer 模型,之后再经过 CRF 模型,往往可以得到更好的识别性能,读者可自行设计更好的模型。

7.5 基于 RNN 模型的诗词生成

通过前面的实战我们知道,像 LSTM、GRU 等循环神经网络可以学习到文本序列中前后字符间的关系信息。当通过大量语料训练好一个模型后,在输入到模型一个字符时,模型就可以根据当前输入字符以及前面输入的字符序列,推断出任意一个后续字符的概率。我们将出现概率较大的字符输出,往往在语义层面会比较贴合训练样本的语境。基于该思想,本节将通过训练古诗词语料,进行 AI 自动作诗的实战。代码中将使用双层单向的 LSTM 模型。

7.5.1 构建数据集

要使 AI 模型可以自动生成诗词,首先需要让其学习大量的诗句。互联网中已经有研究者将能收录到的各种古诗词整理成结构化文件,可以直接用来读取作为模型的学习语料。网上大多数语料都是用繁体字存储的,读者可从 gitee 中下载整理后的简体字唐宋时代的诗词语料。

下载后的每个 json 文件名均以"peot."开头,如第一个唐朝的诗词 json 文件为"peot.tang.0.json",第二个宋朝的诗词 json 文件为"peot.song.1000.json"。每个文件包含了约 1 000 首古诗,每一首古诗为 json 格式数据的一个数组元素,其结构包含了四个字段,示例如下:

```
{
    "id":"63950163-6a10-4e74-af8a-09886e4ef2a8",
    "title":"登鹳雀楼",
    "paragraphs":"白日依山尽,黄河入海流。欲穷千里目,更上一层楼。",
    "author":"王之涣"
}
```

我们可将目录中的所有 json 文件读取,获得 paragraphs 字段的内容,并对所有诗词的所有汉字进行统一编号,最终将每首诗转换为长度相同的字 id 序列。对于过长的诗句,选择截断,对于过短的诗句,采用填充方式补成要求的长度。考虑到采用循环神经网络进行模型学习,若序列最后有较多的填充字符,通常需要像前一节命名实体识别实例中一样,需要将短训练在训练时提前终止。这样处理起来比较复杂,而序列最后的填充字符会对模型有较大的影响,因此,在这里我们将填充字符放置到诗词前面。这种处理可以在训练时直接"粗暴"对固定长度的序列统一进行,简化了处理流程,并且在推理,即自动写诗时,不会对填充字符进行预测下一个字符,因此不会影响模型的训练。统一长度的诗句可存储为 numpy 形式的结构化文件,便于后续读取进行模型训练。

完成以上操作的相关代码如下:

```
import os
import json
import numpy as np
def getPeotryData(pklfile, path, maxlen):
    """
    读取 path 下的各个 json 文件
    将每首诗转换成长度为 maxlen 的字 id 序列
    存储到 pklfile 中
    """
    def _parseRawData(path, category):
        """
        读取 path 下的以 category 开头的各个 json 文件
        将每首诗转换成长度为 maxlen 的字 id 序列
        存储到列表后返回
        """
        data = []
        for filename in os.listdir(path):
```

```python
            if filename.startswith(category):   # 文件开头必须为指定串
                data.extend(_handleJson(os.path.join(path, filename)))
    return data


def _handleJson(file):
    """
    读取文件名为 file 的 json 文件
    将每首诗的正文存储到列表后返回
    """
    rst = []
    data = json.loads(open(file, 'r', encoding='utf-8').read())
    for poetry in data:
        pdata = poetry.get("paragraphs")   # 读取指定字段
        if pdata != "":
            rst.append(pdata)
    return rst


def _padSequences(sequences, maxlen, value):
    """
    使用 value 填充到 sequences 中的每首诗(即字 id 序列)的前部
    使其长度均为 maxlen
    """
    num_samples = len(sequences)
    x = (np.ones((num_samples, maxlen)) * value).astype('int32')
    for id, s in enumerate(sequences):
        trunc = np.asarray(s[:maxlen]).astype('int32')   # 取前 maxlen 个字符
        x[id, -len(trunc):] = trunc   # 将诗置于尾部
    return x


# 得到文件名以'poet.tang'开头的 json 文件中的所有诗词内容,即只提取唐诗
data = _parseRawData(path=path, category='poet.tang')
# 得到诗词中包含的所有的字符
words = {_word for _sentence in data for _word in _sentence}
# 得到每个字符和其编号(id)的对应字典
word2id = {_word: id for _id, _word in enumerate(words)}
# 增加古诗中未出现的常用字,增加鲁棒性
for s in gb2312_80:
    if s not in word2id.keys():
        word2id[s] = len(word2id)
# 添加特殊字符
word2id['[START]'] = len(word2id)   # 起始标识符
word2id['[END]'] = len(word2id)   # 终止标识符
word2id['[PAD]'] = len(word2id)   # 填充标识符
```

```
# 得到每个字符编号(id)和字符的对应字典
id2word = {_id: _word for _word, _id in list(word2id.items())}

# 为每首诗歌加上起始符和终止符
data = [["[START]"] + list(p) + ["[END]"] for p in data]

# 将每首诗歌保存的内容由字符变成 id
# 形如[春,江,花,月,夜]变成[1,2,3,4,5]
new_data = [[word2id[_word] for _word in _sentence]
            for _sentence in data]

# 诗词长度不够 maxlen 的在前面补填充符,超过 maxlen 的诗词只保留前面字符
pad_data = _padSequences(new_data, maxlen=maxlen, value=word2id['[PAD]'])

# 保存成二进制文件
np.savez_compressed(pklfile,
                    data=pad_data,
                    word2id=word2id,
                    id2word=id2word)
```

调用该函数,即可得到相应的结构化二进制文件。设希望生成的文件名为 poetry.npz,对当前目录中的 chinese-poetry/simplified 子目录中的 json 文件进行读取解析,每首诗长度最大取 125 个字符,则执行代码如下:

```
getPeotryData('poetry.npz', path='chinese-poetry/simplified', maxlen=125)
```

执行完毕后,在当前目录中会出现 poetry.npz 文件,用于后续的训练和测试。

7.5.2 导入必要的包

为了便于后续训练和测试程序的执行,在这里将训练和测试代码用到的所有第三方的包、模块或类进行导入,代码如下:

```
import torch
import torch.nn as nn
import numpy as np
import tqdm   # python 进度条库,用于循环过程的进度提示
```

7.5.3 模型设计

如前所述,诗词生成模型的原理就是根据之前输入的字符序列和当前输入的字符预测下一个字符。因此,模型设计非常简单,仅由嵌入层、两层 LSTM 层和全连接层构成。

模型类的设计代码如下：

```python
class PoetryModel(nn.Module):
    """
    诗词模型，核心层为双层单向LSTM，前面是嵌入层，后面是全连接层
    """
    def __init__(self, voc_size, emb_dim, hid_dim):
        """
        模型初始化：
        @voc_size：此表大小
        @emb_dim：词嵌入长度
        @hid_dim：RNN隐藏数量
        """
        super(PoetryModel, self).__init__()
        self.hid_dim = hid_dim    # 隐层数量
        self.embeddings = nn.Embedding(voc_size, emb_dim)   # 嵌入层
        self.rnn = nn.LSTM(emb_dim, self.hid_dim, num_layers=2)   # RNN层
        self.linear = nn.Linear(self.hid_dim, voc_size)  # 全连接层

    def forward(self, input, hidden=None):
        seq_len, batch_size = input.size()   # 得到句子长度L和每批次处理的句子数N
        if hidden is None:   # 初始化两层LSTM短时记忆隐状态和长时记忆隐状态，[2, N, H]
            h_0 = input.data.new(2, batch_size, self.hid_dim).fill_(0).float()
            c_0 = input.data.new(2, batch_size, self.hid_dim).fill_(0).float()
        else:
            h_0, c_0 = hidden
        # 经过嵌入层，[L, N]->[L, N, E], E:emb_dim
        embeds = self.embeddings(input)    #
        # 经过RNN层，[L, N, E]->[L, N, H], H:hid_dim
        output, hidden = self.rnn(embeds, (h_0, c_0))
        # 经过全连接层，[L*N, H]->[L*N, V], V:voc_size
        output = self.linear(output.view(seq_len * batch_size, -1))
        return output, hidden
```

前向传播之所以有hidden参数，主要是考虑到在进行诗词生成时，可以给定字符序列并输入到模型，得到隐状态，如一个字、一句话等。在训练时，并不需要hidden参数。

7.5.4 模型训练

有了数据集和模型结构后，就可以进行模型训练。需要注意的是，输入序列的每个字符进入模型，对应模型的输出是该序列的下一个字符。因此，设每首诗的长度为n，则输入序列为每首诗的前$n-1$个字符，预测结果为每首诗的后$n-1$个字符。

训练代码如下：

```python
setSeed(seed=1)    # 设置种子,该函数定义参见7.3.3小节

def getData(pklfile):    # 该函数用于加载数据集
    data = np.load(pklfile, allow_pickle=True)
    data, word2id, id2word = data['data'], data['word2id'].item(), data['id2word'].item()
    return data, word2id, id2word

def train():
    device = torch.device('cuda' if torch.cuda.is_available() else 'cpu')
    # 获取数据
    data, word2id, id2word = getData('poetry.npz')
    print(f"加载数据完成,共有{len(data)}首诗,含有{len(word2id)}种汉字")
    data = torch.from_numpy(data)
    epochs = 20    # 迭代此处
    lr = 1e-3    # 学习率
    batch_size = 256    # 批处理大小
    dataloader = torch.utils.data.DataLoader(data,
                                             batch_size=batch_size,
                                             shuffle=True,
                                             num_workers=1)

    # 模型实例化
    model = PoetryModel(voc_size=len(word2id), emb_dim=128, hid_dim=256)
    optimizer = torch.optim.Adam(model.parameters(), lr=lr)
    criterion = nn.CrossEntropyLoss()
    model.to(device)
    for epoch in range(epochs):
        loss_avg = 0
        for ii, data in tqdm.tqdm(enumerate(dataloader)):
            # 训练
            data = data.long().transpose(1, 0).contiguous()
            data = data.to(device)
            optimizer.zero_grad()
            input, target = data[:-1, :], data[1:, :].contiguous()
            output, _ = model(input)
            loss = criterion(output, target.view(-1).long())
            loss_avg += loss.item()
            loss.backward()
            optimizer.step()
        print("epoch:{}, loss:{:.2f}".format(epoch, loss_avg / len(data)))
        torch.save(model, 'poetry_model.pth')

if __name__ == '__main__':
    train()
```

训练过程信息输出如下:

```
加载数据完成,共有 57599 首诗,含有 10044 种汉字
225it [00:31,  7.15it/s]
epoch:0, loss:5.50
225it [00:29,  7.51it/s]
epoch:1, loss:4.74
225it [00:30,  7.26it/s]
epoch:2, loss:4.64
225it [00:31,  7.15it/s]
epoch:3, loss:4.52
225it [00:33,  6.81it/s]
……
epoch:16, loss:3.63
225it [00:32,  6.83it/s]
epoch:17, loss:3.60
225it [00:32,  6.84it/s]
epoch:18, loss:3.57
225it [00:33,  6.81it/s]
epoch:19, loss:3.54
```

上述结果省略了中间部分内容。不难发现,在模型训练过程中,损失值是在不断下降的,说明模型收敛效果较好。

7.5.5 模型部署与测试

模型训练完成后,就可以在其他环境下进行部署和测试了。

为了便于测试不同意境和不同起始字条件下自动生成的诗词,代码中定义了 Config 类,用于设置诗歌最大长度、意境诗句和每行的开始字。在代码中实例化为 opt 对象,在每次执行代码时,可以设置不同的参数。为此,代码中引入了谷歌在 2017 年开源的 fire 库,用于 Python 对象自动生成命令行接口,方便命令行执行 python 代码时可选择执行不同的接口。

使用 pip 安装 fire 非常简单:

```
pip install fire
```

之后便可以在主代码中使用,代码非常简单:

```
if __name__ == '__main__':
    import fire    # 导入 fire 包
    fire.Fire()    # 在调用当前 python 文件时,后续加该文件实际的函数和参数即可
```

读者可结合下面模型测试代码的执行来理解 fire 的作用。

和训练代码类似,测试代码也需要训练前面构建的数据集"poetry.npz",用于得到字符和编号的对应关系。因此,测试代码中仍然需要训练代码中的 getData 函数。此外,测试还需要模型文件"poetry_model.pth",因此模型的定义也应该同训练代码一样给出。在模型加载时

往往首先加载到 CPU 中,然后判断环境是否有 GPU 环境,若有则再加载到 GPU 中,以加快推理速度。getData 函数和模型的定义在以下代码中不再重复给出。

代码如下:

```
import torch as t
import torch.nn as nn
import numpy as np

class Config(object):
    max_gen_len = 50   # 生成诗歌最大长度
    # 设置诗歌意境,不是诗歌的组成部分,会首先进入模型,得到模型隐状态,作为诗歌意境
    prefix_words = '白日依山尽,黄河入海流。'
    # 设置诗歌每行的开始字,以得到藏头诗
    start_words = '深度学习'


opt = Config

def gen_acrostic(model, start_words, ix2word, word2ix, prefix_words=None):
    """
    生成藏头诗
    start_words : u'深度学习'
    生成:
    深山不可见,度日无所似。
    学人不知意,习得心中事。
    """
    results = []
    start_word_len = len(start_words)
    input = (t.Tensor([word2ix['[START]']]).view(1, 1).long())
    input = input.to(opt.device)
    hidden = None

    index = 0   # 用来指示已经生成了多少句藏头诗
    pre_word = '[START]'   # 上一个词

    if prefix_words:   # 得到模型隐状态,即诗词意境
        for word in prefix_words:
            output, hidden = model(input, hidden)
            input = (input.data.new([word2ix[word]])).view(1, 1)

    for i in range(opt.max_gen_len):
        output, hidden = model(input, hidden)
        top_index = output.data[0].topk(1)[1][0].item()
        w = ix2word[top_index]   # 得到 input 对应的下一个字符
```

```python
                if (pre_word in {u',', u'。', u'!', '[START]'}):
                    # 如果遇到句首,那么藏头的词送进模型
                    if index == start_word_len:
                        # 如果生成的诗歌已经包含全部藏头的词,那么结束
                        break
                    else:
                        # 把藏头的词作为输入送入模型
                        w = start_words[index]
                        index += 1
                        input = (input.data.new([word2ix[w]])).view(1, 1)
                else:
                    # 否则,把上一次预测是词作为下一个词输入
                    input = (input.data.new([word2ix[w]])).view(1, 1)
            results.append(w)
            pre_word = w
        return results


def processWord(words, defword):
    """
    规整 words 为标准的中文字符串,半角标点转换为全角标点。若为二进制数据,也进行转换
    """
    if words.isprintable():
        new_words = words if words else defword
    else:
        new_words = words.encode('ascii', 'surrogateescape')\
            .decode('utf8') if words else defword
    return new_words.replace(',', u',').replace('.', u'。').replace('? ', u'? ')


def gen(**kwargs):
    """
    提供命令行接口,用以生成相应的藏头诗
    """

    for k, v in kwargs.items():
        setattr(opt, k, v)  # 获取参数

    _, word2id, id2word = getData("poetry.npz")
    map_location = lambda s, l: s
    model = t.load("poetry_model.pth", map_location=map_location)

    opt.device = t.device('cuda' if t.cuda.is_available() else 'cpu')
```

```
    model.to(opt.device)

    # 规整输入的中文语句
    start_words = processWord(opt.start_words, defword='我')
    prefix_words = processWord(opt.prefix_words, defword=None)

    # 调用 gen_acrostic 函数,进行实际的模型推理
    result = gen_acrostic(model, start_words, id2word, word2id, prefix_words)
    print(''.join(result))

if __name__ == '__main__':
    import fire
    fire.Fire()
```

在控制台或终端窗口下执行如下命令:

```
python 7.5.5_poetryTest.py gen
```

由于 fire 库的支持,文件名 7.5.5_poetryTest.py 后的 gen 参数相当于执行该文件中的 gen 函数。结果如下:

深山连海上,度水入云深。学道无穷日,习家不可寻。

上述结果表明,执行命令中的 gen 后面未添加任何参数,因此意境提示句和开始字采用了代码中 prefix_words 和 start_words 的默认值,分别为"白日依山尽,黄河入海流。"和"深度学习"字符串。若修改这两个参数的值,结果将会不同。例如:

```
python 7.5.5_poetryTest.py gen --prefix_words=书山有路勤为径,学海无涯苦作舟。
```

执行结果为:

深山不见无人识,度日不知何处是。学道不知何处所,习家不见心中见。

再如执行如下语句:

```
python 7.5.5_poetryTest.py gen --prefix_words=欲穷千里目,更上一层楼。 --start_words=北京邮电大学
```

执行结果如下:

北阙三千里,京州万里游。邮亭连北阙,电气入秦楼。大道多人世,学人皆有心。

7.5.6 小结

本节介绍了利用双层 LSTM 模型进行诗词自动生成的方法,从数据集构建、模型设计、模型训练方法等方面进行了详细的讲解,并给出了相应的详细代码示例,同时也给出了在实际应

用中,通过持久化的模型文件进行 AI 自动作诗的示例。读者可通过这些示例,深入理解 RNN 训练和推理的基本原理。

实际上,本示例给出的诗词自动生成的思想,是利用 LSTM 模型在给定当前字符下,推断下一个最大概率的字符。这是一种近似"投机取巧"的作诗方法。更进一步地,读者也可通过设计和训练 GAN 网络来得到更好的 AI 自动作诗模型。

习　题

(1) 列举 10 个近三年来在自然语言处理领域的人工智能竞赛任务并分析主流解决思路。

(2) 试分析 TextCNN 参数数量。

(3) 试通过查阅资料,分析 rbt3 模型结构。

(4) 请使用 7.3.3 小节训练得到的 TextCNN 持久化模型文件,对 7.3 节中的测试集进行测试,并与 rtb3 模型进行性能对比。

(5) 试改写 7.3 节测试相关代码,将任一模型分类错误的样本、原始标签、预测标签存储成文本文件。

(6) 在 7.3.1 小节中,构造数据集文件时,执行 random.shuffle(topics) 语句,打乱了标题顺序。请不打乱标题顺序修改代码,重新训练模型,并对比两种情况的性能。请分析原因性能变差的原因。

(7) 分别调节 7.3 节两种文本分类模型训练的学习率,观察模型的收敛速度或收敛效果。

(8) 对于中文文本分类,请试用 huggingface.io 中的其他预训练模型,如"bert-base-chinese"等,对其进行模型训练,与书中的模型对比性能。

(9) 对于中文文本分类,7.3.1 小节构建的数据集对于各个类别,其样本数是均衡的。在实际应用中,往往数据是不均衡的。试构建包含三类样本的不均衡数据集,如训练集、验证集和测试集中,各类别样本数比例均为 1:10:100,并设计模型进行训练,使其具有尽可能好的性能,并与均衡数据集测试结果进行对比分析。

(10) 对于 7.3 节中的文本分类训练,当验证集上取得当前最小损失时,就进行模型持久化。试分析是否可以采用精确率指标在当前最好时进行模型持久化。请通过试验验证,并分析两者的区别。

(11) 7.3 节进行模型训练时采用的是 Adam 优化器,试采用其他梯度下降优化器,重新训练模型,对比观察模型收敛速度和模型分类性能。

(12) 试将命名实体识别模型改为双向 GRU 进行训练和测试,并与原模型进行性能对比。

(13) 试将 BERT 模型融入命名实体识别模型,并与原模型进行性能对比。

(14) 试修改 7.5 节的诗词生成代码,使其可以仅通过设定的前几个字作为诗的开头来自动作诗。例如,给出"白日",自动作诗为:"白日依山近,黄河入海流。欲穷千里目,更上一层楼。"

(15) 试将诗词生成模型改为双层 GRU 进行训练和测试,并与原模型进行效果对比。需要注意的是 GRU 只有一种隐状态。

参 考 文 献

[1] PEDREGOSA F, VAROQUAUX G, GRAMFORT A, et al. Scikit-learn: Machine learning in Python[J]. The Journal of machine Learning research, 2011,12(85): 2825-2830.

[2] Hunter J D. Matplotlib: A 2D Graphics Environment[J]. Computing in Science & Engineering, 2007,9(3): 90-95.

[3] VIRTANEN, PAULI, RALF G, et al. SciPy 1.0: fundamental algorithms for scientific computing in Python[J]. Nature methods, 2020,17(3): 261-272.

[4] CHEN T, LI M, LI Y, et al. MXNet: A Flexible and Efficient Machine Learning Library for Heterogeneous Distributed Systems[C]. In Neural Information Processing Systems, Workshop on Machine Learning Systems, 2015.

[5] 郭军,徐蔚然. 人工智能导论[M]. 北京:北京邮电大学出版社,2021.

[6] 郭军. 信息搜索与人工智能[M]. 北京:北京邮电大学出版社,2022.

[7] HE K, ZHANG X, REN S, et al. Deep residual learning for image recognition[C]. In Proceedings of the IEEE conference on computer vision and pattern recognition, 2016: 770-778.

[8] DENG J, DONG W, SOCHER R, et al. Imagenet: A large-scale hierarchical image database[C]. In Proceedings of the IEEE conference on computer vision and pattern recognition, 2009: 248-255.

[9] Turing A M. Computing machinery and intelligence[C]. In Parsing the turing test, 2009: 23-65.

[10] MCCULLOCH W S, PITTS W. A logical calculus of the ideas immanent in nervous activity[J]. The bulletin of mathematical biophysics, 1943,5(4):115-33.

[11] ROSENBLATT F. The perceptron: a probabilistic model for information storage and organization in the brain[J]. Psychological review, 1958,65(6):386.

[12] LE C Y, BOSER B, DENKER J S, et al. Backpropagation applied to handwritten zip code recognition[J]. Neural computation, 1989,1(4):541-551.

[13] LE C Y, BOTTOU L, BENGIO Y, et al. Gradient-based learning applied to document recognition[J]. Proceedings of the IEEE, 1998,86(11):2278-324.

[14] SZEGEDY C, LIU W, JIA Y, et al. Going deeper with convolutions[C]. In Proceedings of the IEEE conference on computer vision and pattern recognition, 2015: 1-9.

[15] KRIZHEVSKY A, SUTSKEVER I, HINTON G E. Imagenet classification with deep convolutional neural networks[J]. Communications of the ACM, 2017, 60(6): 84-90.

[16] HU J, SHEN L, SUN G. Squeeze-and-excitation networks[C]. In Proceedings of the IEEE conference on computer vision and pattern recognition, 2018: 7132-7141.

[17] GIRSHICK R. Fast r-cnn[C]. In Proceedings of the IEEE international conference on computer vision, 2015: 1440-1448.

[18] SIMONYAN K, ZISSERMAN A. Very deep convolutional networks for large-scale image recognition[C]. arXiv preprint arXiv:1409.1556. 2014.

[19] ZAREMBA W, SUTSKEVER I, VINYALS O. Recurrent neural network regularization[C]. arXiv preprint arXiv:1409.2329. 2014.